建筑识图与构造

主　编　张　琨

副主编　马伟文　孔爱散　韩　峰

主　审　赵　研

北京理工大学出版社

BEIJING INSTITUTE OF TECHNOLOGY PRESS

内 容 提 要

本书根据高等院校人才培养目标及专业教学改革的需要，依据现行建筑工程制图标准及相关标准构造图集进行编写。全书共分为十一个项目，主要内容包括建筑制图基础、投影基础、民用建筑构造概述、基础与地下室构造、墙体构造、楼板与楼地面构造、楼梯构造、屋顶构造、门与窗构造、变形缝构造、建筑工程施工图识读基础。

本书可作为高职院校建筑工程技术、工程造价、工程监理、建设工程管理等专业教学使用，也可作为函授和自考辅导用书，还可供工程项目施工现场相关技术和管理人员工作时参考使用。

版权专有　侵权必究

图书在版编目（CIP）数据

建筑识图与构造 / 张琨主编.--北京：北京理工
大学出版社，2025.1.
ISBN 978-7-5763-4772-2

Ⅰ.TU2

中国国家版本馆CIP数据核字第20257G69J2号

责任编辑：钟　博　　　　　**文案编辑：钟　博**
责任校对：刘亚男　　　　　**责任印制：王美丽**

出版发行 / 北京理工大学出版社有限责任公司

社　　址 / 北京市丰台区四合庄路6号

邮　　编 / 100070

电　　话 / （010）68914026（教材售后服务热线）

　　　　　　（010）63726648（课件资源服务热线）

网　　址 / http：//www.bitpress.com.cn

版 印 次 / 2025年1月第1版第1次印刷

印　　刷 / 河北鑫彩博图印刷有限公司

开　　本 / 787 mm × 1092 mm　1/16

印　　张 / 17.5

字　　数 / 435千字

定　　价 / 89.00元

出版说明

随着建筑技术水平的不断发展，由BIM技术、装配式建筑、智慧工地、建筑机器人、建筑工业互联网、智能运维等智能建造体系在建筑行业中的逐步应用，要求从业人员既要具备传统的建筑施工技能，也要学习建筑智能化、绿色化、数字化等前沿技术。

2018年12月21日，《高职院校建筑类专业"五化"教学法的研创与应用》成果，荣获教育部《2018年国家级教学成果奖》（教师〔2018〕21号）职业教育类二等奖！

该成果主要针对建筑类专业教学中建筑现场认知难、课堂教学实境创设难、理论与实践一体化难、实训教学开展难、学习效果评价难等5个问题，应用信息化技术手段，研创了"模型化展示、信息化导学、项目化教学、个性化实训、智能化考核"的"五化"教学法，学生通过"五化"学习进程（课前认知、自主学习、课堂学习、课后实践、综合考评）进行学习，有效解决了建筑类专业教学中的"五难"问题，极大地提高了学生学习兴趣，人才培养质量明显提升。

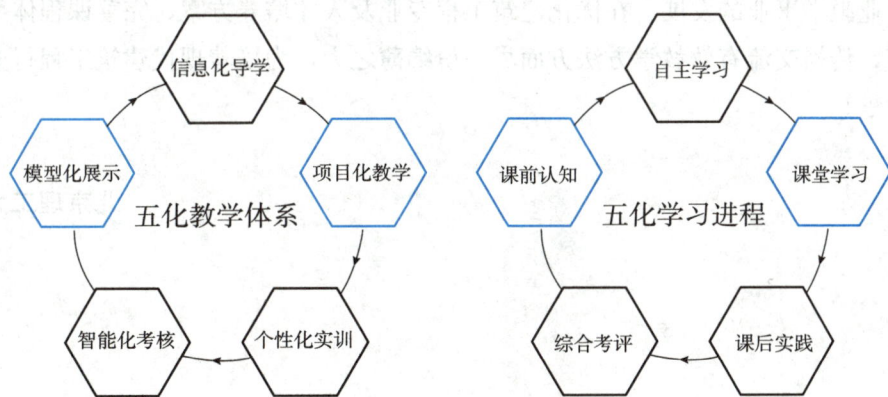

建筑五化教学法

为此，北京理工大学出版社搭建平台，联合国内多所建设类高职院校和行业企业，包括：黑龙江建筑职业技术学院、四川建筑职业技术学院、江苏建筑职业技术学院、江西建设职业技术学院、贵州建设职业技术学院、绍兴职业技术学院、广州城建职业学院、浙江大学科技集团有限公司等，共同组织编写了本套《高职土建类专业"五化"教学法新形态教材》，教材由参与院校院系领导、专业带头人、企业技术负责人组织编写团队，参照教育部《高等职业学校专业教学标准》要求，以创新、合作、融合、共赢、整合跨院校优质资源的工作方式，结合高职院校教学实际以及当前建筑行业形势和发展方向编写完成，力求推动建筑类教学体系构建，提升学生学习兴趣！

全套教材共8本，如下：

1.《建筑力学与结构》

2.《建筑识图与构造》

3.《建筑材料》

4.《建筑工程测量》

5.《建筑施工技术》

6.《钢结构建筑施工》

7.《装配式建筑施工技术》

8.《建筑工程质量与安全管理》

本系列教材的编写，是基于建筑工法楼为项目进行教学设计的，由浙江太学科技集团有限公司和各院校提供教材及教学配套资源，在本系列教材的编写过程中，我们得到了国内同行专家、学者的指导和知名建筑企业的大力支持，在此表示诚挚的谢意！

高等职业教育紧密结合经济发展需求，适应行业新技术的发展，不断向行业输送应用型专业人才，任重道远。教材建设是高等职业院校教育改革的一项基础性工程，也是一个不断推陈出新的过程。我们深切希望本系列教材的出版，能够推动我国高等职业院校建筑工程专业教学事业的发展，在优化建筑工程专业及人才培养方案、完善课程体系、丰富课程内容、传播交流有效教学方法方面尽一份绵薄之力，为培养现代建筑工程行业合格人才做出贡献！

北京理工大学出版社

Foreword

前　言

"建筑识图与构造"课程的主要任务是学习建筑的基本构造原理和构造方法，熟悉常用构造的适用场合、构造做法和选用要求，提高施工图识读能力，培养学生运用所学知识解决实际问题的能力。

党的二十大报告中指出："统筹职业教育、高等教育、继续教育协同创新，推进职普融通、产教融合、科教融汇，优化职业教育类型定位。"高等职业教育培养的是面向施工一线的高素质技术技能型人才，因而教材编写必须符合高等职业教育规律和技术技能型人才成长规律。

本书在编写过程中，始终将培养并提升学生空间思维能力、识图能力和应用能力作为主线，贯穿教材的每一个角落。同时，本书充分考虑了地域差异与经济状况对建筑业专业人才需求的独特性，将传授学生未来岗位所必需的知识与技能置于首要位置，注重教材内容的实践性，力求使教材更加兼容并蓄、广泛适用，以便于教学实施，能适应并满足课程改革的发展需求。

本书在每个任务中都设置了课前认知、理论学习、仿真实训、技能测试及任务工单等模块，其主要特点如下：

（1）课前认知模块。课前认知模块作为学习的先导，旨在帮助学生初步了解本任务的核心内容和重点，通过简洁明了的介绍，引导学生对即将学习的知识产生兴趣，并激发他们的学习动力。同时，课前认知还提供了与本任务内容相关的实际案例或问题，引发学生的思考，为后续的深入学习做好铺垫。

（2）理论学习模块。理论学习模块是本书的核心部分，涵盖了投影、绘图技能、土建工程图识读和房屋构造组成、构造原理及构造方法。该模块注重知识的系统性和完整性，同时注重理论与实践的结合，通过案例分析、图表展示等方式，使学生能够更好地理解和应用所学知识。

（3）仿真实训模块。仿真实训模块是本书的一大特色，主要为学生提供将理论知识应用于实际的机会。该模块通过设计一系列的仿真实训项目，使学生在动手操作的过程中，加深对建筑的基本构造原理和构造方法的理解，还可培养学生的实践能力和动手能力。

（4）技能测试模块。技能测试模块是对学生学习成果的有效检验。该模块通过设计多种形式的练习题、测试题，帮助学生巩固所学知识，检验自己的学习成果。这一模块的设置有助于学生及时了解自己的学习状况，调整学习策略，提高学习效率。

（5）任务工单模块。任务工单模块是本书的另一大特色，其结合实际工程项目，为学生提供了综合性的学习任务。任务工单模块要求学生运用所学知识，解决实际问题，完成一系列的任务。这些任务不仅包括理论知识的应用，还涉及实际操作、团队协作等多个方面。通过完成任务工单，学生能够更好地将所学知识与实际工作相结合，提高自己的综合素质和实践能力。

本书由黑龙江建筑职业技术学院张琨担任主编，黑龙江建筑职业技术学院马伟文、绍兴职业技术学院孔爱散、黑龙江省建工集团责任有限公司韩峰担任副主编。具体编写分工为：张琨编写项目二、项目十一，马伟文编写项目七～项目九，孔爱散编写项目四～项目六，韩峰编写项目一、项目三、项目十。全书由黑龙江建筑职业技术学院赵研教授主审。本书在编写过程中参阅了大量文献和参考资料，在此向原作者致以衷心的感谢！

由于编写时间仓促，编者的经验和水平有限，书中难免有疏漏和不妥之处，恳请广大读者批评指正。

编　者

Contents

目录

目

录

3

项目一　建筑制图基础

>>> 任务一　制图基本知识

课前认知

建筑工程图是表达建筑工程设计意图的手段，是建筑施工的主要依据。每个工程技术人员应熟练掌握有关制图的基本知识和技能，课前请了解制图工具的性能，掌握正确的使用方法，并注意维护保养，提高制图质量。

理论学习

一、制图工具和用品

学习制图首先应掌握制图工具和用品的正确使用方法、日常维护等知识，以便熟练掌握制图技巧，保证制图的速度和质量。

常用的制图工具有图板、丁字尺、三角板、圆规、分规、比例尺、绘图笔、建筑模板等。

(一)制图工具

1. 图板

图板的规格有三种，分别是 0 号(900 mm×1 200 mm)、1 号(600 mm×900 mm)和 2 号(420 mm×600 mm)。图板的作用是固定图纸。它的两面由胶合板组成，四周边框镶有硬质木条。图板的板面要光滑平整，侧边要平直，如图 1-1 所示。应注意爱护图板，防止其受潮或受水浸、被暴晒和烘烤，更不能用刀具或硬质物体在图板上任意刻、划。

2. 丁字尺

丁字尺的规格是和图板相适应的，其尺寸有 1 200 mm、900 mm、640 mm 等长度，分别与 0 号图板、1 号图板、2 号图板配合使用。丁字尺由尺头和尺身组成，其夹角为 90°，主要用来画水平线，与三角板配合使用，可画垂线、15°倍数的倾斜线。绘图时，尺头应紧靠图板左边，以左手扶尺头，使尺上下移动，如图 1-2 所示。丁字尺的工作边要保证平直、光滑，不得用利器刻、划。丁字尺大多是用有机玻璃制成的，不用时应将丁字尺装在尺套内悬挂起来，防止压弯变形。

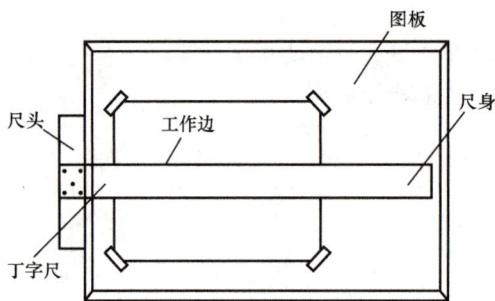

图 1-1　图板与丁字尺

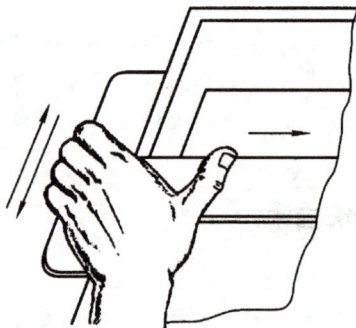

图 1-2　丁字尺的移动

3. 三角板

一副三角板有两块，一块是 45°等腰直角三角形，另一块是两锐角分别为 30°和 60°的直角三角形，如图 1-3 所示。三角板是用有机玻璃制成的，有 250 mm、300 mm、350 mm 等几种规格尺寸，可根据需要选用。三角板与丁字尺配合使用，可画垂直线，15°、30°、45°、60°、75°角的各种斜线，如图 1-4 所示。用丁字尺配合三角板画垂线时，应将三角板的垂直边放在左侧，自下向上画。

图 1-3　三角板

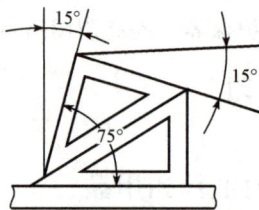

图 1-4　丁字尺和三角板作垂直线和斜线

4. 圆规和分规

（1）圆规。圆规是画圆和圆弧的工具，一套完整的圆规都配有铅笔插脚、钢针插脚、直线笔插脚、延伸杆等配件，一条腿上安装针脚，另一条腿上可安装铅芯、钢针、直线笔三种插脚，如图1-5所示。圆规在使用前先调整针脚，使针尖稍长于铅芯或直线笔的笔尖，取好半径，对准圆心，并使圆规略向旋转方向倾斜，按顺时针方向从右下角开始画圆，画圆或圆弧都应一次完成。

（2）分规。分规是等分线段和量取线段的工具，两腿端部均装有固定钢针。使用时，要先检查分规两腿的针尖靠拢后是否平齐。分规的使用方法如图1-6所示。

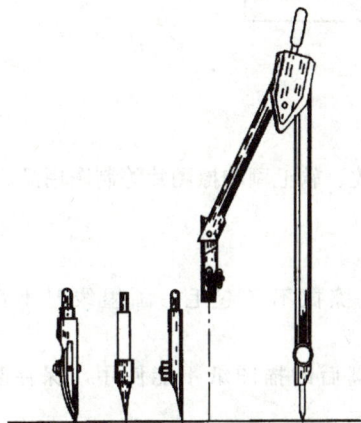

图1-5　圆规及其插脚

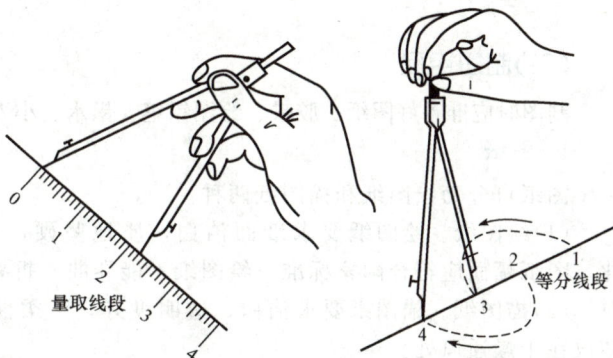

图1-6　分规

5. 比例尺

比例尺又称三棱尺，如图1-7所示。尺上刻有几种不同比例的刻度，可直接用它按比例绘图，不需计算。常用的比例尺一般刻有六种不同比例的刻度，如1∶100、1∶200、1∶300、1∶400、1∶500、1∶600，可根据需要选用。绘图时千万不要将比例尺当作三角板来画线。

6. 绘图笔

绘图笔（又称针管笔）是专门用来绘制墨线的，除笔尖是钢管针且内有通针外，其余部分的构造与普通钢笔基本相同，如图1-8所示。笔尖针管直径有0.1～1.2 mm粗细不同的多种规格，供绘制图线时选用。使用时如发现流水不畅，可将笔上下晃动，当听到管内有撞击声时，表明管心已通，可继续使用。

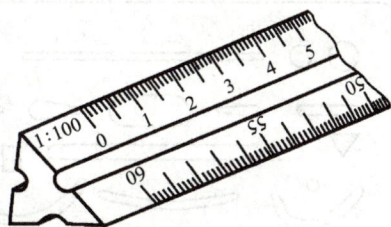

图1-7　比例尺

图1-8　绘图笔（针管笔）

7. 建筑模板

建筑模板上刻有多种方形孔、圆形孔、建筑图例、轴线号、详图索引号等，如图1-9所示。可用它直接绘制出模板上的各种图样和符号。

图 1-9　建筑模板

(二)制图用品

制图时应准备好图纸、胶带、绘图铅笔、墨水、小刀、橡皮、软毛刷和擦图片等制图用品。

1. 图纸

图纸可分为绘图纸和描图纸两种。

(1)绘图纸。绘图纸要求纸面洁白，质地坚硬，用橡皮擦拭不易起毛，画墨线时不渗化，图纸幅面应符合国家标准。绘图纸不能卷曲、折叠和压皱。

(2)描图纸。描图纸要求洁白、透明度好，带柔性。受潮后的描图纸不能使用，保存时应放在干燥通风处。

2. 绘图铅笔

绘图铅笔的铅芯有软硬之分，分别用字母 B 和 H 表示，B 前的数字越大表示铅芯越软；H 前的数字越大表示铅芯越硬；HB 表示软硬适中。铅笔应从没有标志的一端开始使用，以便保留标记，供使用时辨认。铅笔可削成圆锥形或四棱锥形，削去约 30 mm，铅芯露出 6～8 mm。H 铅笔用来画底稿，HB 铅笔用来加深细线、描粗线和写字。绘图铅笔及铅芯如图 1-10 所示。

3. 墨水

墨水有碳素墨水和绘图墨水之分。碳素墨水不易结块；绘图墨水干得较快，易结块。目前，市场上的高级绘图墨水也适用于绘图墨水笔。

4. 擦图片

擦图片是用来修改图线的，如图 1-11 所示，使用时只要将该擦去的图线对准擦图片上相应的孔洞，用橡皮轻轻擦拭即可。

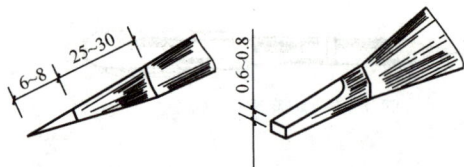

图 1-10　绘图铅笔及铅芯(单位：mm)

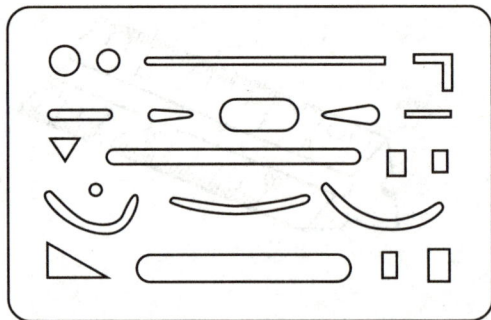

图 1-11　擦图片

5. 其他用品

(1)胶带，用于固定图纸。

(2)橡皮，用于擦去不需要的图线等，应选用软橡皮擦铅笔图线，硬橡皮擦墨线。

(3)小刀，用于削铅笔。

(4)刀片，用于修整图纸上的墨线。

(5)软毛刷，用于清扫橡皮屑，保持图面清洁。

二、建筑制图标准

工程图样是工程界的"技术语言"，是房屋建造施工的依据。为了统一房屋建筑制图规则，便于技术交流，保证制图质量，提高制图效率，做到图面清晰、简明，符合设计、施工、存档的要求，必须对图样的格式、画法、图例、字体、尺寸标注等制定统一的标准。

本节主要介绍《房屋建筑制图统一标准》(GB/T 50001—2017)中的图幅、图线、字体、比例、尺寸标注。

(一)图幅

图纸幅面简称图幅，如图 1-12 所示。绘图时图样大小应符合表 1-1 中规定的图纸幅面尺寸。图纸可横向使用也可竖向使用，如图 1-13 和图 1-14 所示。

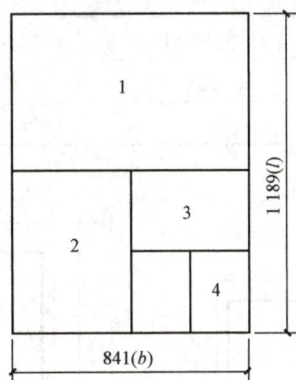

图 1-12　图幅

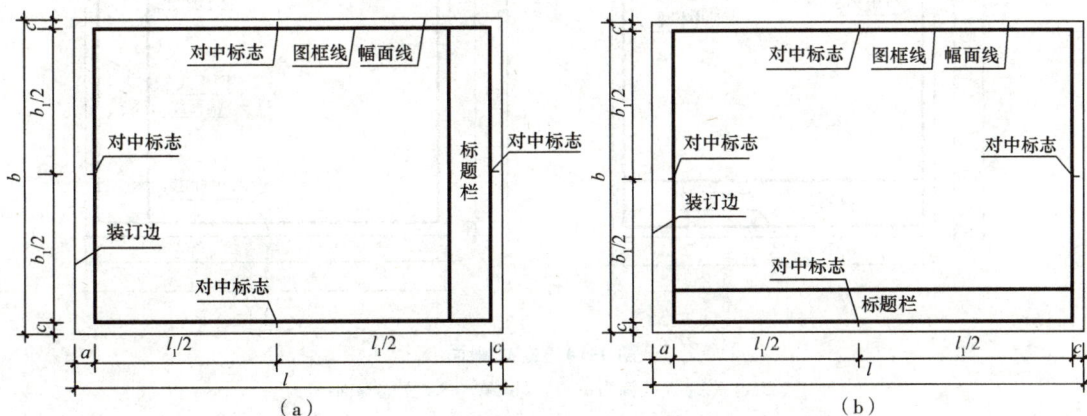

图 1-13　横式幅面

(a)A0～A3 横式幅面(一)；(b)A0～A3 横式幅面(二)

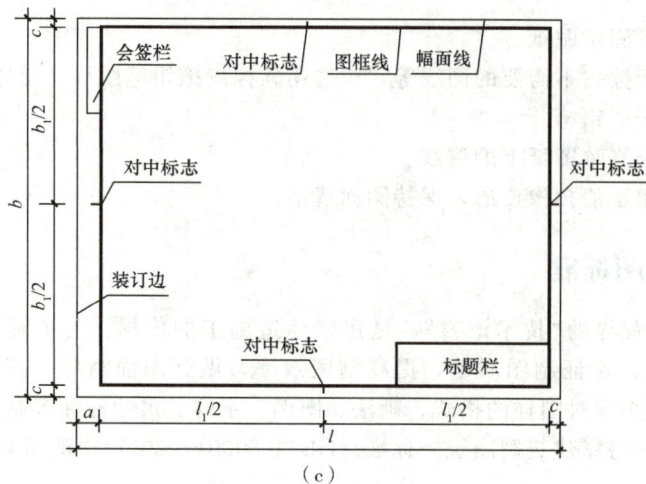

（c）

图 1-13　横式幅面（续）

（c）A0～A1 横式幅面

表 1-1　幅面及图框尺寸　　　　　　　　　　　　　　　　　　　mm

基本图幅代号	A0	A1	A2	A3	A4
$b \times l$	841×1 189	594×841	420×594	297×420	210×297
c	10			5	
a	25				

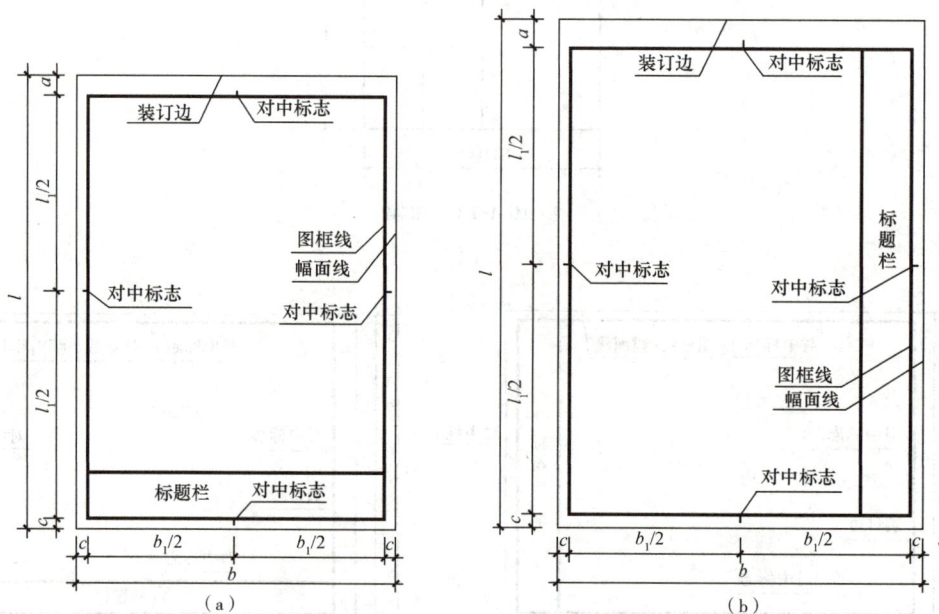

（a）　　　　　　　　　　　　　　　　　（b）

图 1-14　立式幅面

（a）A0～A4 立式幅面（一）；（b）A0～A4 立式幅面（二）

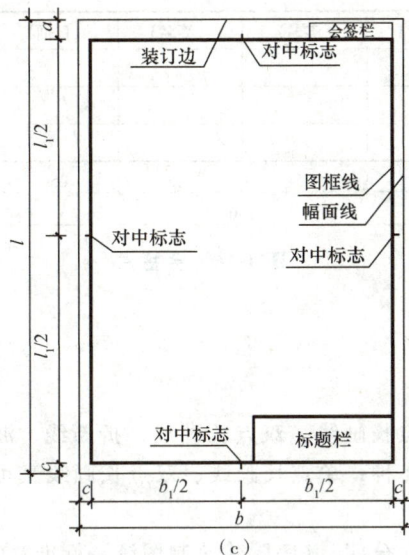

图 1-14 立式幅面(续)
(c)A0~A2 立式幅面

在图纸右下角画有标题栏，标题栏的格式如图 1-15 所示。会签栏的格式如图 1-16 所示。

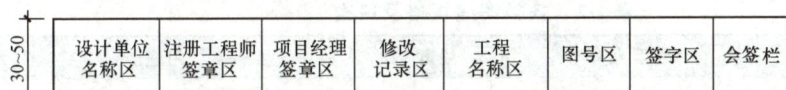

设计单位名称区	注册工程师签章区	项目经理签章区	修改记录区	工程名称区	图号区	签字区	会签栏

(a)

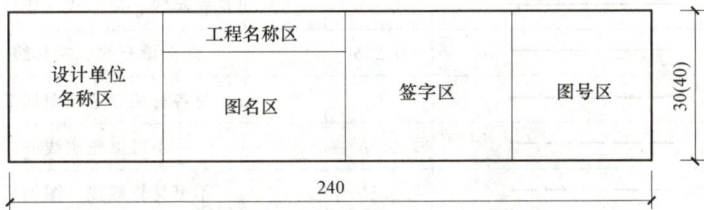

(c)

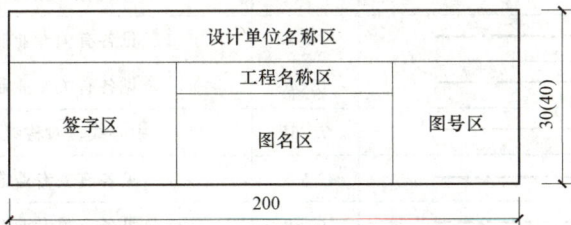

(d)

(b)

图 1-15 标题栏(续)
(a)标题栏(一)；(b)标题栏(二)；(c)标题栏(三)；(d)标题栏(四)

7

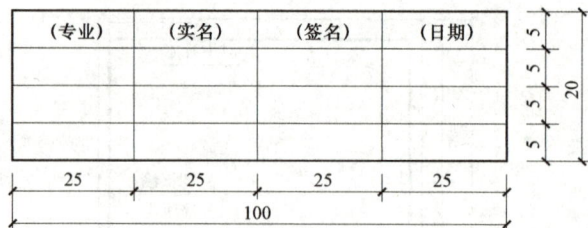

图 1-16 会签栏

(二)图线

1. 图线的种类

图线有实线、虚线、单点长画线、双点长画线、折断线、波浪线等。其中，实线、虚线又可分为粗、中粗、中和细 4 种；单点长画线、双点长画线又可分为粗、中和细 3 种；折断线和波浪线只有细线。

为使图样层次清楚、主次分明，《房屋建筑制图统一标准》(GB/T 50001—2017)对图线粗细(线型)作了明确规定，以 b 表示粗实线的宽度，见表 1-2，每个图样应根据复杂程度与比例大小确定其宽度。在房屋建筑中，粗实线的宽度一般为 0.5～1.4 mm。

2. 图线的画法

表 1-3 列举了各类图线交接的画法及初学者容易犯的错误。

表 1-2　各类图线规格及用途

名称		线型	线宽	用途
实线	粗		b	主要可见轮廓线
	中粗		$0.7b$	可见轮廓线
	中		$0.5b$	可见轮廓线、尺寸线、变更云线
	细		$0.25b$	图例填充线、家具线
虚线	粗		b	见各有关专业制图标准
	中粗		$0.7b$	不可见轮廓线
	中		$0.5b$	不可见轮廓线、图例线
	细		$0.25b$	图例填充线、家具线
单点长画线	粗		b	见各有关专业制图标准
	中		$0.5b$	见各有关专业制图标准
	细		$0.25b$	中心线、对称线、轴线等
双点长画线	粗		b	见各有关专业制图标准
	中		$0.5b$	见各有关专业制图标准
	细		$0.25b$	假想轮廓线、成型前原始轮廓线
折断线	细		$0.25b$	断开界线
波浪线	细		$0.25b$	断开界线

表 1-3　各类图线交接的画法

画法说明	图例	
	正确	错误
点画线相交时，应在线段部分相交。 点画线的起始与终了应为线段	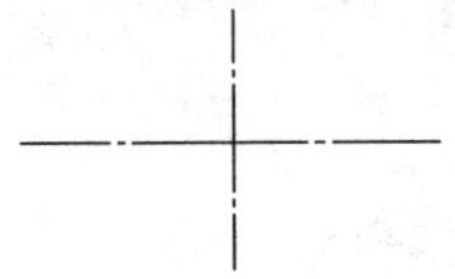	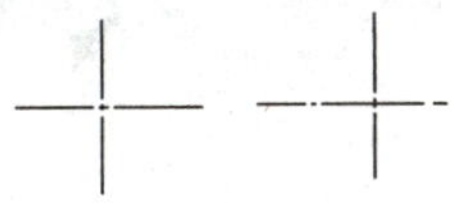
圆心应以中心线的线段交点表示。中心线应超出圆周约 5 mm，当圆直径小于 12 mm 时，中心线可用细实线画出，超出圆周约 3 mm	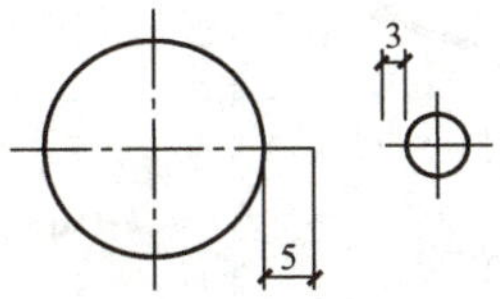	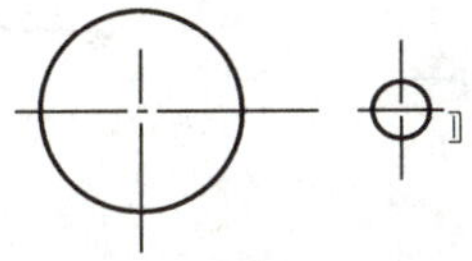
圆与圆或其他图线相切时，在切点处的图线应正好是单根图线的宽度	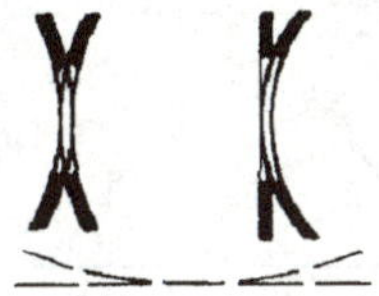	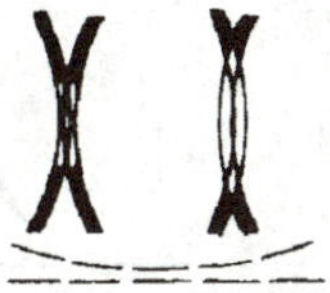
虚线与虚线或与其他图线相交时，应以线段相交	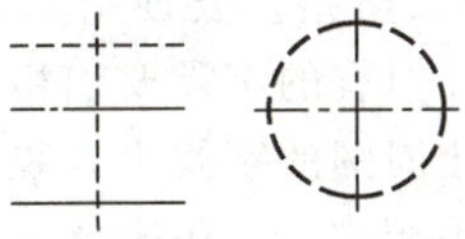	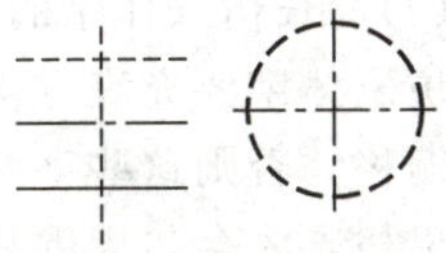
虚线与虚线或与其他图线相交于垂足处为止时，垂足处不应留空隙	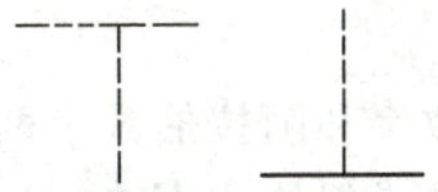	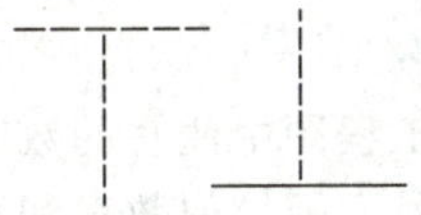
虚线在实线的延长线位置时，虚线与实线间应留有空隙，不应相接，以表示两种图线的分界线	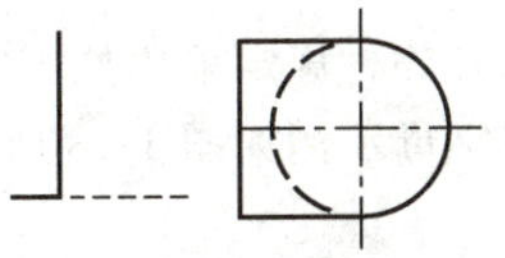	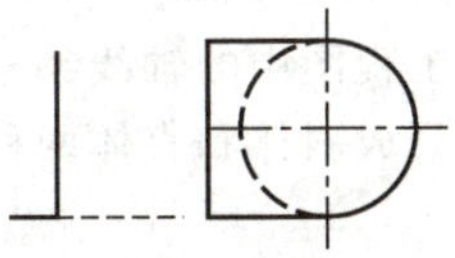

(三)字体

图样和技术文件中书写的汉字、数字、字母或符号必须做到笔画清晰、字体端正、排列整齐、间隔均匀。字迹潦草，不仅影响图样质量，而且可能导致不应有的差错。因此，设计、制图人员一定要学习和掌握制图中各种字体的书写要求与方法。

1. 汉字

图样中的汉字，应采用国家正式公布的简化字，并用长仿宋体书写。长仿宋体字的高度与宽度比约为 3∶2，字的大小应与图形配合协调，字与字的间距约为字高的 1/4，行距约为字高的 1/3。

(1)长仿宋体字的基本笔画。长仿宋体字的基本笔画有 8 种，即横、竖、撇、捺、点、挑、钩和折。其起笔和落笔处，都为尖端或三角形，见表 1-4。

(2)长仿宋体字的构架。字的构架，即组成某个汉字的各个单字所占的比例和位置。如图 1-17 所示为建筑工程图中常用的字体。

表 1-4　长仿宋体字基本笔画

基本笔画	写法	基本笔画	写法
点		捺	
横		挑	
竖		钩	
撇		折	

（3）写长仿宋体字的满格、缩格、出格。要使书写的文字大小一致、整齐美观，一般书写长仿宋体字要充满方格，即满格。但有的字需要缩格或出格，如口、日、图等字书写时要适当缩格，否则这些字给人的感觉比周围的字要大，显得不匀称；再如广、大等字书写时要适当出格，才会与周围其他字的大小相称。长仿宋体字的书写要做到：笔画横平竖直，注意起落；字形结构排列匀称，注意满格、缩格、出格。

2. 数字

工程图中注写的数字，有罗马数字和阿拉伯数字两种。罗马数字常用于工程图中剖面图的编号，阿拉伯数字和罗马数字可写成斜体或直体。

3. 汉语拼音字母

工程图中的轴线编号、构件代号等，规定采用拉丁字母，字母有大写和小写之分，书写时可写成斜体和直体两种。数字与字母示例如图 1-18 所示。

排列整齐字体端正笔画

清晰注意起落

字体笔画基本上是横平竖直结构匀称

写字前先画好格子

阿拉伯数字拉丁字母罗马数字和汉字并列书写

时它们的字高比汉字高小

大学系专业班级绘制描审核校对序号名称材料件数备注比例重
共第张工程种类设计负责人平立剖侧切截断面轴测示意主俯仰前
后左右视向东西南北中心内外高低顶底长宽厚尺寸分厘毫米矩方

图 1-17　长仿宋体字例

图 1-18　数字与字母示例

(四)比例

1. 比例的概念

比例为图形大小与物体实际大小之比。在绘制工程图时，常遇到物体很大或很小，因此不可能按物体的实际大小去画，必须将图形按一定的比例缩小或放大。而且无论放大或缩小，图形必须反映物体原来的形状和实际尺寸。图 1-19 所示为用不同比例绘制的门。

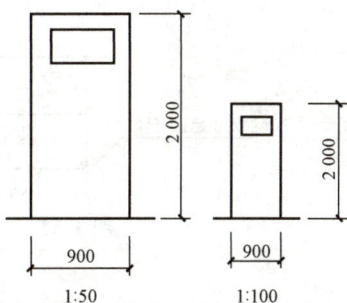

2. 比例尺的应用

应用比例尺，如 1∶100，找出该比值上 1 m、5 m、10 m 等位置，然后再读出每一小格代表的数值，就能从比例尺上读取画图所需要的数据，如图 1-20 所示。

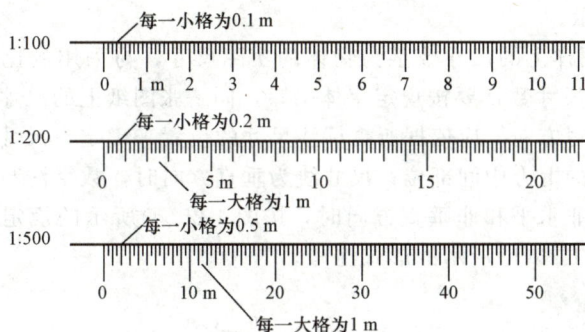

图 1-19　用不同比例绘制的门

图 1-20　比例尺的识读

比例尺上只有 6 种不同的比例，不能满足实际工作的需要，这时可将比例尺上的读数进行换算。如 1∶100 的比例可进行 1∶1、1∶10、1∶1 000 等比例的换算，如图 1-21 所示。

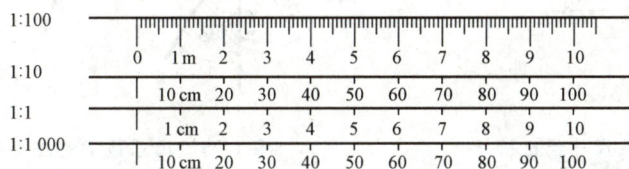

图 1-21　比例尺的换算

(五)尺寸标注

尺寸数字在图纸上占有非常重要的地位。建筑工程施工过程是根据图纸上的尺寸进行的，因此，在绘图时应按物体实际尺寸标注，且必须保证所标注的尺寸完整、清楚和准确。

1. 尺寸的组成

尺寸是由尺寸界线、尺寸线、尺寸起止符号和尺寸数字组成的，如图 1-22 所示。

(1)尺寸界线：用来限定所注尺寸的范围，应用细实线绘制，一般应与被注长度垂直，其一端应离开图样轮廓线不少于 2 mm，另一端宜超出尺寸线 2～3 mm。有时图样轮廓线可用作尺寸界线，如图 1-23 所示。

图 1-22　尺寸组成

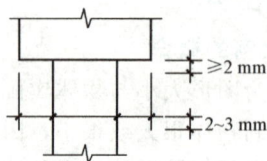

图 1-23　尺寸界线

(2)尺寸线：用来表示所注尺寸的方向与范围，用细实线绘制，应与被注长度平行，且不宜超出尺寸界线。任何图线都不能用作尺寸线。

(3)尺寸起止符号：用以表示所注尺寸范围的起、止，一般应用中粗斜短线绘制，其倾斜方向应与尺寸界线成顺时针 45°角，长度为 2～3 mm。

半径、直径、角度与弧长的尺寸起止符号，宜用箭头表示，箭头宽度 b 不宜小于 1 mm，如图 1-24 所示。

(4)尺寸数字：图样上的尺寸数字为物体的实际尺寸，与采用的比例无关，图中尺寸数字均以 mm 为单位。尺寸数字要按规定字体书写，同一张图纸上的尺寸数字字号大小应尽量一致。尺寸数字的注写方向，应依据所需标注尺寸的位置来确定，尺寸线为水平方向时，数字注写在靠近尺寸线的上方中间部位；尺寸线为垂直方向时，数字注写在靠近尺寸线的左边中间部位；尺寸线为非水平和非垂直方向时，按图 1-25(a)所示的规定注写。如果尺寸数字在斜线区内，宜按图 1-25(b)所示的形式注写。

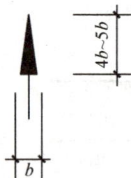

图 1-24　箭头尺寸起止符号

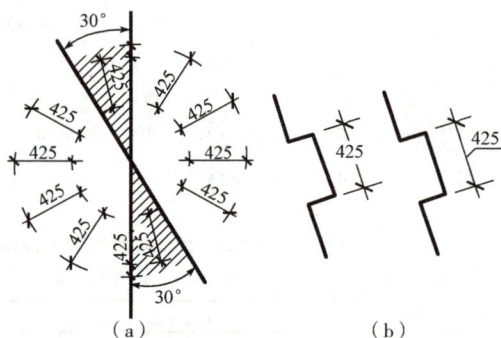

图 1-25　尺寸数字的注写方向

2. 尺寸标注要求

(1)尺寸的排列与布置。尺寸宜标注在图样轮廓线以外，不宜与图线、文字及符号等相交。图线不得穿过尺寸数字，不可避免时应将尺寸数字处的图线断开，如图 1-26 所示。

如果尺寸界线较密，可按图 1-27 所示的方式注写尺寸。

尺寸线与图样最外轮廓线之间的距离，不宜小于 10 mm。平行排列的尺寸线间距，宜为 7～10 mm。互相平行的尺寸线标注尺寸时，应从被标注的图样轮廓线外，由近及远整齐排列，小尺寸应靠近图样轮廓线标注，大尺寸应在小尺寸外面标注，如图 1-28 所示。

图 1-26　尺寸标注的要求

(a)尺寸不宜与图线相交；(b)尺寸数字处图线应断开

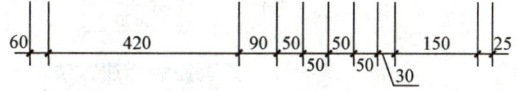

图 1-27　尺寸界线较密时的注写方法

图 1-28　尺寸的排列

(2)半径、直径和球的尺寸标注。半径的尺寸线应一端从圆心开始，另一端画箭头指至圆弧。半径数字前应加注半径符号"R"，如图 1-29 所示。较小圆弧的半径可按图 1-30 所示的形式标注；较大圆弧的半径可按图 1-31 所示的形式标注。

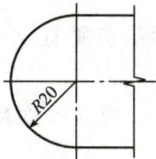

图 1-29　半径标注方法

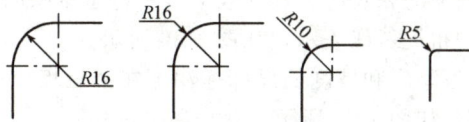

图 1-30　较小圆弧半径的标注方法

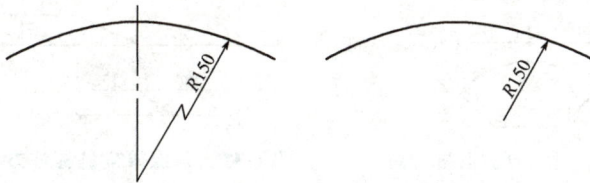

图 1-31　较大圆弧半径的标注方法

标注圆的尺寸时，直径数字前应加符号"ϕ"。在圆内标注的直径尺寸应通过圆心，其两端箭头指至圆弧，如图 1-32 所示。较小圆的直径尺寸，可标注在圆外，如图 1-33 所示。

图 1-32　圆直径的标注方法

图 1-33　小圆直径的标注方法

标注球半径时，应在尺寸数字前加注符号"SR"；标注球直径时，应在尺寸数字前加注符号"Sφ"。它的注写方法与圆半径和圆直径尺寸的标注方法相同。

（3）角度、弧长和弦长的尺寸标注。角度尺寸线应以圆弧线表示。该圆弧的圆心应是该角的顶点，角的两个边为尺寸界线。角度的起止符号应以箭头表示。角度数字应水平方向注写，如图 1-34 所示。

标注圆弧的弧长时，尺寸线用与该圆弧同心的圆弧线表示，尺寸界线应垂直于该圆弧的弦，起止符号应以箭头表示，弧长数字的上方应加注圆弧符号，如图 1-35 所示。

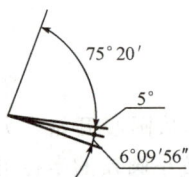

图 1-34　角度的标注方法

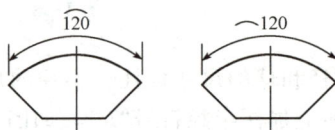

图 1-35　弧长的标注方法

标注圆弧的弦长时，尺寸线应以平行于该弦的直线表示，尺寸界线应垂直于该弦，起止符号应以中粗短斜线表示，如图 1-36 所示。

（4）薄板厚度和坡度的尺寸标注。在薄板板面标注板厚度尺寸时，应在厚度数字前加厚度符号"δ"，如图 1-37 所示。

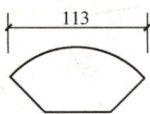

图 1-36　弦长的标注方法

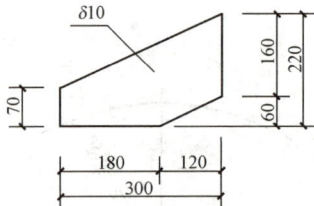

图 1-37　薄板厚度的标注方法

标注坡度时，在坡度数字下应加注坡度符号，坡度符号的箭头一般应指向下坡方向。坡度也可用直角三角形形式标注，如图 1-38 所示。

14

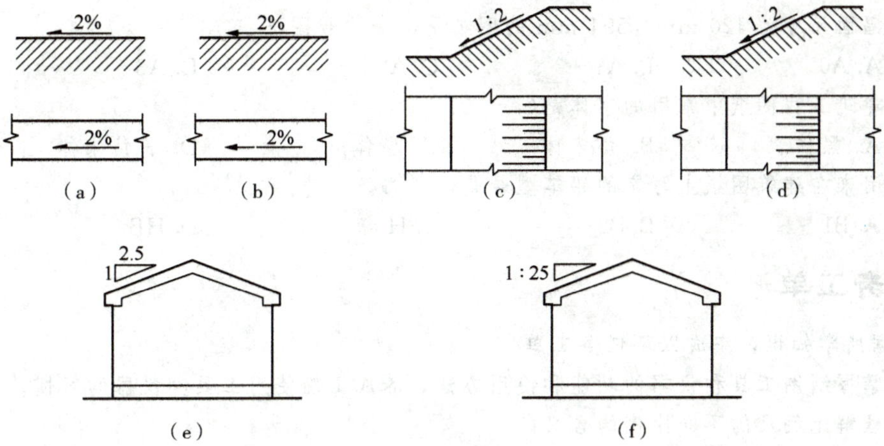

图1-38 坡度的标注方法

(六)绘图的一般步骤

1. 进行图面布置

首先考虑好在一张图纸上要画几个图样，然后安排各个图样在图纸上的位置。图面布置要适中、匀称，以获得良好的图面效果。

2. 画底稿

用 H～2H 等较硬的铅笔，画时要轻、细，以便修改。

3. 加深图线

底稿画好后要检查一下，是否有错误和遗漏，改正后再加深图线。常用 HB、B 等稍软的铅笔加深，或用墨线笔上墨。其加深顺序是水平线自上而下、垂直线自左向右。无论是铅笔加深还是上墨线，都要正确掌握好线型。

4. 标注尺寸

先画尺寸线、尺寸界线、尺寸起止符号，再注写尺寸数字。

5. 检查

图样画完后还要进行一次全面的检查工作，看是否有画错或画得不好的地方，然后进行修改，确保图面质量。

仿真实训

准备制图工具和仪器，与学生探讨学习绘图工具的使用方法和实用技巧。

技能测试

一、填空题

1. 请列举出八种制图工具：_____、_____、_____、_____、_____、_____、_____、_____。

2. 图纸的幅面尺寸有____种，A3 图幅的尺寸是_____，A2 图幅的尺寸是_____，A3 图纸是 A2 图纸面积的____倍。

3. 尺寸组成的四要素有_____、_____、_____、_____。

二、选择题

1. 幅面尺寸为 420 mm×594 mm 的图纸是(　　)号图纸。

    A. A0　　　　　　　B. A1　　　　　　　C. A2　　　　　　　D. A3

2. 建筑工程图纸中常用的字体是(　　)。

    A. 黑体　　　　　　B. 仿宋体　　　　　　C. 楷体　　　　　　D. 长仿宋体

3. 用来在建筑图纸上写字的铅笔型号是(　　)。

    A. B1　　　　　　　B. B2　　　　　　　C. H　　　　　　　D. HB

任务工单

根据所学知识,完成以下任务工单。

1. 掌握制图工具和仪器的功能和使用方法,养成正确使用工具和仪器的习惯。

2. 理解比例尺的不同比例的含义。

3. 掌握建筑标注中的尺寸界限、尺寸线、尺寸起止符号的基本概念和绘图尺寸要求,并抄绘图 1-39 所示内容。

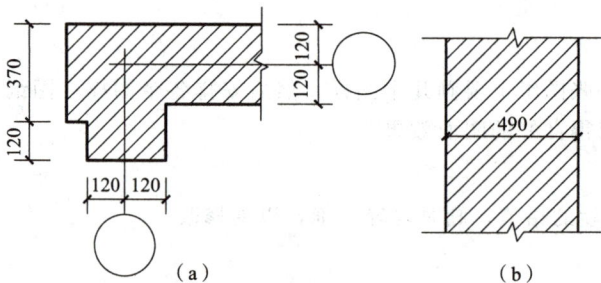

图 1-39　任务工单题图

任务二　几何制图

课前认知

　　几何制图在建筑制图中应用非常广泛,是绘制工程图样必须掌握的基本技能。正确使用与维护制图工具和仪器,并通过练习逐步熟练,提高制图质量和速度。手工制图所用制图工具的种类很多,课前请认识常用的制图工具和仪器。

理论学习

一、等分直线段与斜度

　　几何作图在建筑制图中应用非常广泛,是绘制工程图样必须掌握的基本技能。下面主要介绍常用的基本几何作图方法。

(一)等分直线段

等分直线段的方法在绘制楼梯、花格等图形中经常用到。

1. 二等分直线

已知直线 AB，求作直线 AB 的二等分点，如图 1-40(a)所示。具体作法步骤如下：

图 1-40　二等分直线

(1)分别以已知直线 AB 的两个端点 A、B 为圆心，以大于 $\frac{1}{2}AB$ 的长度为半径作弧，两弧分别相交于点 C 及点 D，如图 1-40(a)所示。

(2)连接 CD，交直线 AB 于点 E，E 点即 AB 的二等分点，如图 1-40(b)所示。

2. 任意等分直线

已知直线 AB，求作直线 AB 的五等分点，如图 1-41(a)所示。具体作法步骤如下：

(1)过 A 点作辅助线 AC，自点 A 起量取辅助线 AC 上相等的五个单位，得 1、2、3、4、5 各点，如图 1-41(b)所示。

(2)连接 $B5$，分别过 1、2、3、4 点作 $B5$ 的平行线，交 AB 于 $1'$、$2'$、$3'$、$4'$，各交点即直线 AB 的五等分点，如图 1-41(c)所示。

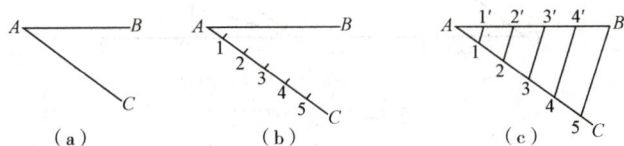

图 1-41　五等分线段

3. 两平行线间距离任意等分

已知两平行线 AB 与 CD，将两平行线间距离五等分，如图 1-42 所示。具体作法步骤如下：

(1)将三角板 0 点放在 CD 任一位置上，尺身绕 0 点旋转，使尺身上某个 5 的倍数点正好落在 AB 上。

(2)过 5 的各倍数点(如 1、2、3、4、5 或 5、10、15、20、25)作标记点，过各标记点作 AB 或 CD 的平行线即可。

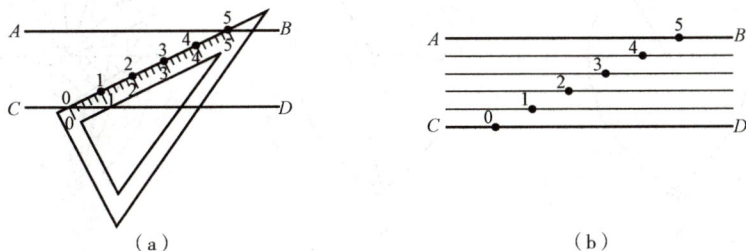

图 1-42　五等分两平行线间的距离

(二)斜度的作法

斜度又叫作斜率或坡度。在建筑工程制图中的斜率常用斜面的高与底边长的比值来表示，如 $i=1:5$ 或 $i=5\%$ 等，如图 1-43 所示。具体作法步骤如下：

(1)作一直线 AB，过点 A 量取相等的五个单位长。

(2)过末点 5 作 AB 的垂线，并在其上自 5 点起量取一个单位得点 C，连接 AC，则 AC 的斜度 $i=1:5$。

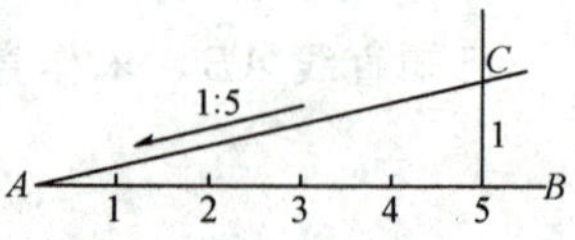

图 1-43　斜度的作法

二、角的等分

(一)角的二等分

已知 $\angle AOB$，试将其二等分，如图 1-44 所示。具体作法步骤如下：

(1)以点 O 为圆心，任意长为半径作弧，交 AO、BO 于 C、D 两点，如图 1-44(a)所示。

(2)分别以点 C、点 D 为圆心，以大于 $\frac{1}{2}CD$ 为半径作弧，使两弧相交于 E 点，如图 1-44(b)所示。

(3)连接 OE，即将 $\angle AOB$ 二等分。

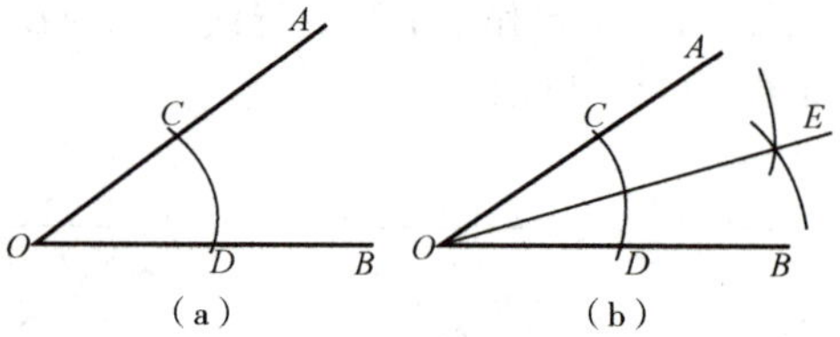

图 1-44　角的二等分

(二)角的任意等分

已知 $\angle AOB$，试将其五等分，如图 1-45 所示。具体作法步骤如下：

(1)以点 O 为圆心，任意长(设 AO)为半径作弧，交 AO 延长线于点 C，再分别以点 A、C 为圆心，AC 为半径作弧，两弧相交于 D 点，如图 1-45(a)所示。

(2)连接 DB 交 AC 于点 E，五等分 AE，得等分点 $1'$、$2'$、$3'$、$4'$，如图 1-45(b)所示。

(3)连接 $D1'$、$D2'$、$D3'$、$D4'$ 并延长，分别交圆弧于 B_1、B_2、B_3、B_4，连接 B_1O、B_2O、B_3O、B_4O，即将 $\angle AOB$ 五等分，如图 1-45(c)所示。

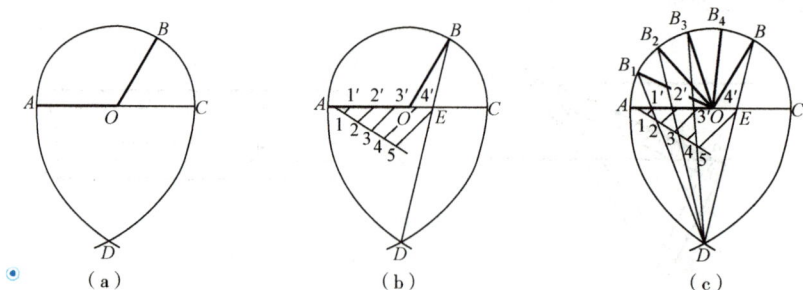

图 1-45　角的任意等分

三、多边形及圆内接正多边形

(一)多边形

已知边长为 m，作正五边形，如图 1-46 所示。具体作法步骤如下：

(1)作 $AB = m$。

(2)分别以点 A 和点 B 为圆心，AB 为半径作圆，两圆相交于点 M、点 N，连接 MN，如图 1-46(a)所示。

(3)以点 M 为圆心，AB 为半径作弧交 MN 于点 P，交两圆于点 Q、点 R，如图 1-46(b)所示。

(4)连接 QP、RP 并延长分别交两圆于点 C、E，分别以点 C、E 为圆心，AB 为半径作弧，两弧相交于点 D，连接 $ABCDE$，即所求的正五边形，如图 1-46(c)所示。

图 1-46　正五边形

(二)圆内接正多边形

圆内接正多边形，是将圆周等分，再将各等分点依次连接而成的。

(1)作圆的内接正三边形、正六边形。用丁字尺和三角板作圆的内接正三角形、正六边形，作法如图 1-47 所示。

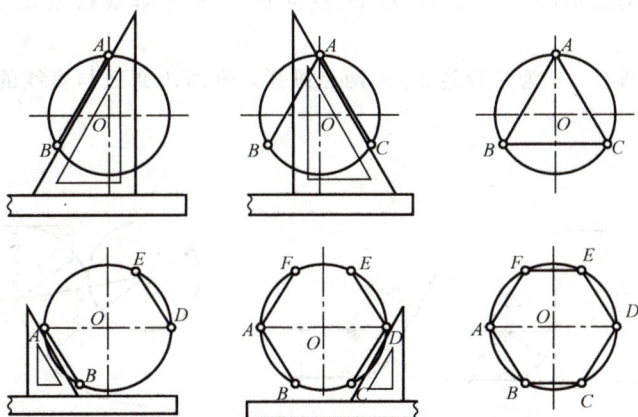

图 1-47　用丁字尺和三角板作圆的内接正三角形、正六边形

(2)作圆的内接正五边形，如图 1-48 所示。具体作法步骤如下：

1)作半径 OP 的中点 M，如图 1-48(a)所示。

2)以点 M 为圆心，MA 为半径画弧，交 NO 于点 K，如图 1-48(b)所示。

3)以 AK 的长度从点 A 开始分割圆周得 A、E、D、C、B 各点，连接 $ABCDE$ 即得圆内接正五边形，如图 1-48(c) 所示。

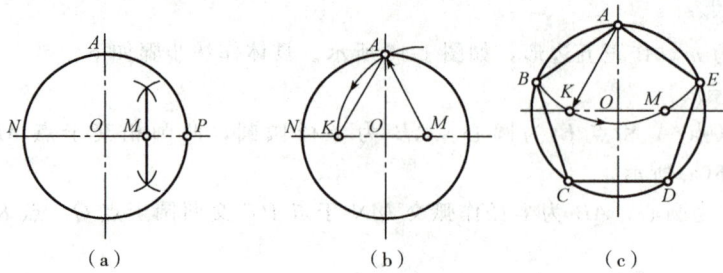

图 1-48　作圆内接正五边形

四、线的连接

直线或圆，通过一个连接弧光滑地过渡到另外一直线或圆上去，称为线的连接，如图 1-49 所示。

(一)直线与直线间的连接

直线与直线间的连接，具体作法步骤如图 1-49 所示。

(1)分别以连接弧 r 为距，作直线 AB、CB 的平行线，两线相交于点 O；

(2)自 O 点分别向直线 AB、CB 作垂线，得垂足 D、E；以点 O 为圆心，r 为半径，过垂足作弧连接 AB、CB 两直线，即所求两相交直线间的连接弧。

(二)直线与圆弧的连接

直线与圆弧的连接，具体作法步骤如图 1-50 所示。

(1)以连接弧 r 为距，作与直线 m 平行的直线 l；以点 O 为圆心，$(R+r)$ 为半径作弧，交所作平行线 l 于点 O_1；点 O_1 即连接弧的圆心。

(2)连接 O_1O 交已知圆弧于点 b；过 O_1 点向直线 m 作垂线得垂足 a；a 与 b 为两个连接点。

(3)以点 O_1 为圆心，r 为半径过 a、b 两点画弧，即所求圆弧与直线的连接弧。

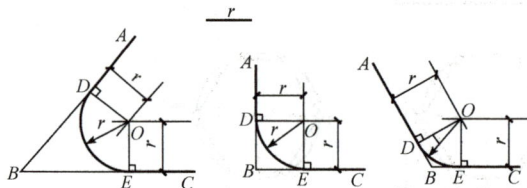

图 1-49　直线与直线的连接

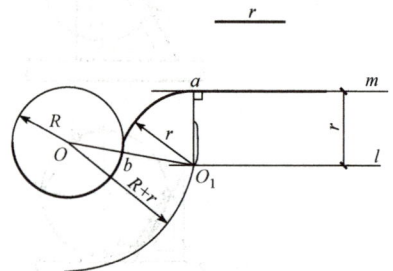

图 1-50　直线与圆弧的连接

(三)圆弧与圆弧的连接

(1)圆弧与圆弧外连接。具体作法步骤如图 1-51 所示。

1)分别以点 O_1、O_2 为圆心，r_1+r 和 r_2+r 为半径画弧，两弧相交于点 O_3。

2)连接O_3O_1、O_3O_2分别交两圆弧于a、b点;以点O_3为圆心,r为半径,过a、b两点画弧,连接两圆弧即所求两圆弧的外连接。

（2）圆弧与圆弧内连接。具体作法步骤如图1-52所示。

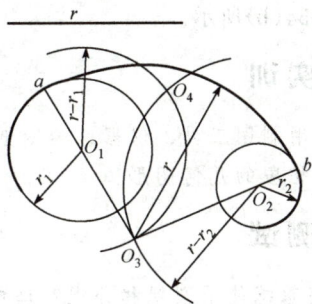

图 1-51　圆弧与圆弧的外连接　　　　　图 1-52　圆弧与圆弧的内连接

1)分别以点O_1、O_2为圆心,$r-r_1$和$r-r_2$为半径画弧,两弧相交于点O_3。

2)连接O_3O_1、O_3O_2并延长分别交两圆弧于a、b点。以点O_3为圆心,r为半径过a、b两点画弧,连接两圆弧即所求两圆弧的内连接。

（3）圆弧与圆弧内外连接。具体作法步骤如图1-53所示。

1)分别以点O_1、O_2为圆心,r_1+r和$r-r_2$为半径画弧,两弧相交于点O_3。

2)连接O_3O_1、O_3O_2并延长分别交两圆弧于a、b点;以点O_3为圆心,r为半径过a、b两点画弧,连接两圆弧即所求圆弧与圆弧的内外连接。

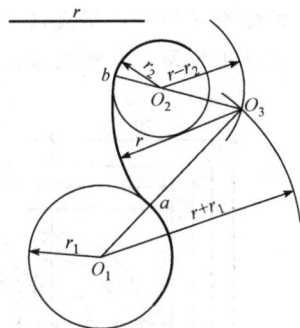

图 1-53　圆弧与圆弧的内外连接

五、曲线的画法

已知椭圆的长短轴AB、CD,用四心圆弧近似法作椭圆,如图1-54所示。具体作法步骤如下:

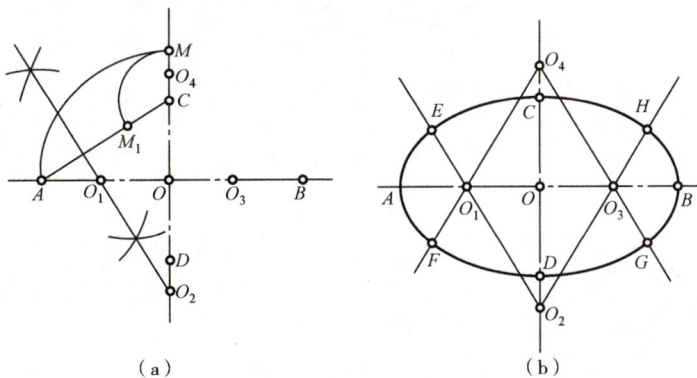

（a）　　　　　　　　　　（b）

图 1-54　四心圆弧近似法作椭圆

(1)连接 AC，并作 $OM=OA$，又作 $CM_1=CM$ 及 AM_1 的垂直平分线交 AB 于点 O_1、交 CD 于点 O_2，作 $OO_3=OO_1$，$OO_4=OO_2$，如图 1-54(a)所示。

(2)连接 O_1O_2、O_1O_4、O_3O_2、O_3O_4 并延长，分别以点 O_1、O_3、O_2、O_4 为圆心，O_1A、O_3B、O_2C、O_4D 为半径作弧，使各弧相连接于点 E、F、G、H，连接各点即得所求椭圆，如图 1-54(b)所示。

仿真实训

教师利用制图工具、仪器、绘图纸等，展示并引导学生实操几何制图的过程及方法，并实践绘制出相应的几何图形。

技能测试

1. 如何熟练使用圆规和分规？理解其作用和功能。

2. 绘制基本几何图形的过程中，回顾学过的几何知识提高制图的准确率和效率。

任务工单

根据所学知识，完成以下任务工单。

请利用绘图工具和仪器，抄绘如图 1-55 所示几何图形。

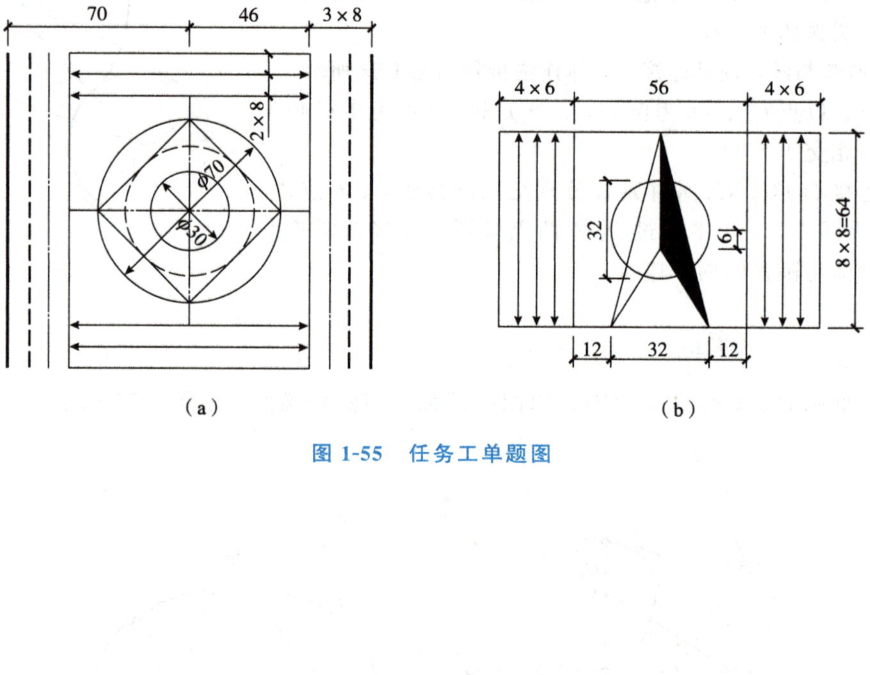

（a）　　　　　　　　　　（b）

图 1-55　任务工单题图

项目二　投影基础

>> 任务一　三面投影图形成

课前认知

在三维空间里，所有的形体都有长度、宽度和高度，如何在一张只有长度和宽度的图纸上，准确且全面地表达出物体的形状和大小呢？这就需要采用投影法。工程图样是应用投影的原理和方法绘制的。本任务主要介绍投影原理及三面投影图，课前可了解相关知识，完成以下练习。

图 2-1 中三个投影图分别对应哪个三视图，请将编号填到圆圈内。

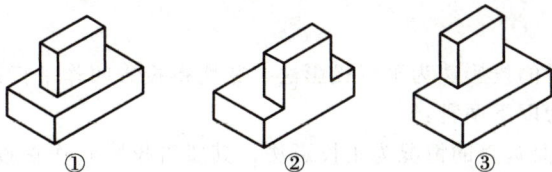

　　　　①　　　　　　　②　　　　　　　③

图 2-1　投影对照

图 2-1　投影对照(续)

理论学习

一、投影原理

生活中，我们经常看到影子这个自然现象。在光线(灯光或阳光)的照射下，物体会在墙面或者地面上投射影子，随着光线的照射方向不同，影子也随之发生变化，如图 2-2(a)所示。

人们对自然界的这一物理现象加以科学的抽象和概括，做了这样的假设：光线能够穿透物体，将物体上的各个点和线都在承接影子的平面上落下它们的影子，从而使这些点、线的影子连成能够反映物体形状的"线框图"，这样形成的"线框图"称为投影图，简称投影，如图 2-2(b)所示。

研究物体与投影之间的关系就是投影法。

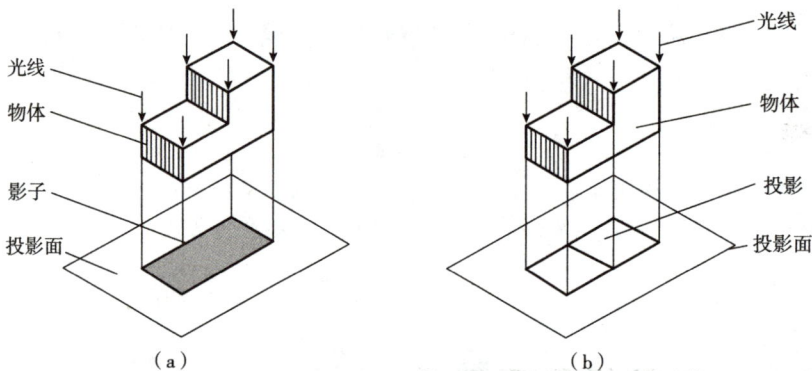

图 2-2　影子和投影
(a)影子；(b)投影

二、投影法的分类

按投射线的不同情况，投影可分为中心投影法和平行投影法两大类。

(一)中心投影法

投射线从投影中心一点发出，在投影面上作出形体投影的方法称为中心投影法，其所得投影叫作中心投影，如图 2-3(a)所示。中心投影法是由投影面和投射中心确定的。

(二)平行投影法

投射线互相平行时的投影法为平行投影法，其所得投影叫作平行投影。

平行投影法又分为以下两种：

(1)投射线与投影面垂直的情况为正投影法，其所得投影叫作正投影，如图 2-3(b)所示。

用正投影画出的物体图形，称为正投影图。正投影图虽然直观性差一些，但能反映物体的真实形状和大小，度量性好，作图简便，是工程制图中采用的一种主要图示方法。

（2）投射线与投影面倾斜的情况为斜投影法，其所得投影叫作斜投影，如图 2-3（c）所示。斜投影图是设备工程图采用的一种主要图示方法，在作轴测投影图时应用。

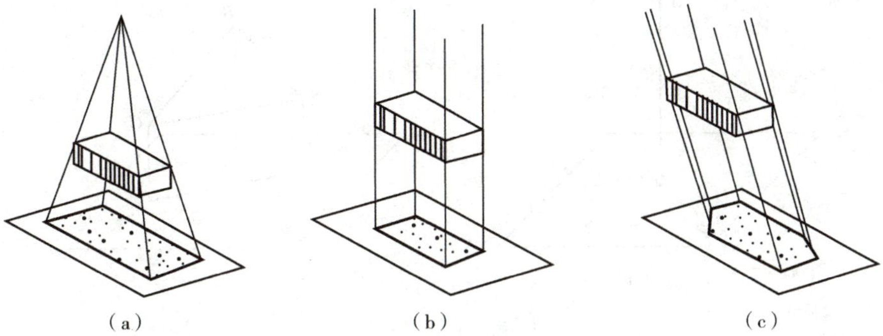

（a）　　　　　　　　（b）　　　　　　　　（c）

图 2-3　投影分类

（a）中心投影；（b）正投影；（c）斜投影

三、正投影的投影特性

（一）实形性

当直线或平面与投影面平行时，投影反映直线的真实长度或平面的真实形状大小，这种性质称为实形性，如图 2-4 所示。

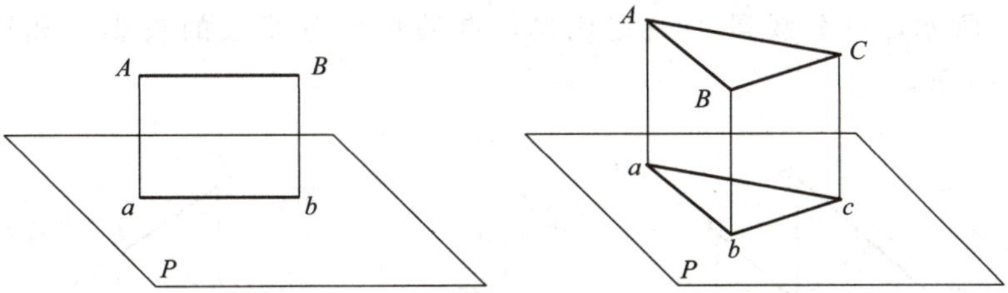

图 2-4　实形性

（二）类似性

当直线或平面与投影面倾斜时，直线的投影长度要小于真实长度，平面的投影是边数不变但形状小于实形的图形，这种性质称为类似性，如图 2-5 所示。

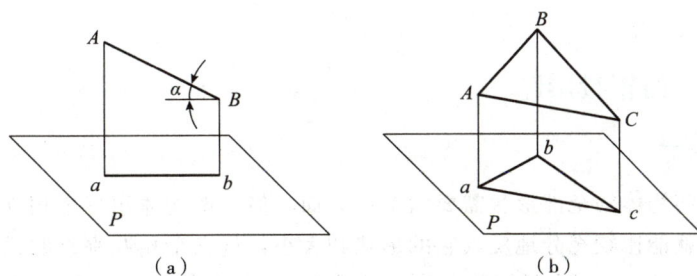

（a）　　　　　　　　　　　　（b）

图 2-5　类似性

(三)积聚性

当直线或平面与投影面垂直时,直线的投影积聚成一点,平面的投影积聚为一直线,这种性质称为积聚性,如图2-6所示。

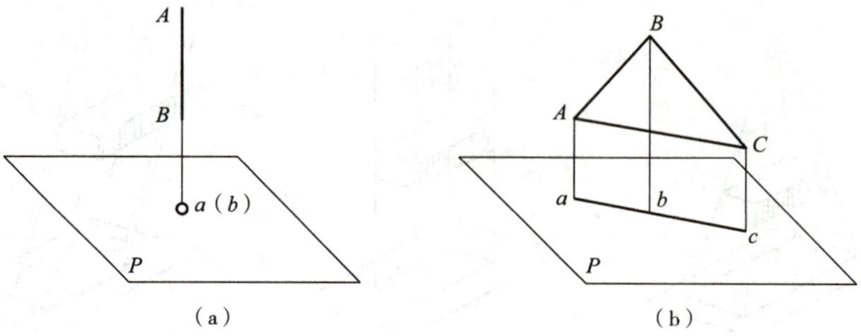

（a）　　　　　　　　　　　　　（b）

图 2-6　积聚性

(四)平行性

空间两条直线互相平行,其同面投影也一定平行(同一个投影面上的投影称同面投影),这种性质称为平行性,如图2-7所示。

(五)从属性

直线上的点,其投影必定位于直线的同面投影上,这种性质称为从属性。如图2-8所示,直线 AC 上的点 B,其在 P 平面上的投影 b 应位于直线 AC 的同面投影 ac 上。

(六)等比性

如图2-8所示,点分线段为一定比例,点的投影分线段的投影为相同的比例,即 $AB : BC = ab : bc$。

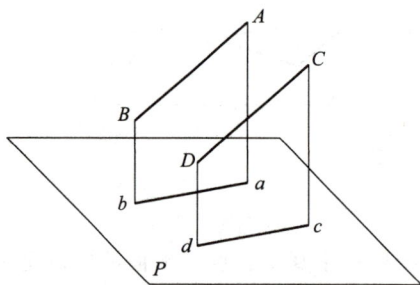

图 2-7　平行性

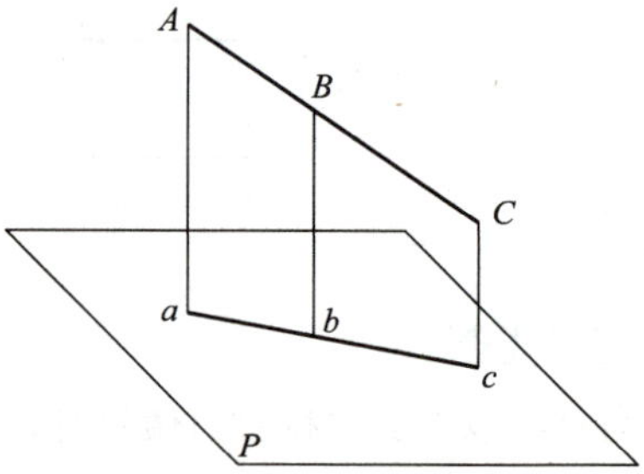

图 2-8　从属性、等比性

四、物体三面正投影图

(一)投影体系

反映一个空间物体的全部形状需要六个投影面,但一般物体用三个相互垂直的投影面上的三个投影图,就能比较充分地反映它的形状和大小,这三个相互垂直的投影面称为三面投影体系,如图2-9所示。三个投影面分别称为水平投影面(简称水平面,图2-9中的 H 面)、正立投影面(简称立面,图 2-9 中的 V 面)和侧立投影面(简称侧面,图 2-9 中的 W 面)。各投影面间的交线称为投影轴。

(二)三面投影图的形成与展开

将物体置于三面投影体系之中,用三组分别垂直于 V 面、H 面和 W 面的平行投射线,向三个投影面作投影,即得物体的三面正投影图(如图 2-9 中箭头所示)。

上述所得到的三个投影图是相互垂直的,为了能在图纸平面上同时反映出这三个投影,需要将三个投影面及面上的投影图进行展开,展开的方法是:V 面不动,H 面绕 OX 轴向下转 90°;W 面绕 OZ 轴向右转 90°。这样三个投影面及投影图就展平在与 V 面重合的平面上,如图 2-10 所示。在实际制图中,投影面与投影轴省略不画,但三个投影图的位置必须正确。

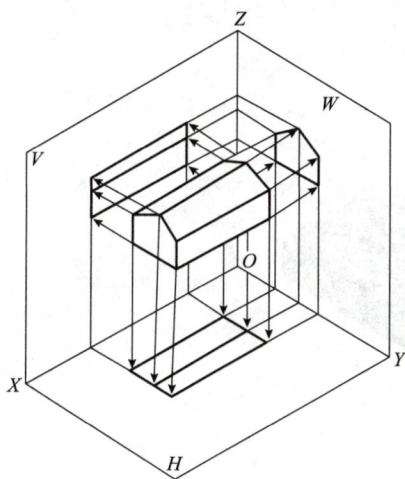

图 2-9 三面投影体系

图 2-10 投影面展开图

(三)三面正投影图的基本规律

由于作形体投影图时形体的位置不变,展开后,同时反映形体长度的水平投影和正面投影左右对齐——长对正,同时反映形体高度的正面图和侧面图上下对齐——高平齐,同时反映形体宽度的水平投影和侧面投影前后对齐——宽相等,如图 2-11 所示。

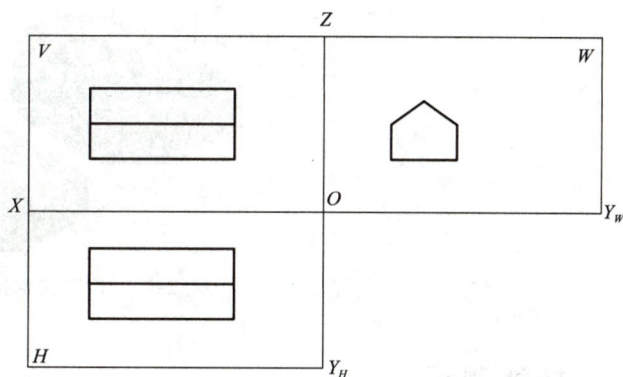

图 2-11 三面投影图规律

(四)三面投影图的绘制步骤

作形体投影图时，先画投影轴(互相垂直的两条线)，水平投影面在下方，正立投影面在水平投影面的正上方，侧立投影面在正立投影面的正右方。

(1)量取形体的长度和宽度，在水平投影面上作水平投影。

(2)量取形体的长度和高度，根据长对正的关系作正面投影。

(3)量取形体的宽度和高度，根据高平齐和宽相等的关系作侧面投影。

仿真实训

例如图 2-12 所示为两个相似的物体，学生参照实物绘制三面正投影图，对比它们的区别。

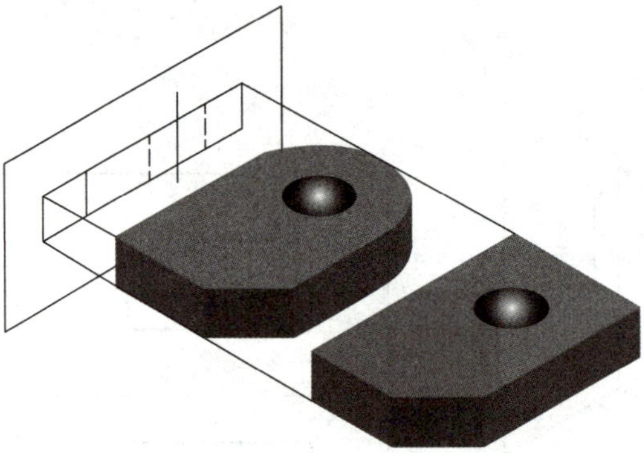

图 2-12　仿真实训例图

技能测试

根据立体图选择正确的投影图。

1. 如图 2-13 所示，根据已知立体图，下列正确的投影图是(　　　)。

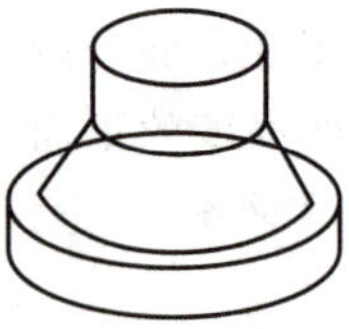

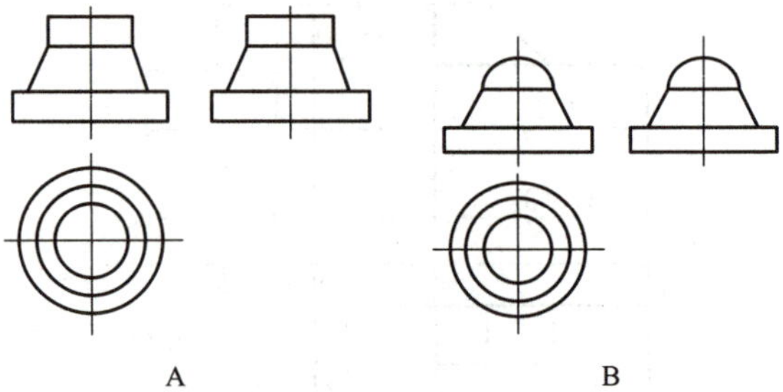

A　　　　　　　　　　　B

图 2-13　技能测试 1

2. 如图 2-14 所示，根据已知立体图，下列正确的投影图是（　　　）。

图 2-14　技能测试 2

3. 如图 2-15 所示，根据已知立体图，下列正确的投影图是（　　　）。

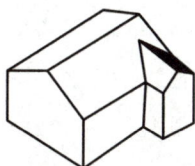

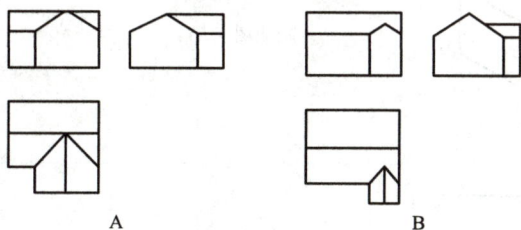

图 2-15　技能测试 3

4. 如图 2-16 所示，根据已知立体图，下列正确的投影图是（　　　）。

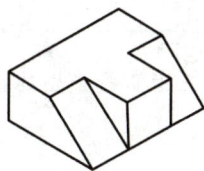

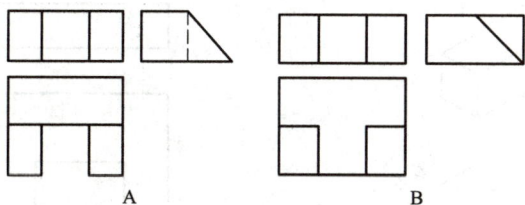

图 2-16　技能测试 4

任务工单

根据所学知识，完成以下任务工单。

1. 表 2-1 中所绘的常用工程图样，请写出在绘制时采用了哪种投影方法。

表 2-1　投影方法

图样	名称	投影方法
	透视图	
	正投影图	
	轴测图	
	标高投影图	

2. 参照图 2-17(a)所示立体图，根据三面正投影图的投影规律补画图 2-17(b)三面正投影图中所缺的线条。

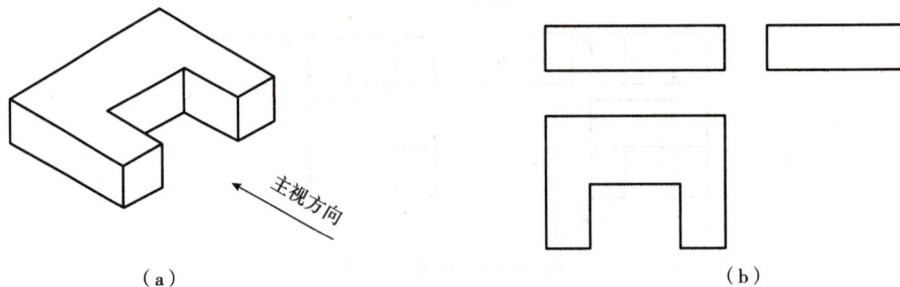

（a）　　　　　　　　　　　　　　（b）

图 2-17　任务工单题图 2

3. 参照图 2-18(a)所示立体图，根据三面正投影图的投影规律补画图 2-18(b)的 W 面投影图。

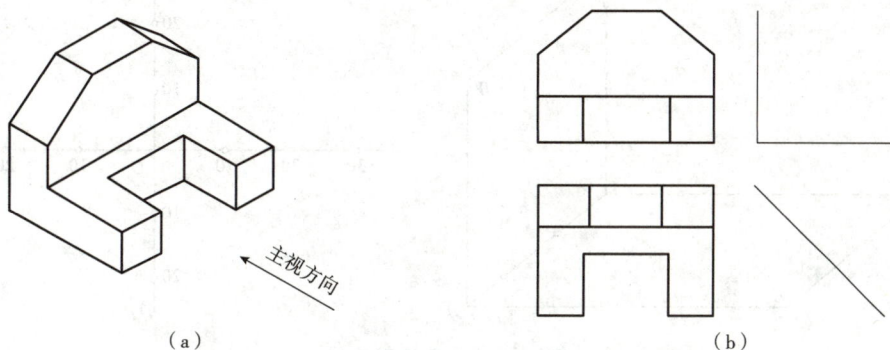

图 2-18 任务工单题图 3

4. 根据图 2-19 所示形体的立体图，画出其三面投影图。

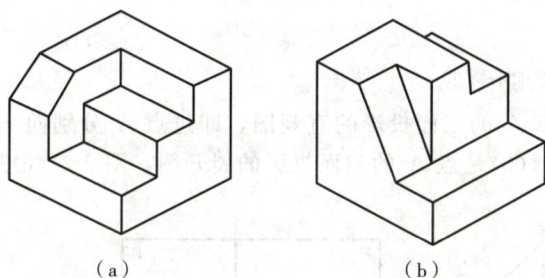

图 2-19 任务工单题图 4

任务二 点、线、面投影

课前认知

众所周知，从形体构成这个角度来看，任何形体都是由点、线(直线或曲线)、面(平面或曲面)组成，建筑形体也不例外。在点、线、面中，点又是组成形体的最基本的几何元素。所以，要正确地表达形体(画图)，正确地理解设计者的设计思想(看图)，点、线、面的投影规律是必须掌握的基础。本任务主要介绍点、线、面的投影规律，课前学生可了解相关知识，完成以下练习。

已知三角形各顶点的坐标为 $A(25，10，10)$、$B(10，20，15)$、$C(15，15，30)$，在图 2-20 中作出 $\triangle ABC$ 的直观图及三面投影图。

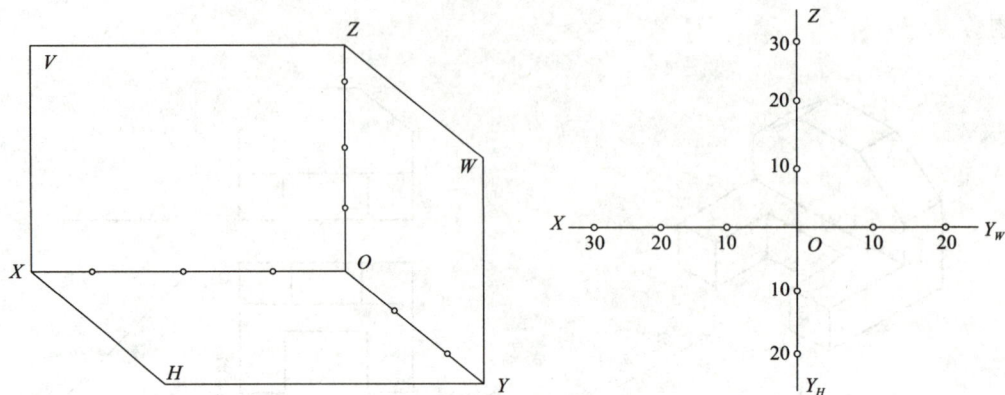

图 2-20　三面投影体系

理论学习

一、点的投影

(一)点的三面投影的形成

图 2-21(a)是空间点 A 的三面投影的直观图，即过点 A 分别向 H 面、V 面、W 面的投影为 a、a'、a''。图 2-21(b)是点 A 的三面投影的展开图，图 2-21(c)是点 A 的三面投影图。

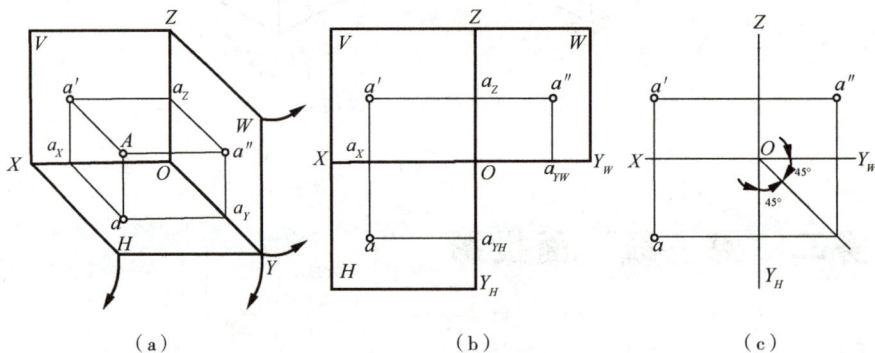

（a）　　　　　　　　（b）　　　　　　　　（c）

图 2-21　点的三面投影图
(a)轴测图；(b)展开投影面；(c)投影图

(二)点的投影规律

(1)点的水平投影与正面投影的连线垂直于 OX 轴；

(2)点的正面投影和侧面投影的连线垂直于 OZ 轴；

(3)点的水平投影到 OX 轴的距离等于侧面投影到 OZ 轴的距离。

称这三项正投影规律为"长对正、高平齐、宽相等"的三等关系。

(三)两点的相对位置

空间两点之间有左右、前后和上下的位置关系，这种位置关系可在其三面投影图中得到反映。如图 2-22 所示，A 在 B 的左前下方。

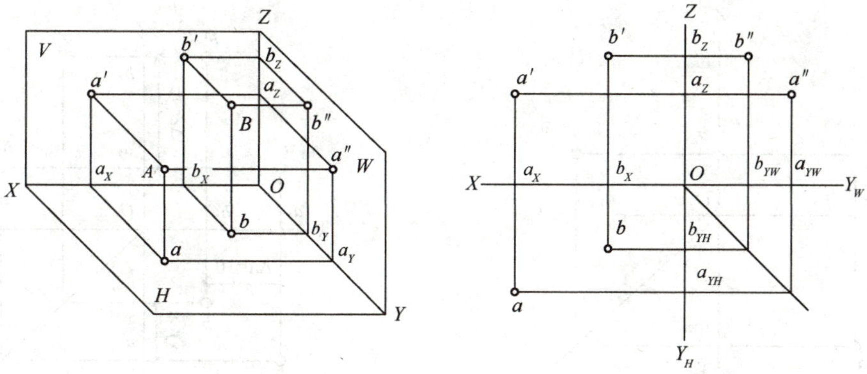

图 2-22　空间两点位置关系
(a)直观图；(b)投影图

当空间两点处于某一投影面的同一投影线上，则它们在该投影面上的投影必然重合，这两个点称为重影点，其中位于左、前、上方的点为可见点，位于右、后、下方的点被遮挡，为不可见点。可见点注写在前，不可见点注写在后，并加括号，如图 2-23 所示。

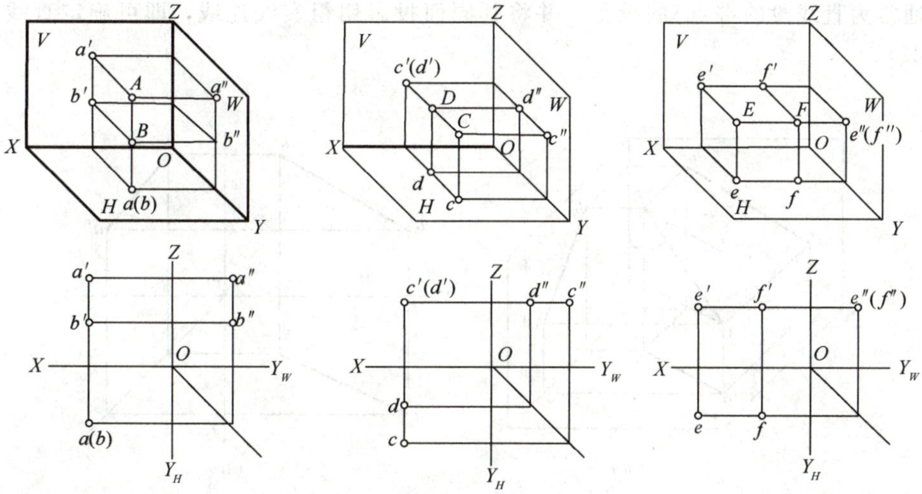

图 2-23　重影点的投影

【例 2-1】已知点 B 在点 A 的右方 10 mm，后方 8 mm，上方 15 mm，作点 B 的三面投影，如图 2-24(a)所示。

【解】由于点 A 的投影已知，点 B 相对点 A 的相对位置确定，因此依据点的投影规律可画出点 B 的投影。

(1)在 OX 轴上，从 a_X 向右量取 10 mm，得 b_X；在 OY_H 轴上，从 a_{YH} 向上量取 8 mm，得 b_{YH}；在 OZ 轴上，从 a_Z 向上量取 15 mm，得 b_Z。

(2)分别过 b_X、b_{YH}、b_Z 作 OX、OY_H、OZ 轴的垂线，得 b、b'。

(3)根据 b、b'，求得 b''，如图 2-24(b)所示。

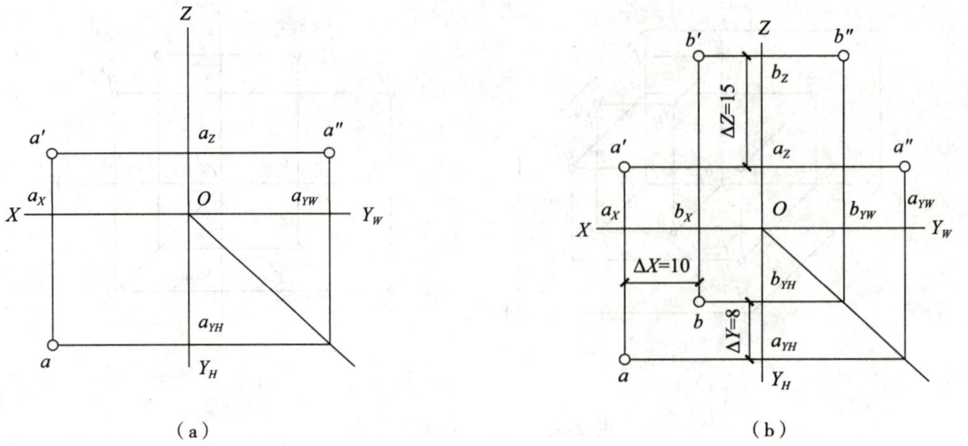

图 2-24　根据两点的相对位置作点的投影

二、直线的投影

一般情况下，直线的投影仍为直线。由于两点决定一条直线，因而只要作出直线上任意两点(通常为直线段的端点)的投影，并将其同面投影用粗实线连线，即可确定直线的投影(图 2-25)。

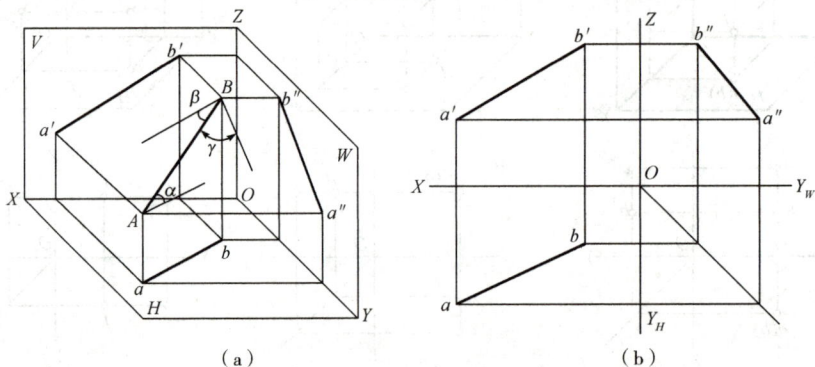

图 2-25　直线的投影

根据直线对投影面的相对位置，直线可分为一般位置直线、投影面的平行线、投影面的垂直线，后两者统称为特殊位置直线。

(一)一般位置直线的投影

对三个投影面均不平行又不垂直的直线称为一般位置直线。如图 2-25 所示，直线 AB 为一般位置直线，其三面投影的投影特性为：直线的三面投影相对于各投影轴而言均为斜线，直线的投影长度均小于直线实长且没有积聚性，直线的投影不反映直线对投影面倾角的真实大小。

(二)投影面垂直线的投影

在三面投影体系中，与某一个投影面垂直的直线统称为投影面垂直线，投影面垂直线与另两个投影面平行。

垂直于 H 面的直线称为水平面垂直线，简称铅垂线，如图 2-26(a)所示。

垂直于 V 面的直线称为正平面垂直线，简称正垂线，如图 2-26(b)所示。

垂直于 W 面的直线称为侧平面垂直线，简称侧垂线，如图 2-26(c)所示。

投影面垂直线的投影特点为一个投影积聚成点，另两个投影垂直于相应的投影轴，且反映实长。

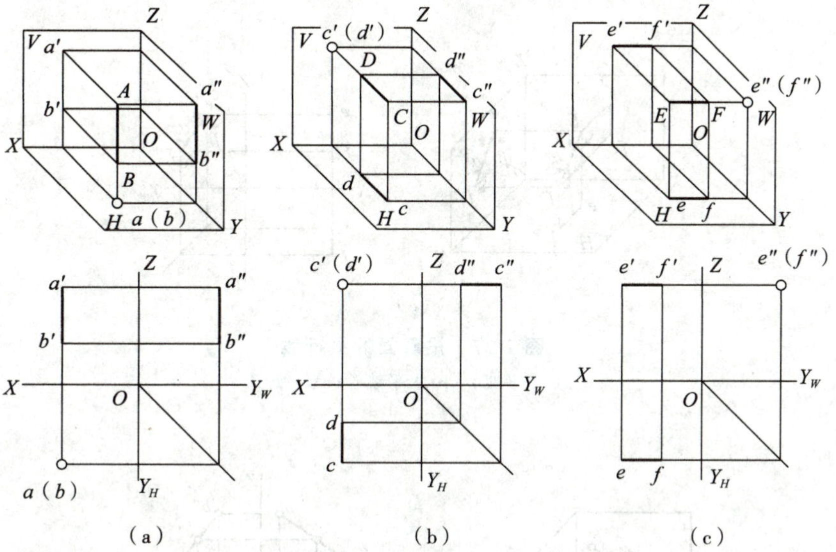

图 2-26 投影面的垂直线
(a)铅垂线；(b)正垂线；(c)侧垂线

(三)投影面的平行线

在三面投影体系中，与某一个投影面平行的直线统称为投影面平行线。

平行于 V 面，倾斜于 H 面、W 面的直线称为正立面平行线，简称正平线，如图 2-27(a)所示。

平行于 H 面，倾斜于 V 面、W 面的直线称为水平面平行线，简称水平线，如图 2-27(b)所示。

平行于 W 面，倾斜于 H 面、V 面的直线称为侧立面平行线，简称侧平线，如图 2-27(c)所示。

投影面水平线的投影特点为：一个投影反映实长，并反映两个倾角的真实大小，另外两个平行于相应的投影轴。

(四)直线与点的位置关系

(1)从属性。若点在直线上，则点的投影必在直线的同面投影上。

(2)定比性。若点 C 在直线 AB 上，则点 C 的三面投影 c、c'、c'' 分别在直线 AB 的同面投影 ab、$a'b'$、$a''b''$ 上，且 $AC:CB=ac:cb=a'c':c'b'=a''c'':c''b''$，如图 2-28 所示。

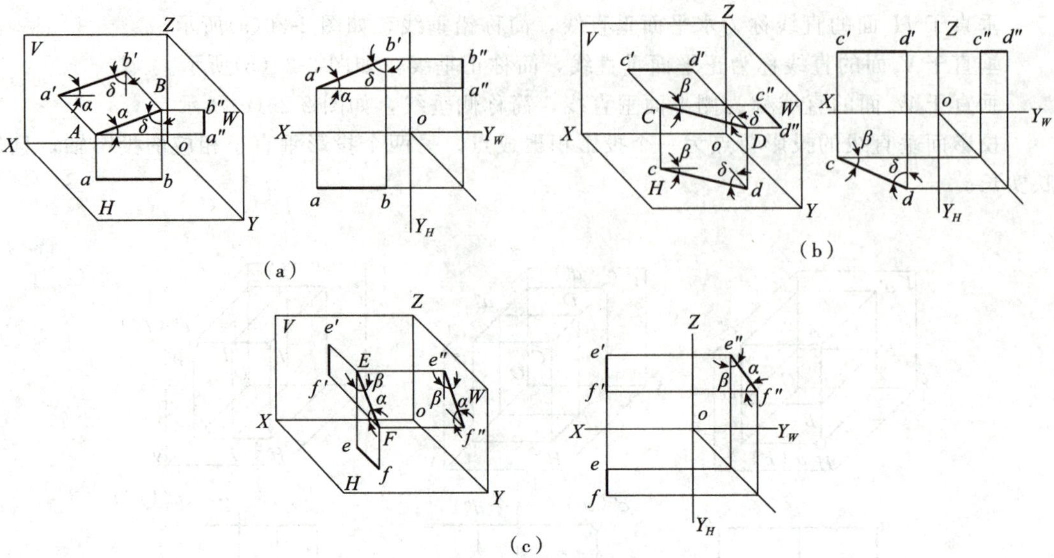

（a）

（b）

（c）

图 2-27　投影面的平行线

(a)正平线；(b)水平线；(c)侧平线

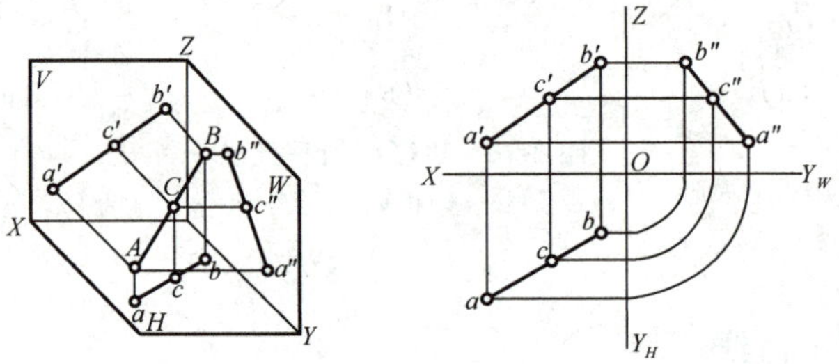

图 2-28　直线上点的投影

（五）两直线的相对位置

空间两直线的相对位置有平行、相交、交叉三种情况。

1. 两直线平行

若空间两直线平行，则其同名投影必相互平行，反之亦然。

如果两平行直线都是一般位置直线，只要任意两组同面投影相互平行，就能判定这两条直线在空间相互平行。

若已知两条直线两个同面投影相互平行，且两直线是投影面的平行线时，则不能判定这两条直线在空间一定平行，通常应求出第三投影，才能确定这两条直线是否平行。

2. 两直线相交

若空间两直线相交，则其同名投影必相交，且交点的投影必符合空间一点的投影规律。

若两直线都是一般位置直线，只要根据任意两组同面投影，就能判定两直线在空间是否相交。

当两条直线中有一条是投影面平行线时，通常应检查两直线在 3 个投影面上交点的投影是否符合点的投影规律，才能确定这两条直线在空间是否相交。

3. 两直线交叉

既不平行又不相交的两直线称为交叉直线。交叉两直线的投影可能相交，但"交点"不符合空间一个点的投影规律，"交点"是两直线上的一对重影点的投影，用其可帮助判断两直线的空间位置。

(六)求直线实长及直线与投影面的倾角

投影面平行线和投影面垂线可在投影中反映出线段的实长，而一般位置线的投影既不反映线段的实长，也不反映直线对投影面的倾角的实形。通常求解一般位置线实长及其与投影面的倾角采用的方法为直角三角形法。

如图 2-29(a)所示，作空间直线 AB 的 H 面投影 ab，过 A 点作 AC 平行于 ab，交 Bb 于点 C，在直角三角形 ACB 中，AB 为一般线的本身，$\angle BAC$ 是 AB 对 H 面的倾角 α，BC 为 B、C 两点的高差。在投影图中，这高差反映在 V 面投影上，如图 2-29(b)所示，长为 m 的线段，即在直角三角形 abb_0 中，$\angle bab_0$ 为一般线 AB 与 H 面的倾角，线段 ab_0 即为一般位置线 AB 的实长。

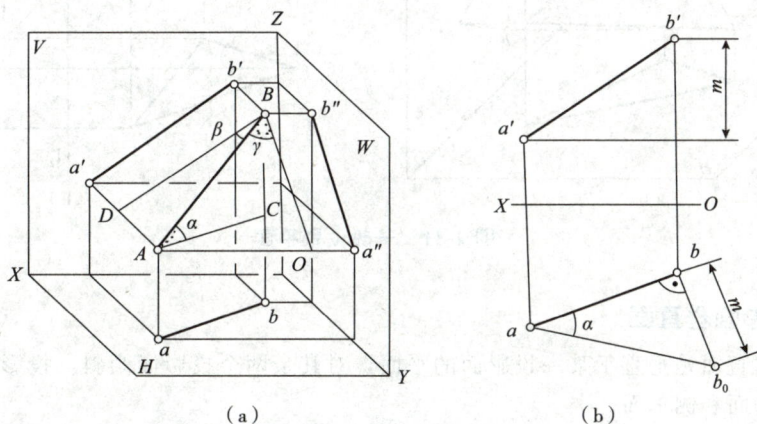

| （a） | （b） |

图 2-29 求直线的实长和与 H 面的倾角 α

用同样的方法，可求出一般位置线与 V 面、W 面的倾角及实长。

【例 2-2】已知直线 AB 的投影 ab 和 $a'b'$，如图 2-30(a)所示，求作直线上一点 C 的投影，使 $AC : CB = 3 : 2$。

【解】具体作法如下：

(1)过 a 点作辅助线 as，并量取 5 个单位，得 1、2、3、4、5 共 5 个点，连接 $b5$，如图 2-30(b)所示；

(2)过点 3 作 $b5$ 的平行线，交 ab 于点 c，再自点 c 作 OX 的垂线并延长，交 $a'b'$ 于点 c'。C 点的投影如图 2-30(c)所示。

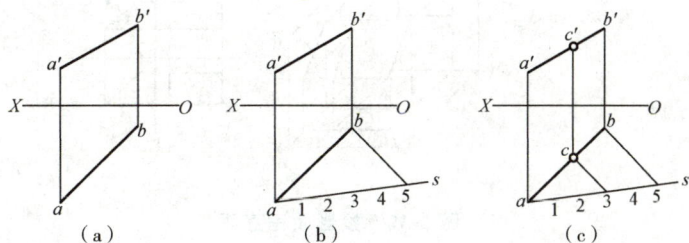

| （a） | （b） | （c） |

图 2-30 分直线为定比的点的投影

37

三、平面的投影

工程结构物的表面与投影面的相对位置，归纳起来有投影面垂直面、投影面平行面、一般位置平面三种。前两种统称为特殊位置平面。

（一）一般位置平面

一般位置平面对三个投影面都倾斜，一般位置平面的三个投影都没有积聚性，而且是平面图形的类似形状，但比原平面图形本身的实形小，如图 2-31 所示。

图 2-31　一般位置平面

（二）投影面垂直面

投影面垂直面是垂直于某一投影面的平面，对其余两个投影面倾斜。投影面垂直面分为铅垂面、正垂面和侧垂面。

铅垂面是垂直于水平投影面的平面[图 2-32（a）]；正垂面是垂直于正立投影面的平面[图 2-32（b）]；侧垂面是垂直于侧立投影面的平面[图 2-32（c）]。

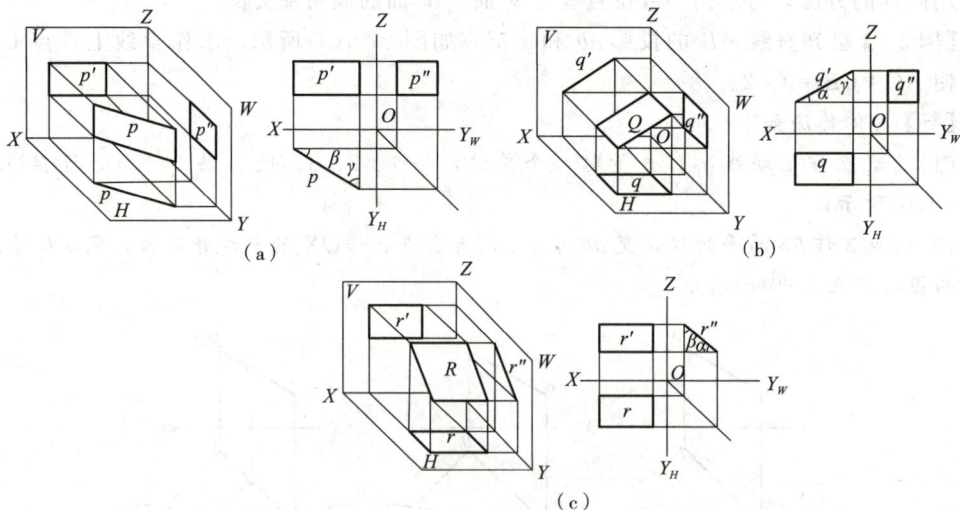

（a）

（b）

（c）

图 2-32　投影面垂直面
（a）铅垂面；（b）正垂面；（c）侧垂面

投影面垂直面投影特性：

(1)平面在所垂直的投影面上的投影积聚成一条直线，它与相应投影轴所成的夹角，即为该平面对其他两个投影面的倾角；

(2)其他两投影是类似图形，并小于实形。

(三)投影面平行面

投影面平行面是平行于某一投影面的平面，同时，也垂直于另外两个投影面。投影面平行面可分为水平面、正平面和侧平面。

水平面是平行于水平投影面的平面[图 2-33(a)]；正平面是平行于正立投影面的平面[图 2-33(b)]；侧平面是平行于侧立投影面的平面[图 2-33(c)]。

投影面平行面投影特性：

(1)平面在它平行的投影面上的投影反映实形；

(2)平面的其他两个投影积聚成线段，并且平行于相应的投影轴。

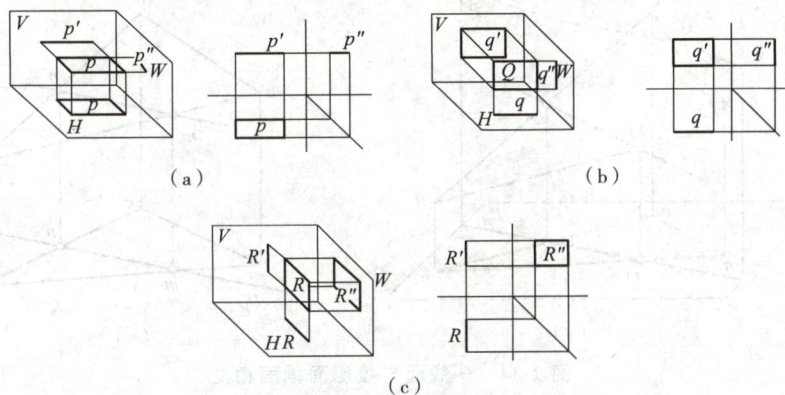

图 2-33　投影面平行面
(a)水平面；(b)正平面；(c)侧平面

(四)平面内的点、直线

如果一个点在一个平面内，它必然在平面内的一条直线上；若点在面内的直线上，则点必在面内。

如果一直线通过一平面上的两个点，或者通过面内一个点且平行于该平面上另一直线时，该直线必在这个面内。

(五)平面、直线相对位置

(1)直线与平面平行。一直线只要平行于平面上的某一直线，它必平行于该平面。

若直线与投影面垂直面相互平行，则该投影面垂面的积聚投影与该直线的同面投影平行。

(2)直线与平面相交。直线与平面若不平行，则必相交。直线与平面相交的交点是直线与平面的共有点，它既在直线上又在平面上。

(3)直线与平面垂直。直线与平面垂直是直线与平面相交的特殊情况。若一直线垂直于一平面，则该直线必垂直于该平面上的两相交直线。

当直线垂直于投影面垂面时，它必然是投影面平行线，平行于该平面所垂直的投影面，该面的积聚投影与该垂线的同面投影互相垂直。

(六)两平面的相对位置

1. 两平面平行

如果一个平面内两条相交直线平行于另一个平面内的两相交直线，则这两个平面互相平行。

2. 两平面垂直

如果一个平面通过另一个平面的一条垂线，或者一个平面上如果有一条垂线垂直于另一个平面，这两个平面必然相互垂直。

3. 面与面相交

(1)一般面与投影面垂面相交。三角形 ABC 与铅垂面 P 相交，在投影图中，铅垂面的 H 面投影积聚为一直线，两平面的交线必在这一积聚投影上，如图 2-34 所示，mn 即为交线的 H 面投影。

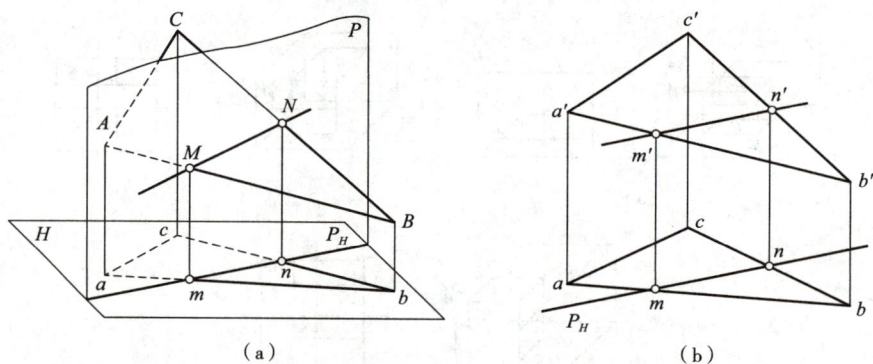

图 2-34　一般面与投影面垂面相交

(2)两投影面垂面相交。当垂直于同一投影面的两个投影面垂面相交时，它们的交线是一根垂直于该投影面的垂线，两投影面垂面的积聚投影的交点就是该交线的积聚投影。

【例 2-3】已知三角形 ABC 与四边形 $DEFG$（铅垂面）相交，如图 2-35(a)所示，求作交线的投影。

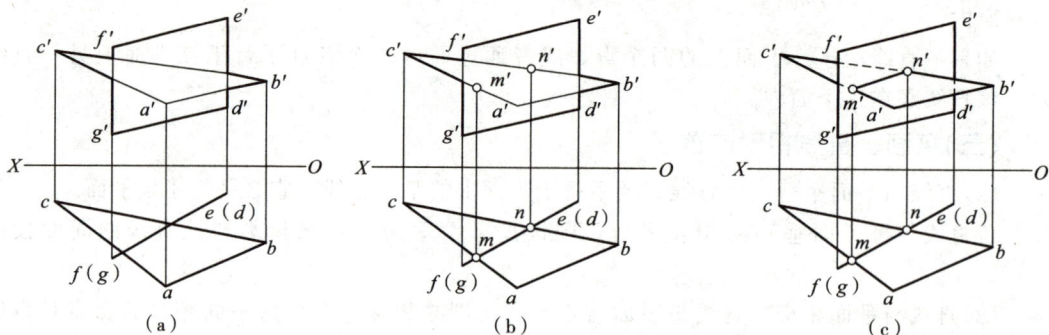

图 2-35　求两平面的交线

【解】因四边形 $DEFG$ 是铅垂面，其在 H 面上的投影积聚为一直线，故两平面交线的 H 面投影，实际上已经知道，即如图 2-35(b)中所示的 mn，现只需作出它的另一投影 $m'n'$。作法如下：

(1)自 *m*、*n* 两点向上引垂线，分别与 *a′c′*、*b′c′* 相交于点 *m′*、*n′*，如图 2-35(b)所示；

(2)连接 *m′n′*，即为交线 *MN* 的正面投影，如图 2-35(c)所示。

例 2-3 中可见性的判断方法如下：因四边形 *DEFG* 是铅垂面，可直接从它的 *H* 面投影中看出，*am*、*bn*、*ab* 是在四边形水平投影（积聚为一条直线）*f*(*g*)*e*(*d*)的前面，所以它们的 *V* 面投影 *a′m′*、*b′n′*、*a′b′* 是可见的，画成实线。再看 *nc*，它是在四边形水平投影 *f*(*g*)*e*(*d*)的后面，所以它的 *V* 面投影 *n′c′* 上，有一段被四边形 *DEFG* 所遮挡，为不可见，画成虚线。同样 *m′c′* 上也有一段不可见，也应画成虚线，如图 2-35(c)所示。

🔷 仿真实训

参考图 2-36 所示组合体，引导学生观察各种点、直线、平面之间的位置关系，并作出对应的投影图。

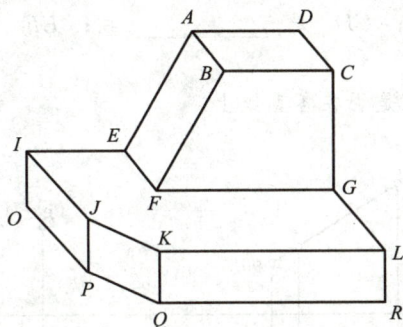

图 2-36　组合体

🔷 技能测试

1. 试判别图 2-37 投影图中 *A*、*B*、*C*、*D*、*E* 五点的相对位置。

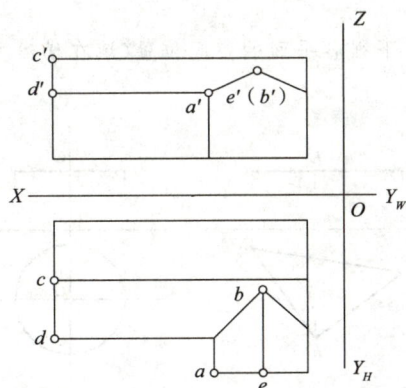

图 2-37　技能测试 1

A 点在 *B* 点_____；*B* 点在 *E* 点_____；*A* 点在 *D* 点_____；*A* 点在 *E* 点_____；*C* 点在 *D* 点_____。

2. 试判别图2-38中直线是何种位置直线。

图 2-38　技能测试 2

AB 是 _____ 线；CD 是 _____ 线；EF 是 _____ 线；GH 是 _____线。

3. 试判别图2-39中各点是否在各直线上。

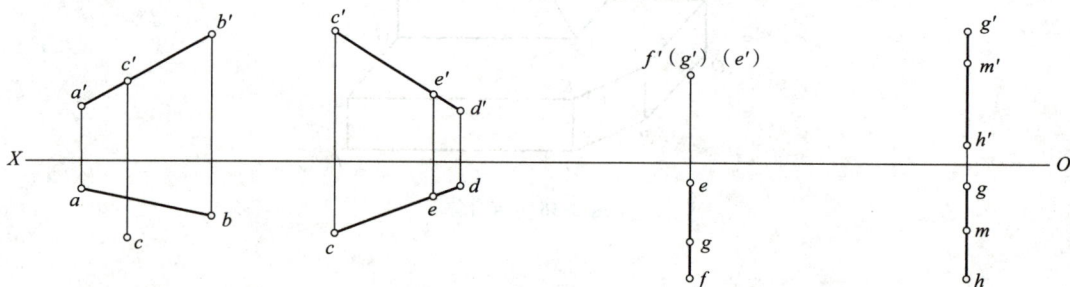

图 2-39　技能测试 3

C 点 _____ 直线 AB 上；E 点 _____ 直线 CD 上；G 点 _____ 直线 EF 上；M 点 _____ 直线 GH 上。

4. 如图2-40所示，指出下列各平面的空间位置（填在横线上）。

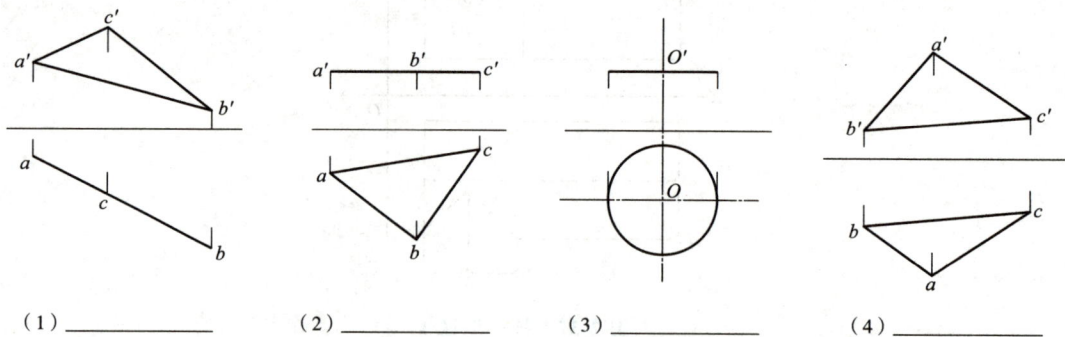

（1）_____　（2）_____　（3）_____　（4）_____

图 2-40　技能测试 4

5. 如图 2-41 所示，判断两直线 AB 和 CD 的相对位置（平行、相交、交叉）。

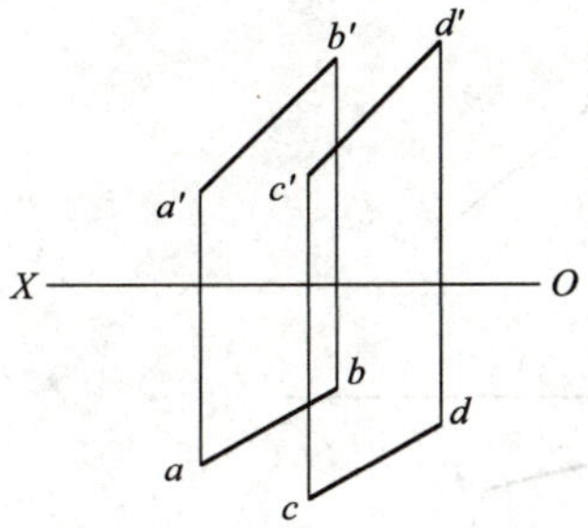

（1）_____ 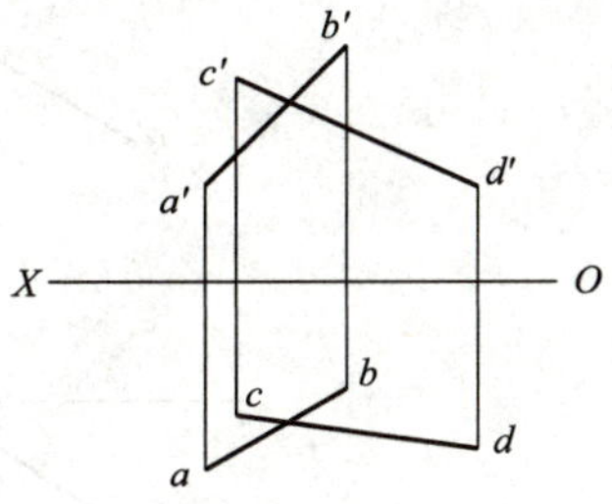　　　　　（2）_____

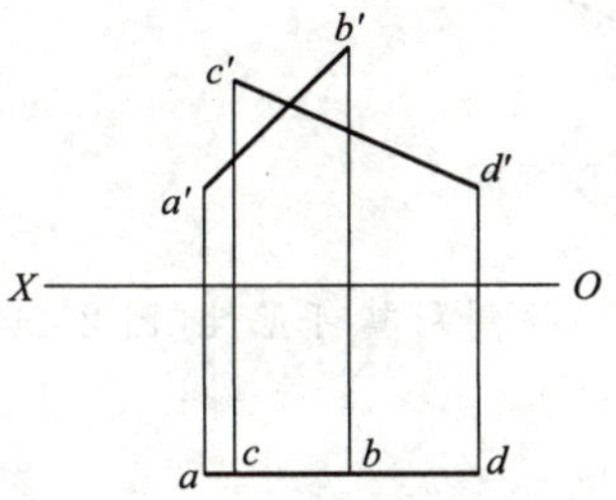

（3）_____ 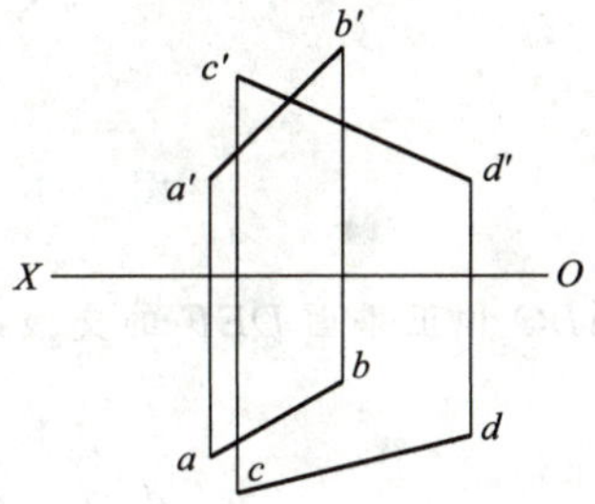　　　　　（4）_____

图 2-41　技能测试 5

任务工单

根据所学知识，完成以下任务工单。

1. 判断图 2-42 中点 E、点 F 是否在 $\triangle ABC$ 平面上。

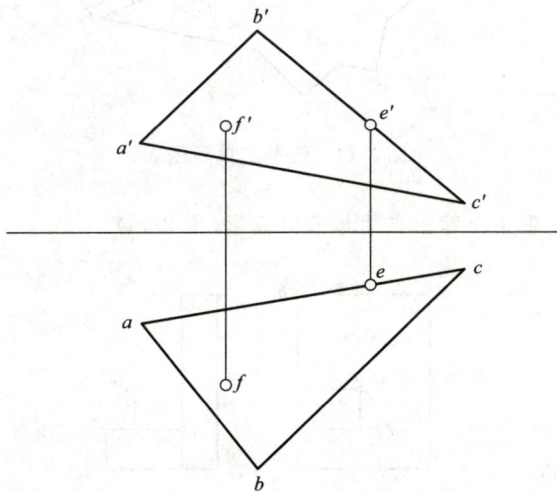

图 2-42　任务工单题图 1

2. 完成图 2-43 所示平面五边形 *ABCDE* 的正面投影。

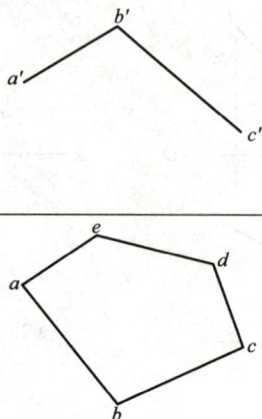

图 2-43　任务工单题图 2

3. 求平面 *ABC* 和正垂面 *DEF* 的交线的投影，并判别其可见性（图 2-44）。

图 2-44　任务工单题图 3

4. 在形体的三面投影图上标出点的第三面投影（图 2-45）。

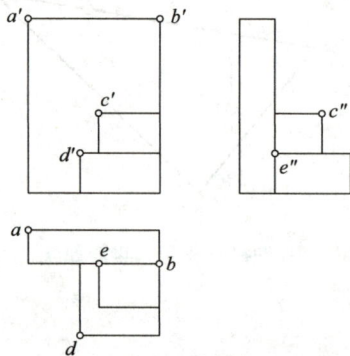

图 2-45　任务工单题图 4

5. 补全点的第三投影，并判定两点的相对位置（图 2-46）。

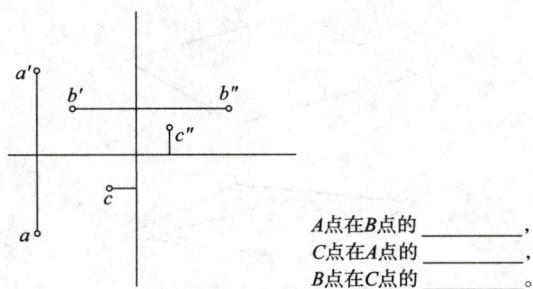

A点在B点的 _____，
C点在A点的 _____，
B点在C点的 _____。

图 2-46　任务工单题图 5

6. 已知直线上 AB 的点 C 的一个投影，求点 C 的其他面投影（图 2-47）。

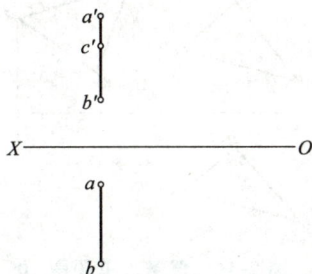

图 2-47　任务工单题图 6

7. 已知直线的两个投影，求第三投影，在投影图上求线段的实长及 α、β 的实形，并在立体图上画出 α、β、γ 角（图 2-48）。

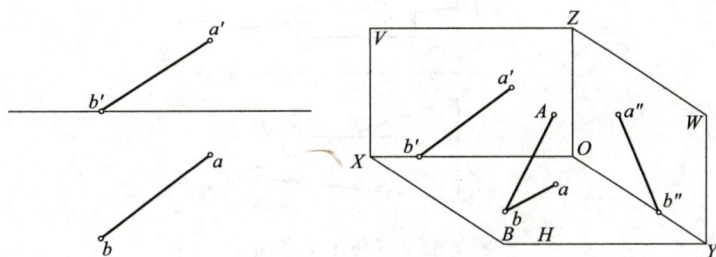

图 2-48　任务工单题图 7

8. 过点 A 作正垂面，且 β＝30°（图 2-49）。

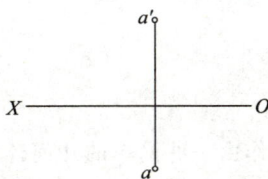

图 2-49　任务工单题图 8

45

9. 已知平行四边形 $ABCD$ 平面内有 M 字的 H 面投影，求 M 字的 V 面投影（图 2-50）。

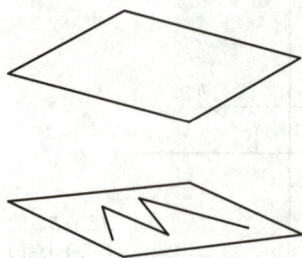

图 2-50　任务工单题图 9

10. 已知两平面 ABC 和平面 DEF 互相平行，补全平面的投影（图 2-51）。

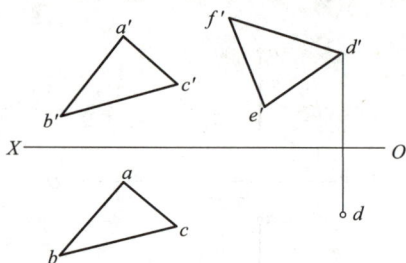

图 2-51　任务工单题图 10

11. 求两平面的交线，并判别可见性（图 2-52）。

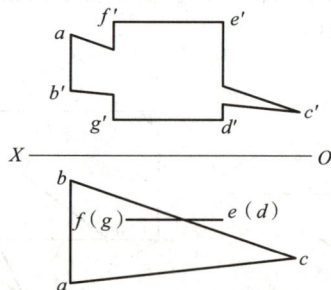

图 2-52　任务工单题图 11

任务三　基本形体投影

课前认知

　　形状各异的建筑形体都可以看作由一些简单的几何体组成。研究基本形体的投影，实质上就是研究基本形体表面上的点、线、面的投影。为了研究方便，根据其表面的形状不同，把基本形体分为平面体和曲面体两种。建筑形体都是具有三维坐标的实体，任何复杂的实体都可以看成是由一些简单的基本形体组合而成。本任务主要介绍常见平面体——棱柱、棱锥，常见曲面体——圆柱、圆锥、圆球的投影规律，课前学生可通过了解相关知识，思考空间物体如何划分成简单的基本形体，又如何进行投影？

🔲 理论学习

一、棱柱

棱柱是平面立体中比较常见的一种，由上、下两个相互平行且形状大小相同的底面和若干个棱面围合而成。除上、下底面外，其余各面都是四边形，并且相邻两个四边形的公共边也都相互平行，这些面称为棱柱的棱面，两个棱面的公共边称为棱柱的棱线。常见的棱柱有三棱柱、四棱柱等。

图 2-53（a）所示为一个三棱柱。三棱柱是由上、下两个底面和三个棱面组成的。

图 2-53（b）所示为三棱柱的两面投影图。因为上、下底面是水平面，各棱面是铅垂面，所以它的水平投影是一个三角形。这个三角形反映了上、下两底面的实形，三角形的三条边即为三个棱面的投影。它的正面投影上、下两边即为上、下两底的投影；左、右两边是左、右两条棱线的投影，中间的一条竖线是前面一条棱线的投影，它把正面投影分成左、右两个矩形框，这两矩形框就是三棱柱的左、右两个棱面的投影。

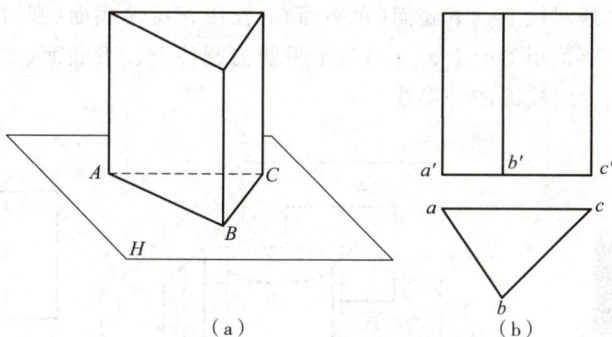

（a）　　　　　　　　（b）

图 2-53　三棱柱的投影

当棱柱在三个投影面之间的方向位置放正时，每条棱线都垂直于一个投影面，平行于另外两个投影面。

二、棱锥

由一个底面和若干个侧棱面围成的实体称为棱锥体，其底面为多边形，各个侧棱面为三角形，所有棱线都汇交于锥顶。常见的棱锥有三棱锥、四棱锥等。

如图 2-54（a）所示为三棱锥，它由一个底面和三个棱面组成。图 2-54（b）是它的两面投影图。因为底面是水平面，所以它的水平投影是一个三角形（反映实形），sa、sb、sc 分别为三条棱线的水平投影，sab、sbc、sac 分别为三个棱面的投影。正面投影的外轮廓线 $s'a'b'$ 是前面棱面 SAB 的投影，是可见的。其他两个棱面的正面投影是不可见的，所以它们的交线 SC 的正面投影 $s'c'$ 也是不可见的，因此，画成虚线。

图 2-54 三棱锥的投影

三、圆柱体

圆柱面是由两条互相平行的直线,其中一条直线(称为直母线)绕另一条直线(称为轴线)旋转一周而形成。圆柱体(简称圆柱)由两个相互平行的底平面(圆)和圆柱面围合而成。属于圆柱面且与柱轴平行的直线,称为柱面上的素线,素线相互平行,如图 2-55 所示。

圆柱投影如图 2-56 所示,圆柱轴线垂直于水平投影面,圆柱侧表面(圆柱面)的水平投影积聚为圆,这个圆也是圆柱上、下底面(水平面)的投影,反映底面(圆)的实形。圆柱的正面投影和侧面投影为矩形。矩形的上、下两条水平线为圆柱上、下底面(水平圆)的投影;矩形左、右两边的垂直线为圆柱面的外形线。

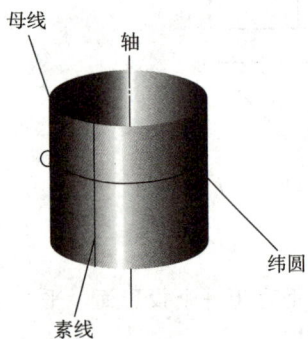

图 2-55　圆柱的形成

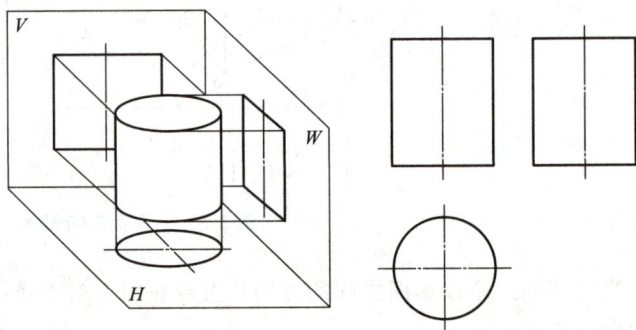

图 2-56　圆柱投影

四、圆锥体

圆锥面是由两条相交的直线,其中一条直线(简称直母线)绕另一条直线(称为锥轴)旋转一周而形成,交点称为锥顶。直母线上任一点的旋转轨迹为圆,称该圆为纬圆。圆锥面上交于锥顶的直线,称为锥面上的素线。圆锥体(简称圆锥)由圆锥面和一个底平面(圆)围合而成,如图 2-57 所示。

圆锥的投影如图 2-58 所示,已知锥轴垂直于水平投影面,锥底的水平投影为圆,正面和侧面投影积聚为水平线。圆锥面的三个投影都没有积聚性,锥面的水平投影为圆,锥顶的水平投影与底圆的圆心重合;锥面的正面和侧面投影为三角形,两条斜边为锥面的外形线。

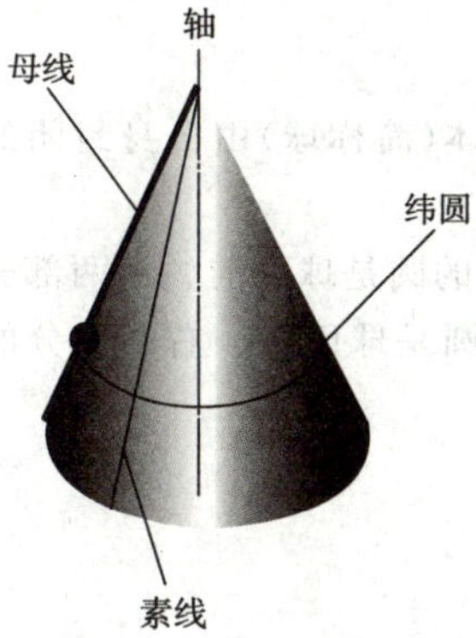

图 2-57　圆锥的形成

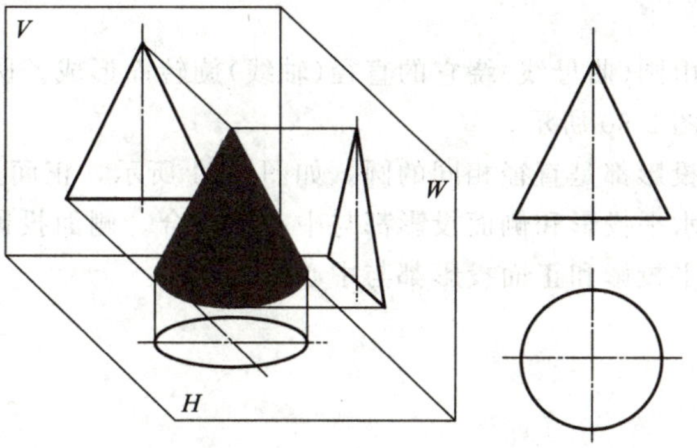

图 2-58　圆锥的投影

【例 2-4】如图 2-59(a)所示，已知圆锥体表面上点 A 的正面投影 a'，求作点 A 的另两面投影。

【解】分析：A 点位于不具有积聚性的圆锥面上，必须通过辅助线法才能求得 A 点的另两面投影。下面分别用辅助素线法和辅助圆法来解题。

(1) 解法一：辅助素线法。

作图步骤：如图 2-59(b)所示。

1) 在圆锥体的正面投影上，作通过 a' 的素线的正面投影 $s'1'$。

2) 作该素线的水平投影 $s1$，再在 $s1$ 上作出点 A 的水平投影 a。

3) 根据点的投影规律，作出点 A 的侧面投影 a''。

4) 判别可见性。A 点位于正立放置的圆锥面上，所以水平投影和侧面投影均可见。

(2) 解法二：辅助圆法。

作图步骤：如图 2-59(c)所示。

1) 在正面投影上，过 a' 作水平线，交圆锥的最左与最右轮廓素线于两点，这两点的连线即为过点 A 的纬圆在 V 面上的积聚投影，其长度等于纬圆直径。

2) 在水平投影上，以锥顶的水平投影为圆心，辅助纬圆直径为直径作圆，点 A 的水平投影即在该圆上。

3) 由点的正面投影 a' 和水平投影 a，求得点 A 的侧面投影 a''。

4) 判别可见性。结果同上。

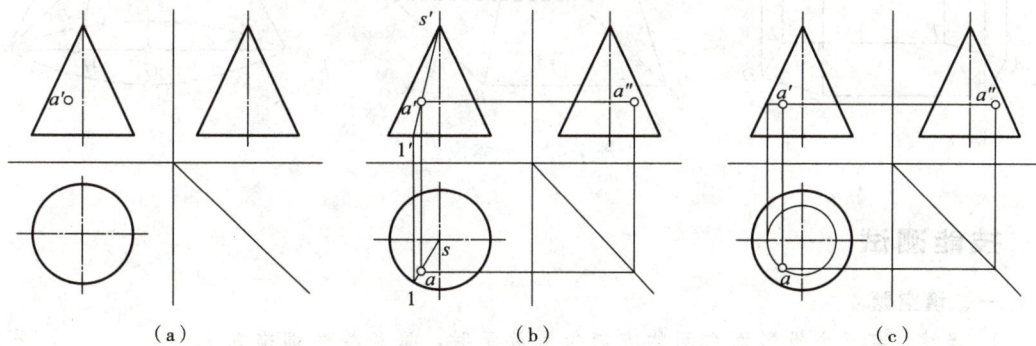

（a）　　　　　　　　（b）　　　　　　　　（c）

图 2-59　圆锥体表面上点的投影

五、圆球体

圆球面是由圆(曲母线)绕它的直径(轴线)旋转而形成。圆球体(简称球)由自身封闭的圆球面围成，如图 2-60 所示。

球的三面投影都是直径相同的圆。如图 2-61 所示，正面投影的圆是球面前、后两部分的分界线，它的水平投影和侧面投影都与中心线重合。侧面投影的圆是球面左、右两部分的分界线，它的水平投影和正面投影都与中心线重合。

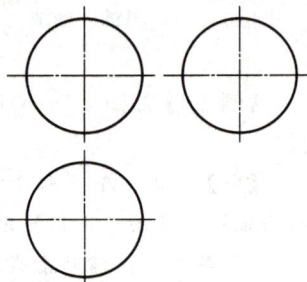

图 2-60　圆球的形成

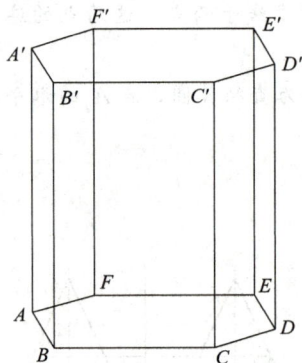

图 2-61　球的投影

仿真实训

如图 2-62 所示的常见平面体、曲面体模型，观察各面、面上线、面上点在投影面上的特点，并作出相应的三面投影图。

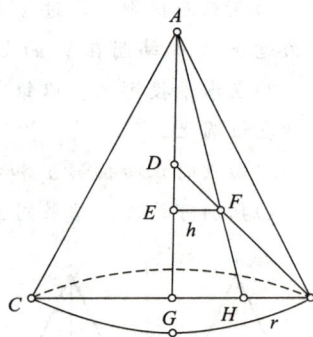

图 2-62　形体模型

技能测试

一、填空题

1. 当棱柱在三个投影面之间的方向位置放正时，每条棱线都垂直于_____，平行于_____。

2. 棱锥的底面是_____，各个棱面都是有一个公共顶点的_____。

3. 球体的三面投影均为与球的直径大小相等的_____。

二、判断题

1. 当母线为直母线且平行于回转轴时，形成的曲面为圆球面。（　　）

2. 圆柱面上与轴线平行的直线称为圆柱面的母线。（　　）

🔲 任务工单

根据所学知识，完成以下任务工单。

1. 已知正三棱柱的 *H* 面投影（图 2-63），高为 25 mm，请完成其三面投影。

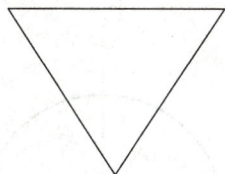

图 2-63　三棱柱 *H* 面投影

2. 已知正四棱锥的 *H* 面投影（图 2-64），高为 25 mm，请完成其三面投影。

图 2-64　正四棱锥 *H* 面投影

3. 已知正垂圆的 *V* 面投影（图 2-65），求它的 *H* 面投影。

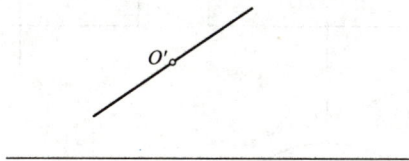

图 2-65　正垂圆 *V* 面投影

4. 补画立体的第三面投影及表面上点的投影（图 2-66）。

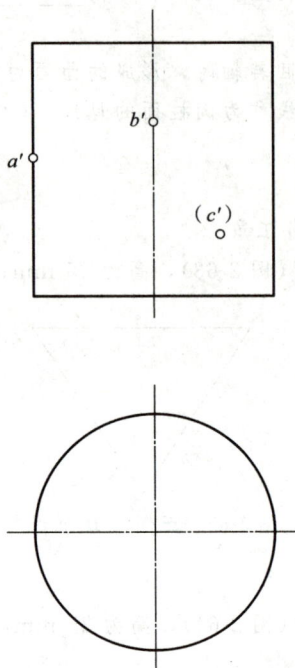

图 2-66　任务工单题图 4

5. 补全圆柱表面线段 AB 的其他投影（图 2-67）。

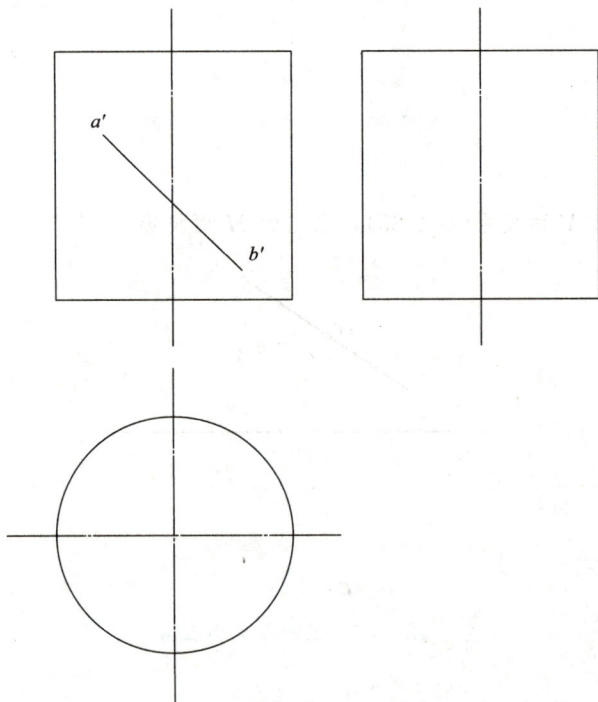

图 2-67　任务工单题图 5

6．补全球表面上的点的投影（图 2-68）。

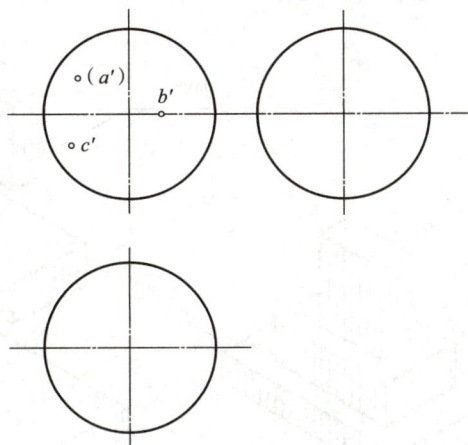

图 2-68　任务工单题图 6

任务四　组合体投影

课前认知

组合体是指由两个以上的基本形体组合而成的立体。由于组合体的形状、结构都比较复杂，且与工程形体十分接近，因此，对组合体的研究是学习各种专业图样的基础。本任务主要学习组合体识图读图的方法，课前学生可通过了解相关知识，识读图 2-69 所示组合体的三视图，想象其形状。

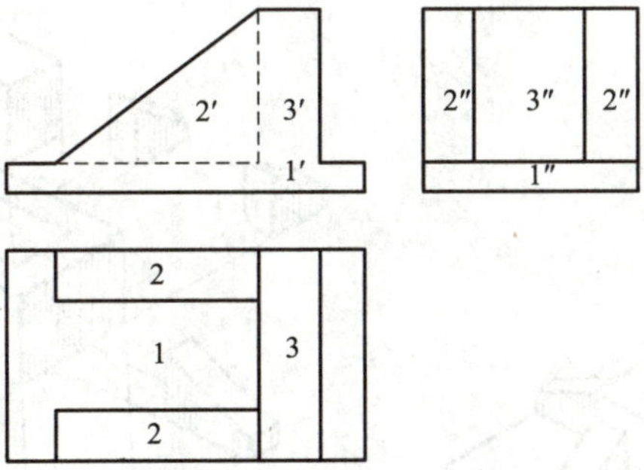

图 2-69　组合体的三视图

理论学习

一、组合体的构成方式

根据组合体各部分之间的组合方式的不同，通常可将组合体分为以下三类：
（1）叠加型组合体：将组合体看成由若干个基本形体叠加而成，如图 2-70（a）所示。

(2)切割型组合体：组合体是由一个大的基本形体经过若干次切割而成，如图 2-70(b)所示。

(3)混合型组合体：将组合体看成既有叠加又有切割所组成，如图 2-70(c)所示。

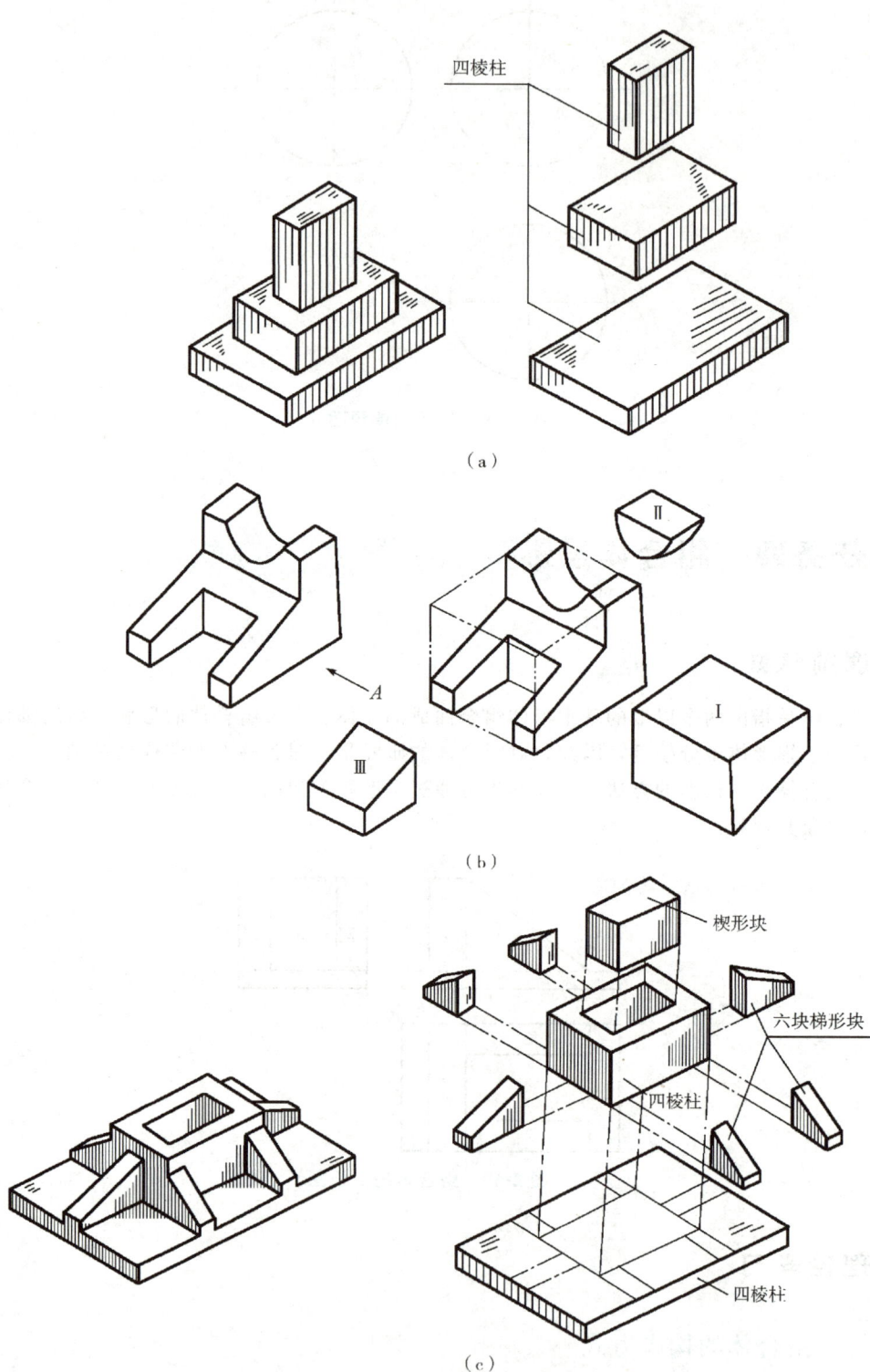

（a）

（b）

（c）

图 2-70　组合体的构成方式

(a)叠加型组合体；(b)切割型组合本；(c)混合型组合体

二、组合体投影图的识读

根据已知的投影图，运用投影原理和方法，想象出空间物体的形状，这就是投影图的识读。

识读组合体投影图，不但要以点、直线和平面的投影理论作基础，而且要有正确的读图方法。读图时要注意将各个投影联系起来看，不能只看其中的一个或两个投影。

识读组合体投影图的方法有形体分析法、线面分析法。

(一)形体分析法

形体分析法首先分析投影图上所反映的组合体的组合方式、各基本形体的相互位置及投影特性，然后想象出组合体空间形状。

如图 2-71 所示的投影图，特征比较明显的是 V 面投影，结合观察 W 面、H 面投影可知，该形体是由下部两个长方体上叠加一个中间偏后位置的长方体（后表面与下部两长方体的后表面平齐），然后再在其上叠加一个宽度与中间长方

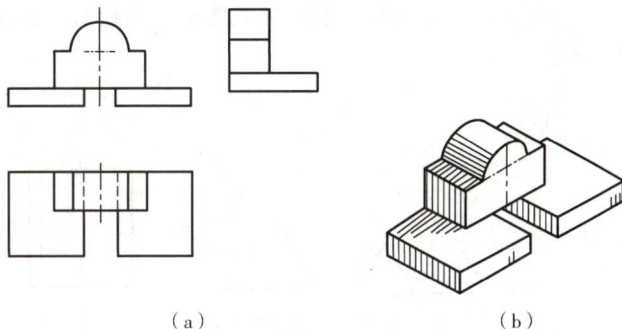

图 2-71　形体分析法
(a)投影图；(b)直观图

体相等的半圆柱体组合而成的。在 W 面投影上主要反映了半圆柱体、中间长方体与下部长方体之间的前后位置关系，在 H 面投影上主要反映了下部两个长方体之间的位置关系。综合起来就很容易地想象出该组合体的空间形状。

(二)线面分析法

线面分析法是由直线、平面的投影特性，分析投影图中线和线框的空间意义，从而想象其空间形状，确定整体的分析方法。

如图 2-72(a)所示，观察并注意各图的特征轮廓，可知该形体为切割体。因为 V 面、H 面投影有凹形，且 V 面、W 面投影中有虚线，那么 V 面、H 面投影中的凹形线框代表什么意义呢？经"高平齐""宽相等"对应 V 面投影，可得一斜直线，如图 2-72(b)所示。根据投影面垂直面的投影特性可知，该凹形线框代表一个垂直于 W 面的凹字形平面（即侧垂面）。结合 V 面、W 面的虚线投影可知，该形体为顶面有侧垂面的四棱柱在后方中间切去一个小四棱柱后得到的组合体，如图 2-72(c)所示中的直观图。

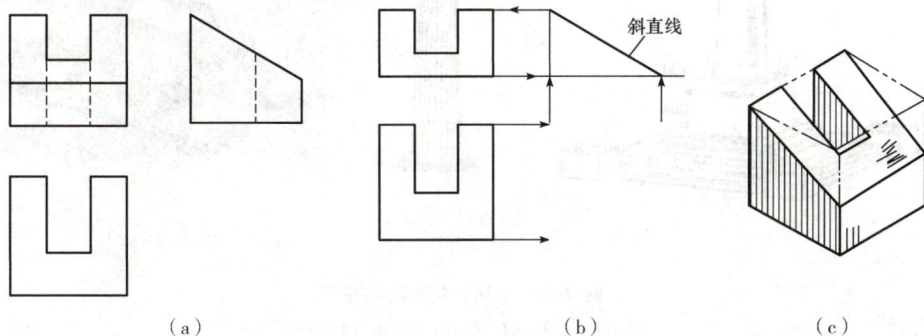

(a)　　　　　　　　　　　(b)　　　　　　　　　　　(c)

图 2-72　线面分析法

在分析投影图中的线或线框时，要注意以下六点。

(1)可表示形体上一条棱线的投影，如图 2-73(a)中的①所示；

(2)可表示形体上一个平面的积聚投影，如图 2-73(a)中的②所示；

(3)可表示曲面体上转向素线的投影，但在其他投影中应有一个具有曲线图形的投影，如图 2-73(b)中的③所示；

(4)可表示形体上一个平面的投影，如图 2-73(a)中的④所示；

(5)可表示形体上一个曲面的投影，但其他投影图中应有一曲线形的投影与之对应，如图 2-73(b)中的⑤所示；

(6)可表示形体上孔、洞、槽或叠加体的投影，如图 2-73(c)中的⑥和图 2-73(d)中的⑦、⑧所示。

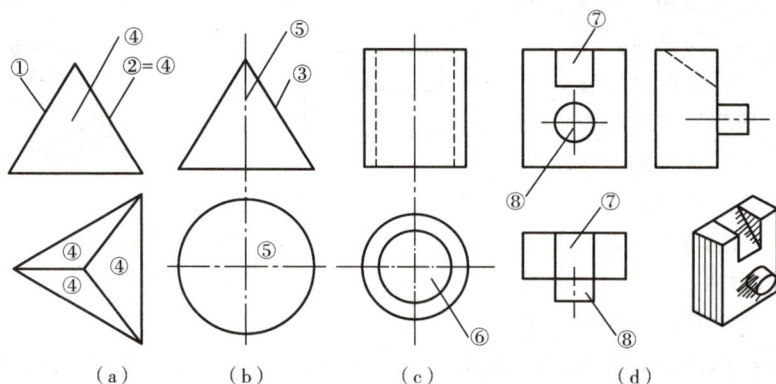

图 2-73 投影图中线和线框的意义
(a)三棱锥体；(b)圆锥体；(c)圆筒体；(d)带有槽口并叠加圆柱的形体

🗗 仿真实训

图 2-74 所示的组合体建筑和模型，引导学生观察组合体，拆分基本形体，并绘制对应的三面投影图。

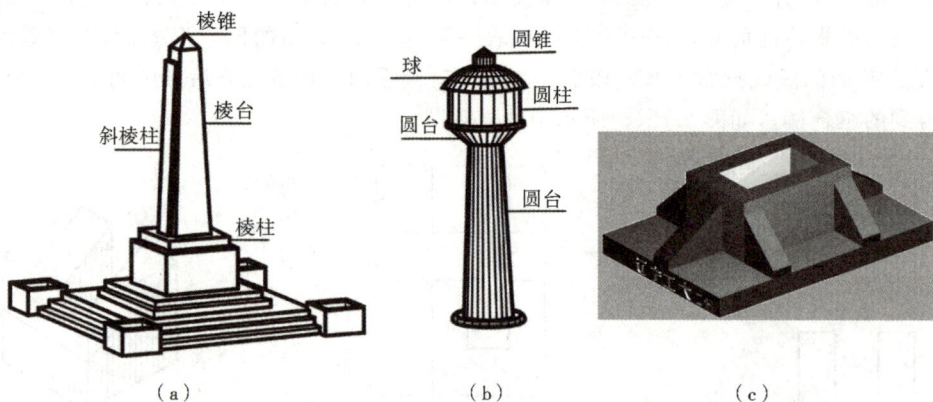

图 2-74 组合体建筑和模型
(a)纪念碑；(b)水塔；(c)组合体模型

技能测试

1. 根据组合体各部分之间的组合方式的不同，通常可将组合体分成＿＿＿＿＿＿组合体、＿＿＿＿＿＿组合体、＿＿＿＿＿＿组合体三类。

2. 识读组合体投影图的方法有＿＿＿＿＿＿、＿＿＿＿＿＿。

3. ＿＿＿＿＿＿首先分析投影图上所反映的组合体的组合方式、各基本形体的相互位置及投影特性，然后想象出组合体空间形状。

4. ＿＿＿＿＿＿是由直线、平面的投影特性，分析投影图中线和线框的空间意义，从而想象其空间形状，确定整体的分析方法。

任务工单

根据所学知识，完成下列任务工单。

1. 对照图 2-75 中各立体图读三面投影图，在能表示形体被切割特征的投影面下的（　　）内打"√"。

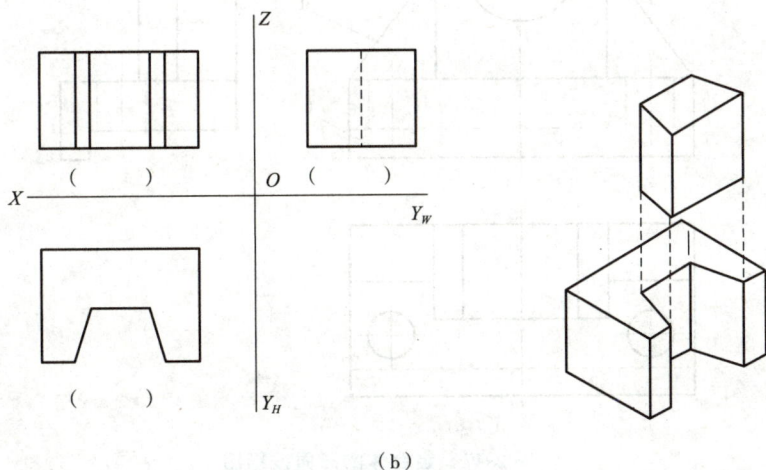

（a）

（b）

图 2-75　立体图与投影图对照

2. 互相对照图 2-76 组合体的投影图和立体直观图，运用前面讲解的方法进行读图练习。

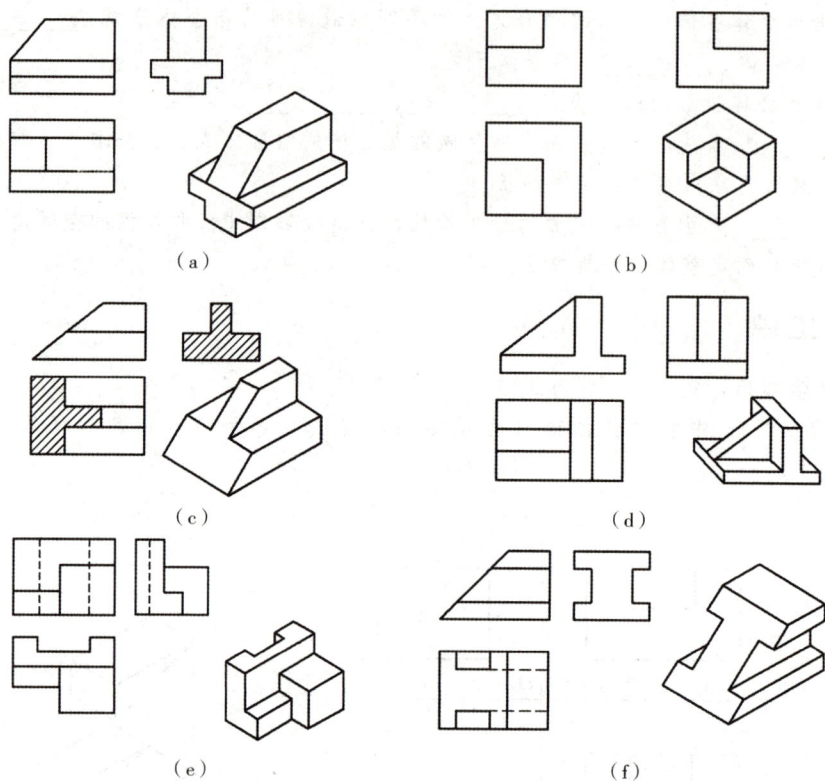

（a）　　　　　　　　　　　　　　　（b）

（c）　　　　　　　　　　　　　　　（d）

（e）　　　　　　　　　　　　　　　（f）

图 2-76　组合体的投影图和立体直观图

3. 根据图 2-77 所示组合体的三面投影，想象并画出它的空间形状。

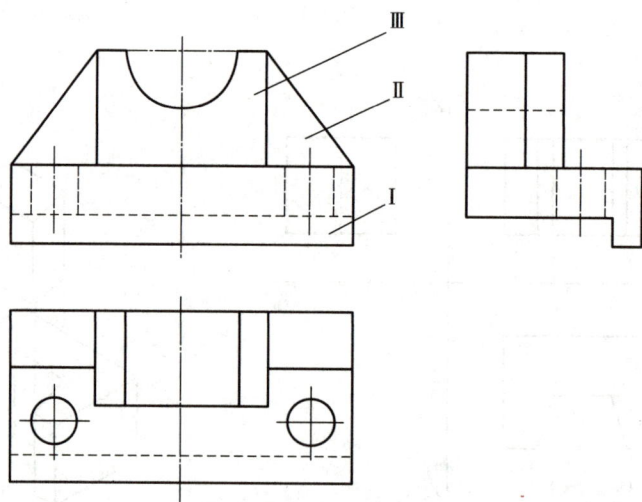

图 2-77　组合体的三面投影图

4. 根据图 2-78 所示投影图，试补画投影图中的漏线。

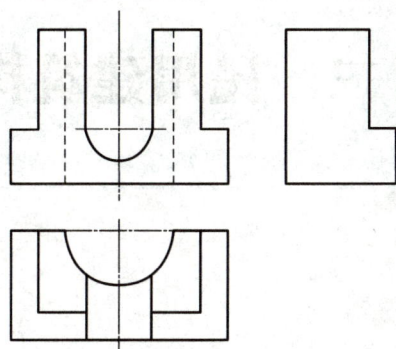

图 2-78 投影图

5. 根据图 2-79 所示立体图绘制形体的三面投影图（比例 1∶1）。

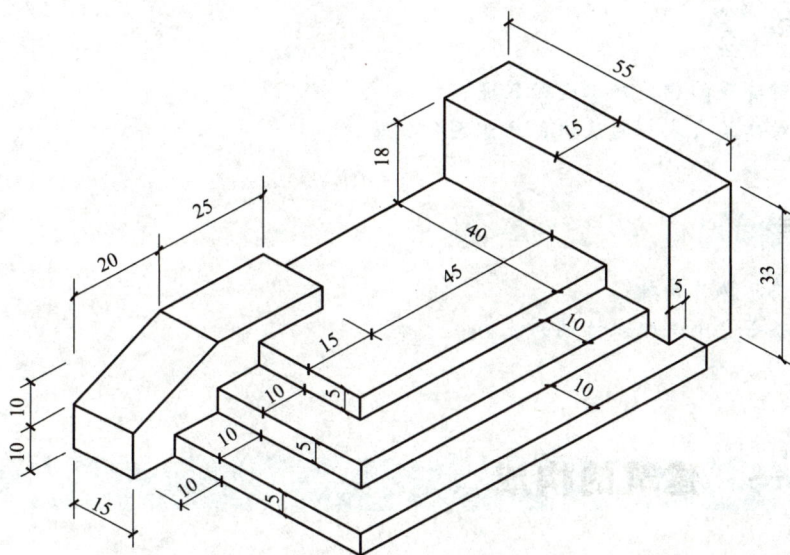

图 2-79 已知立体图

项目三　民用建筑构造概述

知识目标

1. 掌握房屋建筑的组成及其要求，了解建筑构造的基本要求和影响因素；
2. 了解建筑的分类，民用建筑等级的划分。

技能目标

1. 能够对建筑的相关知识进行叙述；
2. 能够对建筑有基本的认识，为识图作铺垫。

素养目标

1. 培养团队协作精神；
2. 具有公平竞争与组织协调的能力。

任务一　建筑的构成

课前认知

建筑构造是研究建筑(房屋)的构造组成、各组成部分的构造原理和构造方法。构造原理研究各组成部分的要求，以及满足这些要求的理论；构造方法则研究在构造原理指导下，用建筑材料和制品构成构件和配件，以及构配件之间的连接方法。课前了解房屋建筑的构造组成。

理论学习

一、房屋建筑的组成

房屋建筑是供人们居住、生活和从事各类公共活动的建筑，通常是由基础、墙体和柱、楼板层、楼梯、屋顶、地坪、门窗七个主要构造部分组成的，如图 3-1 所示。这些组成部分构成了房屋的主体，它们在建筑的不同部位，发挥着不同的作用。

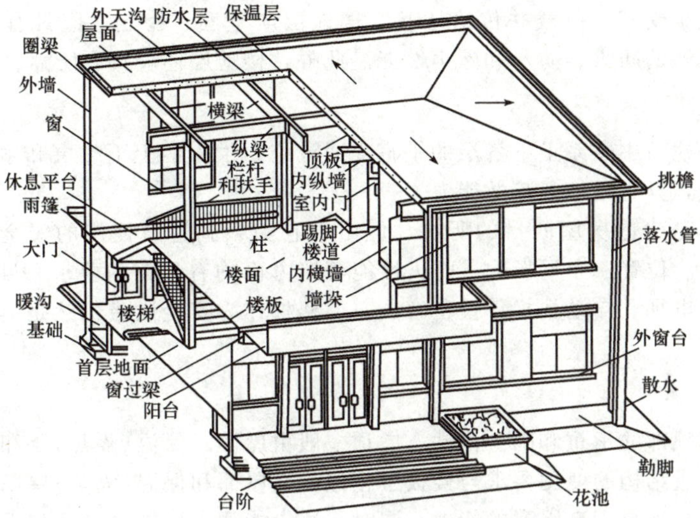

图 3-1　建筑物的组成

　　房屋建筑是由若干个大小不等的室内空间组合而成的，而空间的形成又需要各种各样的实体来组合，这些实体称为建筑构配件。除上述七个主要组成部分外，还有其他构配件和设施，如阳台、雨篷、台阶、散水、通风道等，以保证建筑充分发挥其功能。

二、建筑构造的组成及其要求

(一)基础

　　基础是建筑物最下面埋在土层中的部分，它承受建筑物的全部荷载，并把荷载传给下面的土层——地基。基础是建筑物的重要组成部分，是建筑物得以立足的根基，由于它长期埋置于地下，受土壤中潮湿、酸类、碱类等有害物质的侵蚀，故其安全性要求较高。因此，基础应具有足够的刚度、强度和耐久性，要求能耐水、耐腐蚀、耐冰冻，不应早于地面以上部分先破坏。

(二)墙体和柱

1. 墙体

　　墙体是建筑物的重要组成部分。对于墙承重结构的建筑来说，墙承受屋顶和楼板层传给它的荷载，并把这些荷载连同自重传给基础。同时，外墙也是建筑物的围护构件，具有围护功能，能减小风、雨、雪、温差变化等对室内的影响；内墙是建筑物的分隔构件，能把建筑物的内部空间分隔成若干相互独立的空间，避免使用时互相干扰。因此，墙体应具有足够的强度、刚度、稳定性，良好的热工性能及防火、隔声、防水、耐久性能。

2. 柱

　　柱是建筑物的竖向承重构件，除不具备围护和分隔的作用外，其他要求与墙体相差不多。随着骨架结构建筑的日渐普及，柱已经成为房屋中常见的构件。当建筑物采用柱作为垂直承重构件时，墙填充在柱间，仅起围护和分隔作用。

(三)楼板层

　　楼板层也称为楼层，它是建筑物的水平承重构件，将其上所有的荷载连同自重传给墙或柱；同时，楼层把建筑空间在垂直方向上划分为若干层，并对墙或柱起水平支撑作用。楼地层指底层地面，承受其上荷载并传给地基。楼地层应坚固、稳定，应具有足够的强度和刚度，并应具备足够的防火、防水和隔声性能。此外，楼地层还应具有防潮、防水等功能。

(四)楼梯

楼梯是楼房建筑中联系上下各层的垂直交通设施，供人们上下楼层和紧急疏散使用。楼梯应坚固、安全，具有足够的疏散能力。

楼梯虽然不是建造房屋的目的所在，但由于它关系到建筑使用的安全性，因此，在宽度、坡度、数量、位置、布局形式、防火性能等诸方面均有严格的要求。目前，许多建筑的竖向交通主要靠电梯、自动扶梯等设备解决，但楼梯作为安全通道仍然是建筑不可缺少的组成部分。

(五)屋顶

屋顶是建筑顶部的承重和围护构件。屋顶一般由屋面、保温(隔热)层和承重结构三部分组成。其中，承重结构的使用要求与楼板层相似；而屋面和保温(隔热)层则应具有足够的强度、刚度和抵御自然界不良因素的能力，同时，还应能防水、排水与保温(隔热)。

屋顶又被称为建筑的"第五立面"，对建筑的形体和立面形象具有较大的影响，屋顶的形式将直接影响建筑物的整体形象。

(六)地坪

地坪是指建筑底层房间与下部土层相接触的部分，它承担着底层房间的地面荷载。由于首层房间地坪下面往往是夯实的土壤，所以，对地坪的强度要求比楼板层低，但其面层要具有良好的耐磨、防潮性能，有些地坪还要具有防水、保温的能力。

(七)门窗

门的主要作用是供人们进出和搬运家具、设备，紧急疏散，有时兼起采光和通风作用。由于门是人及家具、设备进出建筑及房间的通道，因此，其应具有足够的宽度和高度，其数量和位置也应符合有关规范的要求。

窗的作用主要是采光、通风和供人眺望，同时它也是围护结构的一部分，在建筑的立面形象中也占有相当重要的地位。由于制作窗的材料往往比较脆弱和单薄，造价较高，同时，窗又是围护结构的薄弱环节，因此，在寒冷和严寒地区应合理控制窗的面积。

三、建筑构造的基本要求和影响因素

(一)建筑构造的基本要求

确定建筑构造做法时，应根据实际情况综合分析，满足以下基本要求。

1. 确保结构安全的要求

建筑物的主要承重构件，如梁、板、柱、墙、屋架等，需要通过结构计算来保证结构安全；而一些建筑配件尺寸，如扶手的高度、栏杆的间距等，需要通过构造要求来保证安全；构配件之间的连接，如门窗与墙体的连接，则需要采取必要的技术措施来保证安全。结构安全关系到人们的生命与财产安全，所以，在确定构造方案时，要把结构安全放在首位。

2. 满足建筑功能的要求

建筑物应给人们创造舒适的使用环境。其用途、所处的地理环境不同，对建筑构造的要求就不同，如影剧院和音乐厅要求具有良好的音响效果，展览馆则对光线效果要求较高；寒冷地区的建筑应解决好冬季的保温问题，炎热地区的建筑则应有良好的通风、隔热能力。在确定构造方案时，一定要综合考虑各方面因素，以满足不同的功能要求。

3. 注重综合效益

在进行建筑构造设计时，要考虑其在社会发展中的作用，尽量就地取材，降低造价，注重环境保护，提高其社会、经济和环境的综合效益。

4. 满足美观要求

建筑的美观主要是通过对其内部空间和外部造型的艺术处理来体现的。一座完美的建筑除取决于对空间的塑造和立面处理外，还受到一些细部构造，如栏杆、台阶、勒脚、门窗、挑檐等的处理影响，对建筑物进行构造设计时，应充分运用构图原理和美学法则，创造出具有较高品位的建筑。

(二)建筑构造的影响因素

建筑物建成后受到各种自然因素和人为因素的作用，在确定建筑构造时，必须充分考虑各种因素的影响，采取措施以提高建筑物的抵御能力，保证建筑物的使用质量和耐久年限。影响建筑构造的因素主要有以下三个方面。

1. 荷载的作用

作用在房屋上的力统称为荷载，包括建筑自重、人、风雪及地震荷载等。荷载的大小和作用方式均影响着建筑构件的选材、截面形状与尺寸，这些都是建筑构造的内容。所以，在确定建筑构造时，必须考虑荷载的作用。

2. 人为因素的作用

人们所从事的生产、工作、学习与生活活动，也将对房屋产生影响。如机械振动、化学腐蚀、噪声、爆炸和火灾等，这些都是人为因素的影响。为了防止这些影响造成危害，房屋的相应部位要采取防振、耐腐蚀、隔声、防爆、防火等构造措施。

3. 自然界的作用

房屋在自然界中要受到日晒、雨淋、冰冻、地下水的侵蚀等影响，为保证正常使用，在建筑构造设计中，必须在相关部位采取防水、防潮、保温隔热、防震及防冻等措施。

🔲 仿真实训

学生观察生活中不同的建筑物构件，思考有何不同。

🔲 技能测试

1. 请列举出 10 种民用建筑的建筑构件：_____、_____、_____、_____、_____、_____、_____、_____、_____、_____。

2. 建筑物的主要承重构件有_____、_____、_____、_____、_____等。

3. 影响建筑构造的因素主要有三个方面：_____、_____、_____。

🔲 任务工单

根据所学知识，完成以下任务工单。

1. 观察校园中教学楼、宿舍楼、体育馆等建筑中主要建筑构件的位置、功能及区别。

2. 建筑物的主要构件对我们的学习和生活起到了什么作用？

任务二 建筑的分类

课前认知

在日常生活中，人们会接触到各种不同类型的建筑物，如何将这些建筑进行分类？课前了解建筑的分类知识，并从不同角度对建筑物进行分析。

理论学习

一、按照建筑物的使用性质分类

(1)民用建筑。民用建筑是指提供人们居住、生活、工作和从事文化、商业、医疗及交通等公共活动的房屋。

(2)工业建筑。工业建筑是指供人们从事各类生产的房屋，包括生产用房屋及辅助用房屋。

(3)农业建筑。农业建筑是指供人们从事农牧业方面的种植、养殖、畜牧、储存等活动的房屋。

二、按照建筑结构形式分类

(1)墙承重体系。由墙体承受建筑的全部荷载，墙体担负着承重、围护和分隔的多重任务。这种承重体系适用于内部空间较小、建筑高度较小的建筑。

(2)骨架承重。由钢筋混凝土或型钢组成的梁柱体系承受建筑的全部荷载，墙体只起到围护和分隔的作用。这种承重体系适用于跨度大、荷载大的高层建筑。

(3)内骨架承重。建筑内部由梁柱体系承重，四周由外墙承重。这种承重体系适用于局部设有较大空间的建筑。

(4)空间结构承重。由钢筋混凝土或钢组成空间结构承受建筑的全部荷载，如网架结构、悬索结构、壳体结构等。这种承重体系适用于大空间建筑。

三、按照建筑物的施工方法分类

(1)现浇现砌式。现浇现砌式是指主要构件均在施工现场砌筑(如砖墙等)或浇筑(如钢筋混凝土构件等)。

(2)预制装配式。预制装配式是指主要构件在加工厂预制，然后在施工现场进行装配。

(3)部分现浇现砌、部分装配式。部分现浇现砌、部分装配式是指一部分构件在现场浇筑或砌筑(大多为竖向构件)，另一部分构件为预制吊装(大多为水平构件)。

四、按照承重结构的材料分类

(1)砖混结构。用砖墙(柱)、钢筋混凝土楼板及屋面板作为主要承重构件的建筑，属于墙承重结构体系。居住建筑和一般公共建筑采用砌混结构较多。

(2)钢筋混凝土结构。用钢筋混凝土材料作为主要承重构件的建筑，属于骨架承重结构体系。大型公共建筑、大跨度建筑、高层建筑采用钢筋混凝土结构较多。

仿真实训

不同类型建筑的实物模型如图 3-2 所示，学生将生活中观察到的建筑物与其相对比，思考有何不同。

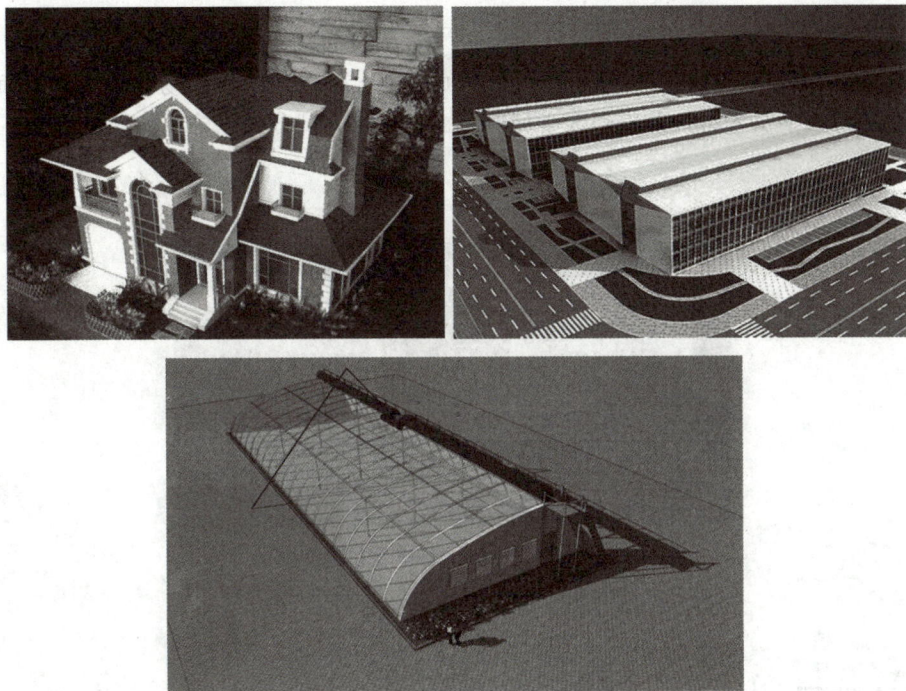

图 3-2　不同类型建筑的实物模型

技能测试

一、填空题

1. 按照建筑物的使用性质分类有_____建筑、_____建筑、_____建筑。
2. 按照结构形式分为_____承重建筑、_____承重建筑、_____承重建筑、_____承重建筑。

二、选择题

1. 在施工中，建筑中的主要构件在加工厂预制，然后在施工现场进行装配的是（　　）。

　　A. 现砌筑式建筑　　　　　　　　　B. 现浇式建筑

　　C. 预制装配式建筑　　　　　　　　D. 部分现浇现砌、部分装配式建筑

2. 按照承重结构的材料分类，高层建筑通常采用（　　）形式结构。

　　A. 砖混结构　　　B. 钢结构　　　C. 钢筋混凝土结构　　D. 木结构

任务工单

根据所学知识，完成下列任务工单。

准确判断校园中的每个建筑物，在不同分类方式下对应属于哪一种。

任务三　建筑的等级

课前认知

图 3-3 为中山大学图书馆，位于广州大学城中山大学校区中心广场的中央，正面面向珠江，正对中山大学主入口，是广州大学城的标志性建筑，试分析该建筑的等级。

图 3-3　中山大学图书馆

理论学习

民用建筑的等级是根据建筑物的使用年限、防火性能、规模和重要性来划分的。

一、按建筑物的使用年限分级

根据建筑物主体结构的使用年限，大致可分为以下四级。

(1)一级。耐久年限为 100 年以上，适用于重要建筑和高层建筑。

(2)二级。耐久年限为 50～100 年，适用于一般性建筑。

(3)三级。耐久年限为 25～50 年，适用于次要建筑。

(4)四级。耐久年限在 15 年以下，适用于临时性建筑。

二、按建筑物的防火性能分级

(一)材料的燃烧性能

燃烧性能是指建筑构件在明火或高温作用下是否燃烧，以及燃烧的难易程度。建筑构件按燃烧性能分为非燃烧体、难燃烧体和燃烧体。

(1)非燃烧体：是指用非燃烧材料制成的构件，如砖、石、钢筋混凝土、金属等，这类材料在空气中受到火烧或高温作用时不起火、不微燃、不碳化。

(2)难燃烧体：是指用难燃烧材料制成的构件，如沥青混凝土、板条抹灰、水泥刨花板、经防火处理的木材等，这类材料在空气中受到火烧或高温作用时难燃烧、难碳化，离开火源后，燃烧或微燃立即停止。

（3）燃烧体：是指用燃烧材料制成的构件，如木材、胶合板等，这类材料在空气中受到火烧或高温作用时，立即起火或燃烧，且离开火源后继续燃烧或微燃。

(二)材料的耐火极限

耐火极限是指对任一建筑构件按时间-温度标准曲线进行耐火试验，从受到火的作用时起，到失去支持能力或完整性破坏或失去隔火作用时止的这段时间，用小时表示。

（1）失去支持能力是指构件自身解体或垮塌。梁、楼板等受弯承重构件，挠曲速率发生突变，是失去支持能力的象征。

（2）完整性破坏是指楼板、隔墙等具有分隔作用的构件，在试验中出现穿透裂缝或较大的孔隙。

（3）失去隔火作用是指具有分隔作用的构件在试验中背火面测温点测得平均温度达到140 ℃（不包括背火面的起始温度）；或背火面测温点中任意一点的温度达到180 ℃，或在不考虑起始温度的情况下，背火面任一测点的温度达到220 ℃。

当建筑构件出现上述现象之一时，就认为其达到了耐火极限。为了提高建筑对火灾的抵抗能力，控制火灾的发生和蔓延，在建筑构造上采取措施就显得非常重要。

(三)建筑物的耐火等级

建筑物的耐火等级是根据建筑物主要构件的燃烧性能和耐火极限确定的，共分为四级。不同耐火等级建筑物主要构件的燃烧性能和耐火极限不应低于表3-1的规定。

表 3-1　建筑物构件的燃烧性能和耐火极限(普通建筑)　　　　　　　　h

构件名称		耐火等级			
		一级	二级	三级	四级
墙	防火墙	不燃性 3.00	不燃性 3.00	不燃性 3.00	不燃性 3.00
	承重墙	不燃性 3.00	不燃性 2.50	不燃性 2.00	难燃性 0.50
	非承重外墙	不燃性 1.00	不燃性 1.50	不燃性 0.50	可燃性
	楼梯间和前室的墙、电梯井的墙、住宅建筑单元之间的墙和分户墙	不燃性 2.00	不燃性 2.00	不燃性 1.50	难燃性 0.50
	疏散走道两侧的隔墙	不燃性 1.00	不燃性 1.00	不燃性 0.50	难燃性 0.25
	房间隔墙	不燃性 0.75	不燃性 0.50	难燃性 0.50	难燃性 0.25
柱		不燃性 3.00	不燃性 2.50	不燃性 2.00	难燃性 0.50
梁		不燃性 2.00	不燃性 1.50	不燃性 1.00	难燃性 0.50
楼板		不燃性 1.50	不燃性 1.00	不燃性 0.50	可燃性

构件名称	耐火等级			
	一级	二级	三级	四级
屋顶承重构件	不燃性 1.50	不燃性 1.00	可燃性 0.50	可燃性
疏散楼梯	不燃性 1.50	不燃性 1.00	可燃性 0.50	可燃性
吊顶(包括吊顶搁栅)	不燃性 0.25	难燃性 0.25	难燃性 0.15	可燃性

注:1. 除《建筑设计防火规范(2018 年版)》(GB 50016—2014)另有规定外,以木柱承重且墙体采用不燃材料的建筑,其耐火等级应按四级确定。

2. 住宅建筑构件的耐火极限和燃烧性能可按现行国家标准《住宅建筑规范》(GB 50368—2005)的规定执行。

在建筑中相同材料的构件根据其作用和位置的不同,其要求的耐火极限也不相同。建筑耐火等级高的建筑其构件的燃烧性能就差,耐火极限的时间就长。

三、按建筑物的重要性和规模分级

建筑物按照其重要性、规模、使用要求的不同,可分为特级、一级、二级、三级、四级、五级共六个级别,其具体划分见表3-2。

表 3-2　民用建筑的等级

工程等级	工程主要特征	工程范围举例
特级	1. 列为国家重点项目或以国际性活动为主的特、高级大型公共建筑。 2. 有全国性历史意义或技术要求特别复杂的中小型公共建筑。 3. 30 层以上的建筑。 4. 高大空间有声、光等特殊要求的建筑物	国宾馆,国家大会堂,国际会议中心,国际体育中心,国际贸易中心,国际大型空港,国际综合俱乐部,重要历史纪念建筑,国家级图书馆、博物馆、美术馆、剧院、音乐厅,三级以上人防
一级	1. 高级大型公共建筑。 2. 有地区性历史意义或技术要求复杂的中小型公共建筑。 3. 16 层以上、29 层以下或超过 50 m 高的公共建筑	高级宾馆,旅游宾馆,高级招待所,别墅,省级展览馆、博物馆、图书馆,科学实验研究楼(包括高等院校),高级会堂,高级俱乐部,不少于 300 床位的医院、疗养院,医疗技术楼,大型门诊楼,大中型体育馆,室内游泳馆,室内滑冰馆,大城市火车站,航运站,候机楼,摄影棚,邮电通信楼,综合商业大楼,高级餐厅,四级人防、五级平战结合人防
二级	1. 中高级、大中型公共建筑。 2. 技术要求较高的中小型建筑。 3. 16 层以上、29 层以下的住宅	大专院校教学楼,档案楼,礼堂,电影院,部、省级机关办公楼,300 床位以下的医院、疗养院,地市级图书馆、文化馆,少年宫,俱乐部,排演厅,报告厅,大中城市汽车客运站,中等城市火车站,邮电局,多层综合商场,风味餐厅,高级小住宅等

工程等级	工程主要特征	工程范围举例
三级	1. 中级、中型公共建筑。 2. 7 层以上(包括 7 层)、15 层以下有电梯住宅或框架结构的建筑	重点中学、中等专科学校教学楼、试验楼、电教楼、社会旅馆、饭馆、招待所、浴室、邮电所、门诊部、百货大楼、托儿所、幼儿园、综合服务楼、一、二层商场、多层食堂、小型车站等
四级	1. 一般中小型公共建筑。 2. 7 层以下无电梯的住宅、宿舍及砖混结构建筑	一般办公楼、中、小学教学楼、单层食堂、单层汽车库、消防车库、蔬菜门市部、粮站、杂货店、阅览室、理发室、水冲式公共厕所等
五级	一、二层单功能,一般小跨度结构建筑	

有些同类建筑根据其规模和设施的不同档次进行分级。如剧场分为特、甲、乙、丙四个等级;涉外旅馆分为一星～五星共五个等级,社会旅馆分为一级～六级共六个等级。

建筑的级别是根据其重要性和对社会生活的影响程度来划分的。通常重要建筑的耐久年限长、耐火等级高。这样就导致建筑构件和设备的标准高,施工难度大,造价也高,因此,应当根据建筑的实际情况,合理地确定建筑的耐久年限和防火等级。

仿真实训

观察图 3-4 所示的建材材料,引导学生观察生活中的建筑材料耐火性能如何,并思考耐火性能差异较大的原因是什么。

图 3-4　建筑材料

技能测试

一、填空题

1. 建筑的主体结构的使用年限可分为_____级。重要建筑和高层建筑的耐久年限为_____年以上。一般性建筑的耐久年限为_____至_____年。临时性建筑的耐久年限在_____年以下。

2. 根据建筑物主要构件的燃烧性能和耐火极限确定的建筑物的耐火等级分为____级。

二、选择题

1. 建筑物按照其重要性、规模、使用要求的不同，可分为（　　）。

    A. 三个级别　　　　B. 四个级别　　　　C. 五个级别　　　　D. 六个级别

2. 大专院校教学楼，电影院，部、省级机关办公楼，疗养院，地市级图书馆，文化馆，少年宫等建筑的工程等级为（　　）。

    A. 特级　　　　　　B. 一级　　　　　　C. 二级　　　　　　D. 三级

任务工单

根据所学知识，完成以下任务工单。

1. 请思考建筑物中的墙、梁、板、柱、楼梯等主要构件为什么耐火时间不能太短。

2. 观察生活中的建筑构件或建筑材料，哪些耐火性能较好？哪些耐火性能较差？请举例说明。

项目四 基础与地下室构造

知识目标 >>>

1. 了解地基与基础的分类，熟悉基础的类型和构造，掌握基础埋置深度的概念及影响因素；

2. 了解地下室的组织及分类，掌握地下室的防潮与防水措施。

技能目标 >>>

1. 能够分辨地基与基础的关系，并对地基进行相关处理；

2. 能够通过所学知识对基础进行分类；

3. 能够采取相应措施处理地下室防潮防水。

素养目标 >>>

1. 培养学生将马克思主义方法的教育与科学精神的培养结合起来，提高学生正确认识问题、分析问题和解决问题的能力；

2. 注重科学思维方法的训练和科学伦理的教育，培养学生探索未知、追求真理、勇攀科学高峰的责任感和使命感。

>>> 任务一 地基与基础

课前认知

在建筑工程施工中，基础处于建筑物的最下端，埋入地下并直接作用于土层上，它是建筑物的重要组成部分。地基是支承在基础下面的土层，它决定了建筑物所能承受的最大荷载量，也具有十分重要的意义。课前请学生查阅资料，了解地基、基础的概念及基础的类型。

一、地基与基础的概念

基础是建筑物上部承重结构向下的延伸和扩大，它承受建筑物的全部荷载，并将这些荷载连同本身的重力一起传递到地基上。

地基不是建筑物的组成部分，它只是承受由基础传来荷载的土层。其中，具有一定的地基承受力，直接承受建筑荷载，并需要进行力学计算的土层称为持力层，持力层以下的土层称为下卧层，如图4-1所示。

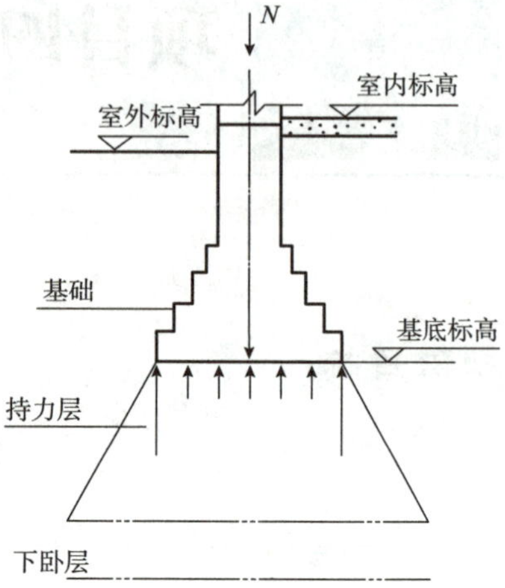

图 4-1　地基与基础

二、基础的埋置深度及其影响因素

(一)基础埋置深度的概念

基础埋置深度是指从室外设计地面至基础底面的垂直距离，简称基础埋深，如图4-2所示。基础按其埋深大小可分为浅基础和深基础。基础埋深不超过5 m时称为浅基础；如浅层土质不良，须将基础埋深加大，此时须采取一些特殊的施工手段和相应的基础形式来修建，如桩基、沉箱、沉井和地下连续墙等，这样的基础称为深基础。

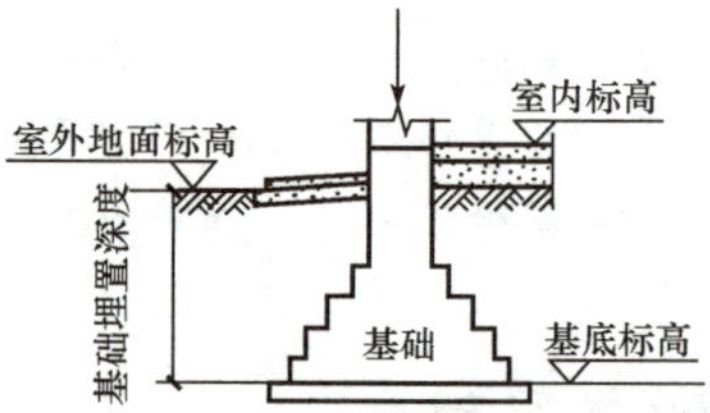

图 4-2　基础埋置深度

(二)影响基础埋置深度的因素

基础埋深的大小关系到地基是否可靠、施工难易及造价高低。影响基础埋深的因素很多。其主要影响因素如下。

1. 建筑物的使用要求、基础形式及荷载

当建筑物设置地下室、设备基础或地下设施时，基础埋深应满足其使用要求；高层建筑基础埋深随建筑高度的增加适当增大，才能满足稳定性要求；荷载大小和性质也影响基础埋深，一般荷载较大时应加大埋深；受向上拔力的基础，应有较大埋深以满足抗拔力的要求。

2. 工程地质条件和水文地质条件

(1)工程地质条件。基础应建造在坚实可靠的地基上，而不能设置在承载力低、压缩性高的软弱土层上。在满足地基稳定和变形要求的前提下，基础尽量浅埋，但通常不浅于0.5 m。如浅层土作持力层不能满足要求，可考虑深埋，但应与其他方案进行比较。

(2)水文地质条件。存在地下水时，在确定基础埋深时一般应考虑将基础埋于最高地下水水位以上不小于200 mm处。当地下水水位较高，基础不能埋置在地下水水位以上时，宜将基础埋置在全年最低地下水水位以下不小于200 mm的深度，且同时考虑施工时基坑的排水和坑壁的支护等因素。地下水水位以下的基础，选材时应考虑地下水对其是否有腐蚀性，如有，应采取防腐措施，如图4-3所示。

3. 土的冻结深度

粉砂、粉土和黏性土等细粒土具有冻胀现象，冻胀会将基础向上拱起；土层解冻，基础

又下沉，使基础处于不稳定状态。冻融的不均匀使建筑物产生变形，严重时产生开裂等破坏情况，因此，建筑物基础应埋置在冰冻层以下并不小于 200 mm 的深度，如图 4-4 所示。

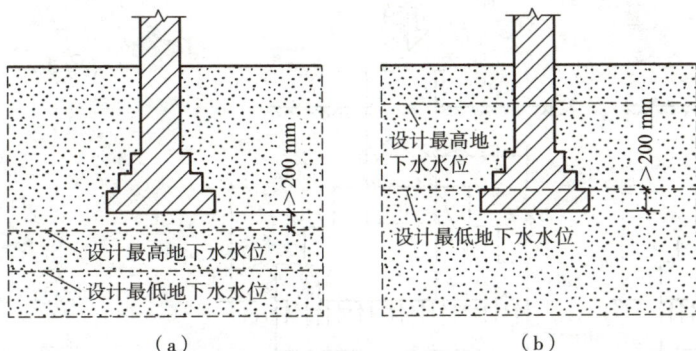

图 4-3　基础埋深与地下水水位的关系
(a)基础埋在地下水水位以上；(b)基础埋在地下水水位以下

图 4-4　基础埋深与冰冻线的关系

4. 相邻建筑物的埋深

新建建筑物基础埋深不宜大于相邻原基础埋深，当埋深大于原有建筑物基础时，基础间的净距应根据荷载大小和性质等确定，一般为相邻基础底面高差的 1～2 倍，如图 4-5 所示。当不能满足要求时，应采取加固原有地基或分段施工、设临时加固支撑、打板桩、设置地下连续墙等施工措施。

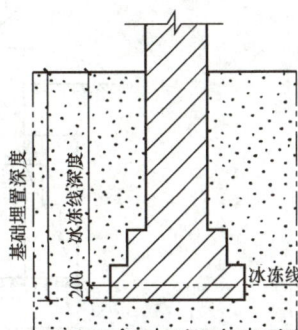

图 4-5　基础埋深与相邻基础的关系

三、基础的类型和构造

基础的种类较多，在选择基础时，需综合考虑上部结构形式、荷载大小、地基状况等因素。

(一)按基础所用材料及受力特点分类

1. 刚性基础

由刚性材料建造的基础称为刚性基础。一般称抗压强度高而抗拉、抗剪强度较低的材料为刚性材料。常用的砖、石、混凝土等均属于刚性材料。为满足地基容许承载力的要求，基底宽 B 一般大于上部墙宽。当基础的 B 很宽时，挑出长度 b 很长，而基础又没有足够的高度 H，又因基础采用刚性材料，基础就会因弯曲或剪切而被破坏。为了保证基础不被拉力、剪力破坏，基础必须具有相应的高度。通常，按刚性材料的受力特点，基础的挑出长度与高度应在材料的控制范围内，这个控制范围的夹角称为刚性角，用 α 表示，如图 4-6 所示。

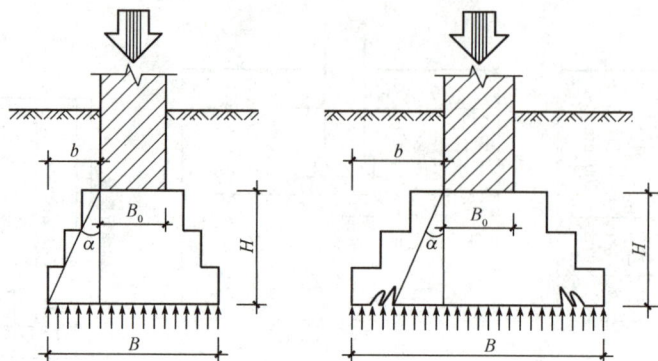

图 4-6　刚性基础

（1）砖基础。目前，砖基础的主要材料为烧结普通砖，在建筑物水平防潮层以下部分，其砖的强度等级不得低于 MU10。砖基础逐步放阶的形式称为大放脚。为了满足刚性角的要求，砖基础台阶的宽高比应小于 1：1.5。常采用每隔二皮厚收进 1/4 砖长的形式，简称"二皮一收"。当基础底宽较大时，也可采用"二皮一收"与"一皮一收"相间的砌筑方法，简称"二一间隔收"，如图 4-7 所示。

不等高式砖放大脚基础

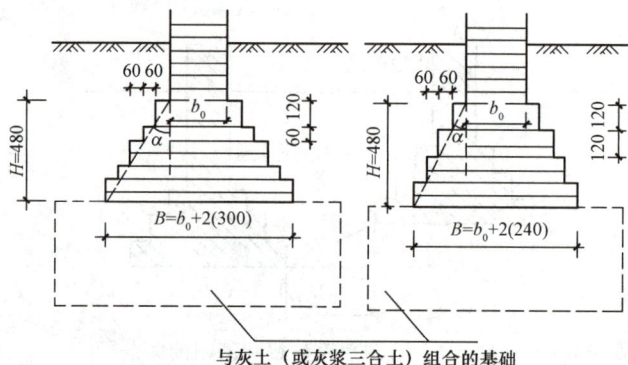

与灰土（或灰浆三合土）组合的基础

图 4-7　砖基础

砖基础的大放脚下需设垫层，其厚度应根据上部结构荷载和地基承载力大小等确定，一般不小于 100 mm。

（2）石基础。石基础有毛石基础和料石基础两种。毛石基础是由中部厚度不小于 150 mm 的未经加工的块石和砂浆砌筑而成的。毛石基础的强度高，抗冻、耐水性能好，所以适用于地下水水位较高、冰冻线较深的产石区的建筑。料石基础则是由经过加工后具有一定规格的石材和砂浆砌筑而成的。石基础的断面形式有矩形和阶梯形，当基础底面宽度小于 700 mm 时，多采用矩形截面。根据刚性角要求，石基础的允许宽高比为 1：1.25 和 1：1.50，其细部尺寸如图 4-8 所示。

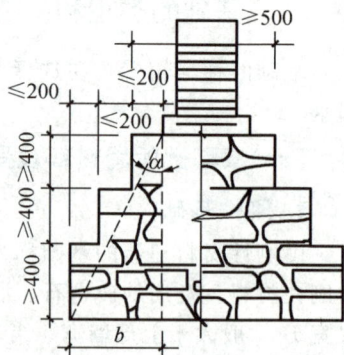

图 4-8　石基础构造

（3）混凝土基础。混凝土基础是用不低于 C15 的混凝土浇捣而成的，其具有坚固、耐久、耐水、刚性角大等特点，常用于有地下水和冰冻作用的地方。

混凝土基础的断面形式和有关尺寸，除满足刚性角要求外，还应不受材料规格限制，其基本形式有矩形[图 4-9(a)]、阶梯形[图 4-9(b)]、锥形[图 4-9(c)]等。为了节约混凝土，在基础体积过大时，可在混凝土中加入适当数量的毛石，称为毛石混凝土基础。其中，所用毛石的尺寸不得大于基础宽度的 1/3，同时石块任一边尺寸不得大于 300 mm，毛石总体积不得大于 30%。

混凝土刚性基础

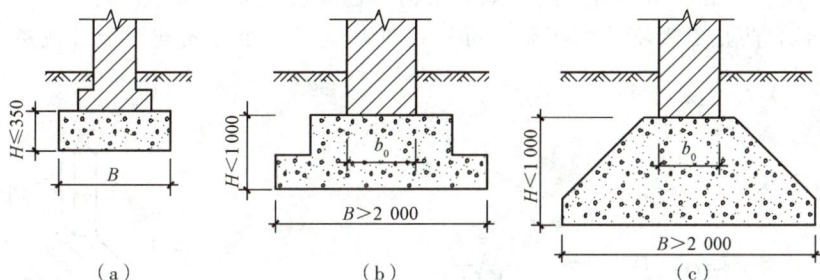

图 4-9 混凝土基础

(a)矩形；(b)阶梯形；(c)锥形

刚性基础的刚性角既与基础材料的性能有关，也与基础所受的荷载有关，而与地基的情况无关。刚性基础常用于荷载不太大的建筑，一般用于 2～3 层混合结构的房屋建筑。

2. 非刚性基础

钢筋混凝土基础称为非刚性基础，也称为柔性基础。这种基础不受刚性角的限制，基础底部不但能承受很大的压应力，而且还能承受很大的弯矩，能抵抗弯矩变形。为了节约材料，钢筋混凝土基础通常制成锥形，但最薄处不应小于 200 mm，如制成阶梯形，每步高 300～500 mm。为了保证钢筋混凝土基础施工时，钢筋不致陷入泥土中，常须在基础与地基之间设置混凝土垫层，如图 4-10 所示。这种基础适用于荷载较大的多、高层建筑。

图 4-10 钢筋混凝土基础

(a)板式基础；(b)梁板式基础

(二)按基础的构造形式分类

基础的构造形式随建筑物上部结构形式、荷载大小及地基土质情况而定。一般情况下，上部结构形式直接影响基础的形式，但当上部荷载增大，且地基承载能力有变化时，基础的形式也随之变化。常见的基础有以下几种。

1. 条形基础

条形基础是指基础长度远大于其宽度的一种基础形式。按上部结构形式可分为墙下条形基础和柱下条形基础。

(1)墙下条形基础。条形基础是承重墙基础的主要形式，当上部结构荷载较大而土质较差时，可采用混凝土或钢筋混凝土建造，墙下钢筋混凝土条形基础一般做成无肋式，如图4-11(a)所示；如地基在水平方向上压缩性不均匀，为了增加基础的整体性，减少不均匀沉降，也可做成有肋式的条形基础，如图4-11(b)所示。

(2)柱下条形基础。当建筑采用柱承重结构，在荷载较大且地基较软弱时，为了提高建筑物的整体性，防止出现不均匀沉降，可将柱下基础沿一个方向连续设置成条形基础，如图4-12所示。

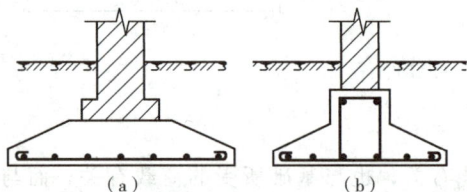

图 4-11　墙下钢筋混凝土条形基础
(a)无肋式；(b)有肋式

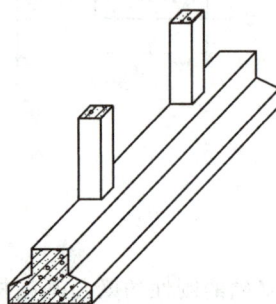

图 4-12　柱下条形基础

2. 独立基础

(1)柱下独立基础。当建筑物上部采用柱承重且柱距较大时，宜将柱下扩大形成独立基础。独立基础的形状有阶梯形、锥形和杯形等，如图4-13所示。其优点是土方工程量少，便于地下管道穿越，节约基础材料。但由于基础相互之间无联系，整体刚度差，因此，柱下独立基础一般适用于土质、荷载均匀的骨架结构建筑。

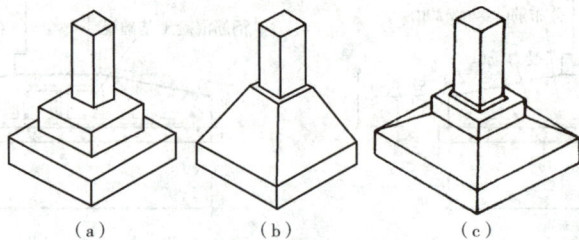

图 4-13　独立基础
(a)阶梯形；(b)锥形；(c)杯形

独立基础是柱子基础的主要类型。其所用材料根据柱的材料和荷载大小而定，常采用砖、石、混凝土和钢筋混凝土等。

(2)墙下独立基础。当建筑物上部为墙承重结构，并且基础要求埋置深度较大时，为了避免开挖土方量过大和便于穿越管道，墙下可采用独立基础，如图4-14所示。墙下独立基础的间距一般为3～4 m，上面设置基础梁来支承墙体。

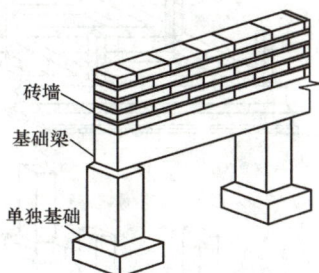

图4-14　墙下独立基础

3. 井格基础

当地基条件较差或上部荷载较大时，此时在承重的结构柱下使用独立柱基础已不能满足其承受荷载和整体要求，可将同一排柱子的基础连在一起。为了提高建筑物的整体刚度，避免不均匀沉降，常将柱下独立基础沿纵向和横向连接起来，形成井格基础，如图4-15所示。

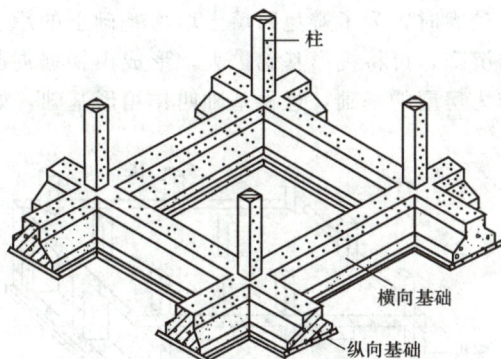

伸缩缝双柱基础

图4-15　井格基础

4. 筏形基础

当建筑物上部荷载较大，而建造地点的地基承载能力又比较差，以致墙下条形基础或柱下条形基础已不能适应地基变形的需要时，可将墙或柱下基础面扩大为整片的钢筋混凝土板状基础形式，形成筏形基础，如图4-16所示。

筏形基础可分为梁板式和平板式两种类型。梁板式筏形基础由钢筋混凝土筏板和肋梁组成，在构造上如同倒置的肋形楼盖，如图4-16（a）所示；平板式筏形基础一般由等厚的钢筋混凝土平板构成，在构造上如同倒置的无梁楼盖，如图4-16（b）所示。为了满足抗冲切要求，常在柱下做柱托。柱托可设在板上，也可设在板下。当设有地下室时，柱托应设在板底。

筏形基础的整体性好，能调节基础各部分的不均匀沉降，常用于建筑荷载较大的高层建筑。

图 4-16　筏形基础

(a)梁板式；(b)平板式

5. 箱形基础

当筏形基础埋置深度较大时，为了避免回填土增加基础上的承受荷载，有效地调整基底压力和避免地基的不均匀沉降，可将筏形基础扩大，形成由钢筋混凝土的底板、顶板和若干纵横墙组成的空心箱体作为房屋的基础，这种基础叫作箱形基础，如图 4-17 所示。

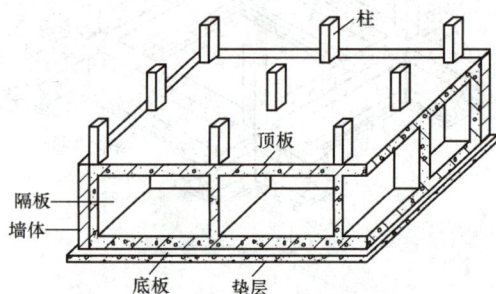

图 4-17　箱形基础

箱形基础具有刚度大、整体性好、内部空间可用作地下室的特点。因此，其适用于高层公共建筑、住宅建筑及需设地下室的建筑。

6. 桩基础

当地基浅层土质不良，无法满足建筑物对地基变形和强度方面的要求时，常采用桩基础。桩基础具有承载力大、沉降量小、节省基础材料、减少土方工程量、改善施工条件和缩短工期等优点。

桩基础的类型很多，按桩的形状和竖向受力情况可分为摩擦桩和端承桩。摩擦桩的桩顶竖向荷载主要由桩侧壁摩擦阻力承受，如图 4-18(a)所示；端承桩的桩顶竖向荷载主要由桩端阻力承受，如图 4-18(b)所示。按桩的材料可分为混凝土桩、钢筋混凝土桩和钢桩；按桩的制作方法有预制桩和灌注桩两类。目前，较常用的是钢筋混凝土预制桩和灌注桩。

桩基础是由承台和群桩组成的，如图 4-19 所示。桩身尺寸是按设计确定的，并根据设计布置的点位将桩置入土中，在桩的顶部设置钢筋混凝土承台，以支承上部结构，使建筑物荷载均匀地传递给桩基。

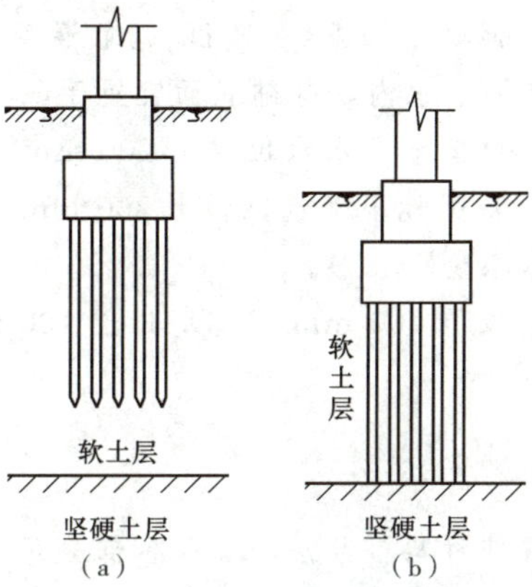

图 4-18　桩基础示意
(a)摩擦桩；(b)端承桩

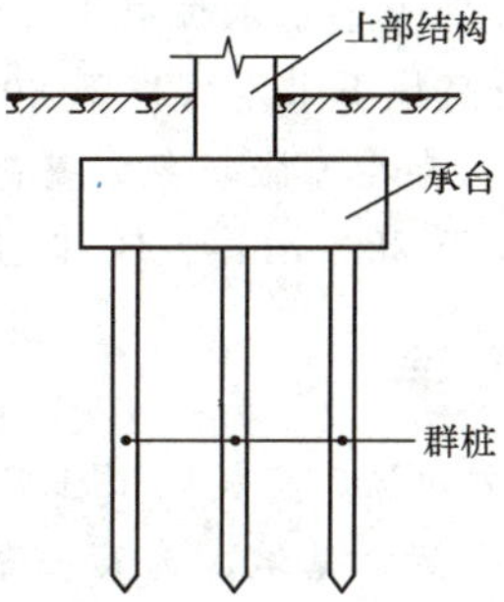

图 4-19　桩基础的组成

仿真实训

引导学生观察条形基础、独立基础、钢筋混凝土基础的特征，并作出相应的基础平面图剖面图。

技能测试

一、填空题

1. 基础是承受_____传来的全部荷载，_____（"属于"或"不属于"）建筑物的部分。

2. 基础按照构造可分为_____、_____、_____、_____、_____和_____。

3. 基础埋置深度是指由_____到_____的垂直距离。

4. 基础根据埋深的不同可分为深基础和浅基础，当埋深大于_____为深基础，小于_____为浅基础。

5. 基础承担建筑上部结构的_____，并把这些_____有效地传给地基。

6. 当土层的_____较低或虽然土层较好，但上部荷载较_____，必须对土层进行_____，以提高其承载力，并满足变形要求，这种通过人工处理的土层，称为地基。

二、单选题

1. (　　)是建筑物上部承重结构向下的延伸和扩大，它承受建筑物的全部荷载，并将这些荷载连同本身的重力一起传递到地基上。

　　A. 基础　　　　　　B. 地基　　　　　　C. 地下室　　　　　　D. 柱子

2. 基础和地基的关系为(　　)。

　　A. 地基就是基础　　　　　　　　　B. 基础把荷载传给地基

　　C. 地基将荷载传给基础　　　　　　D. 基础将荷载传给墙体

3. 当结构的地基条件较差时，为提高建筑物的整体刚度，避免不均匀沉降，常将柱下独立基础沿纵向和横向连接起来，做成交叉的井格，这种基础叫作(　　)。

　　A. 独立基础　　　B. 条形基础　　　C. 井格基础　　　D. 筏片基础

4. 桩基础按受力情况分类有(　　)。

A. 摩擦桩核端承桩　　　　　　B. 木桩和砂桩

　　C. 刚桩和振动灌注桩　　　　D. 钻孔灌注桩和预制桩

5. 以下属于柔性基础的是(　　　)。

A. 桩基础　　　　B. 毛石基础　　　　C. 混凝土基础　　　　D. 钢筋混凝土基础

6. 当地下水水位较高时，基础不得不埋置在地下水内，基础底面宜置于(　　　)。

A. 最低地下水水位以下 200 mm　　　　B. 最低地下水水位以上 200 mm

C. 最高地下水水位以下 200 mm　　　　D. 最高地下水水位以上 200 mm

7. 地基土存在冻胀现象，基础底面宜置于冰冻线(　　　)。

A. 以下 200 mm　　B. 以上 200 mm　　C. 以下 100 mm　　D. 以上 100 mm

任务工单

根据所学知识，完成以下任务工单。

1. 到校内实训基地，选某一基础，仔细了解其材料、做法，量取各部分尺寸，绘制基础草图。

2. 参考所给基础断面图(如条形基础)，合理布图，根据测绘基础尺寸，按照合适比例和剖、断面图绘图标准绘制基础断面图，如图 4-20 所示。

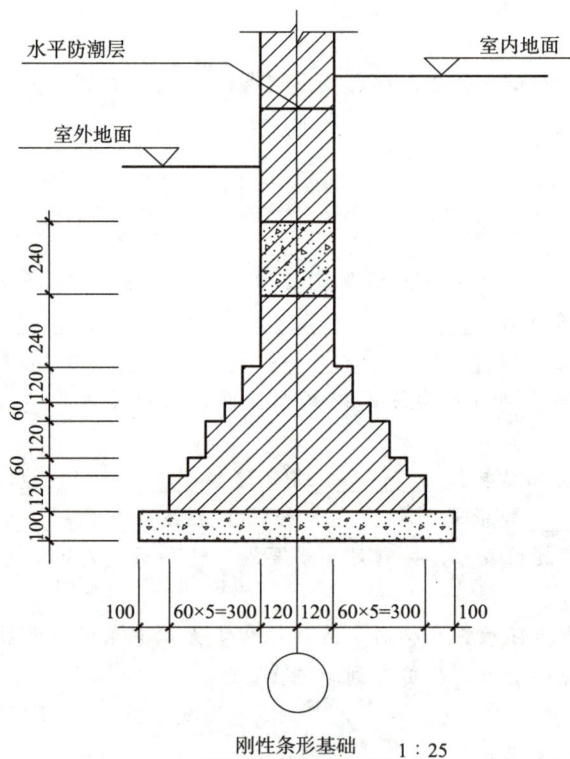

图 4-20　基础断面图

3. 注意常见断面图案图例的画法，建筑构造断面绘图的线型要求。

任务二 地下室构造

课前认知

建筑物底层以下的房间叫作地下室，它是限定的占地面积中争取到的使用空间。高层建筑的基础很深，利用这个深度建造一层或多层地下室，既可提高建筑用地的利用率，又不需要增加太多投资，适用于设备用房、储藏库房、地下商场、餐厅、车库，以及战备防空等多种用途。课前请了解地下室的类型及功能。

理论学习

一、地下室的组成及分类

(一)地下室的组成

地下室属于箱形基础的范围，一般由墙身、底板、顶板、门窗、楼梯等部分组成，如图 4-21 所示。高层建筑的基础很深，利用这个深度建造一层或多层地下室，既可提高建设用地的利用率，又不需要增加太多投资，其适用于设备用房、库房以及战备防空等。

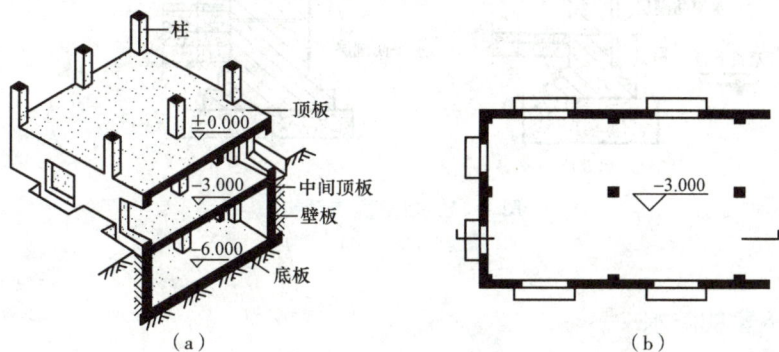

图 4-21　地下室的构造组成

(a)示意图；(b)一层地下室平面图

(二)地下室的分类

1. 按埋入地下深度分类

地下室按埋入地下深度的不同，可分为全地下室和半地下室。当地下室地面低于室外地坪的高度超过该地下室净高的 1/2 时为全地下室；当地下室地面低于室外地坪的高度超过该地下室净高的 1/3，但不超过 1/2 时为半地下室。

2. 按使用功能分类

地下室按使用功能，可分为普通地下室和人防地下室。普通地下室一般用作设备用房、储藏用房、商场、餐厅、车库等；人防地下室主要用于战备防空，考虑和平年代的使用，人防地下室在功能上应能够满足平战结合的使用要求。

二、地下室的防潮和防水构造

(一)地下室的防潮

当最高地下水水位低于地下室底板 300～500 mm，且地基范围内及回填土无形成上层滞水的可能时，墙和底板仅受到土中毛细管水和地表水下渗而造成的无压水的影响，只需要做防潮处理；对于现浇混凝土外墙，一般可起到自防潮效果，不必再做防潮处理。对于烧结普通砖墙，其构造要求是墙体必须用水泥砂浆砌筑，灰缝饱满；外墙外侧用 1∶2.5 水泥砂浆抹 20 mm 厚，刷冷底子油一道和热沥青两道或涂刷乳化沥青、阳离子合成乳化沥青等防水冷涂料；在防潮层外侧回填黏土或低比例灰土等弱透水性土，宽约为 500 mm，并逐层夯实。另外，地下室的所有墙体都必须设两道水平防潮层。一道设置在地下室底板附近，另一道设置在室外地坪以上 150～200 mm 处，如图 4-22 所示。

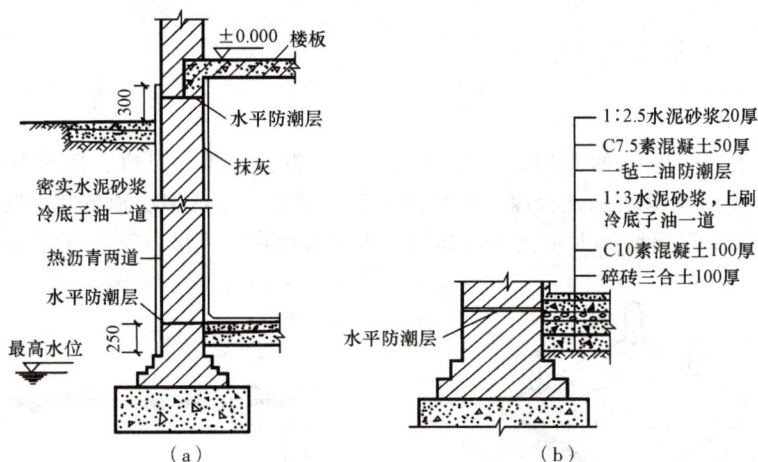

图 4-22 地下室防潮构造
(a)墙身防潮；(b)地坪防潮

(二)地下室的防水

当最高地下水水位高于地下室地坪时，地下室的底板和部分外墙将浸在水中，此时地下室外墙受到地下水的侧压力，地坪受到水的浮力的影响，因此必须对地下室外墙和地坪做防水处理，并将防水层连贯起来。地下室防水工程分为四个等级，各地下工程的防水方案应根据工程的重要性和使用要求选定。

目前，我国地下工程防水常用的措施有卷材防水、混凝土构件自防水、涂料防水、塑料防水板防水、金属防水层等。选用何种材料防水，应根据地下室的使用功能、结构形式、环境条件等因素合理确定。

1. 卷材防水

卷材防水是以防水卷材和相应的胶粘剂分层粘贴，铺设在地下室底板垫层至墙体顶端的基面上，形成封闭防水层的做法。根据防水层铺设位置的不同，卷材防水可分为外包防水和内包防水，如图 4-23 所示。

卷材防水材料分层粘贴在结构层外表面的做法称为卷材外防水。其具体做法是：先浇筑混凝土垫层，在垫层上粘贴卷材防水层(卷材层数视水压大小选定)，在防水层上抹20～30 mm厚水泥砂浆保护层；再在保护层上浇筑钢筋混凝土底板。在铺设卷材时，须在底板四周预留甩槎，以便与垂直防水卷材衔接。外防水效果好，但维修困难。

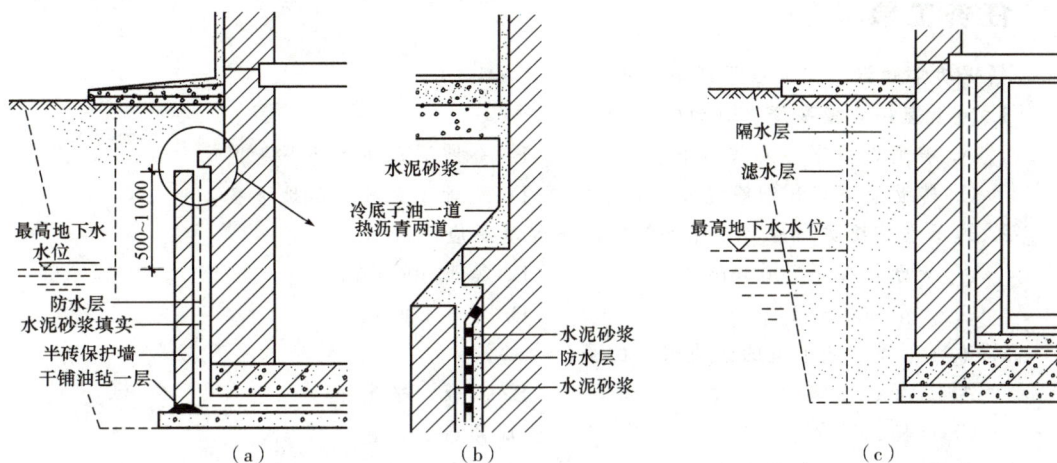

图 4-23　地下室卷材防水构造
(a)外包防水；(b)墙身防水层收头处理；(c)内包防水

将防水层粘贴在结构层内表面时，称为卷材内防水。内防水效果差，但施工简单，便于维修，常用于修缮工程。

2. 混凝土构件自防水

当地下室的墙和底板均采用钢筋混凝土时，常通过调整混凝土的配合比或在混凝土中掺入外加剂等，来改善混凝土的密实性，提高混凝土的抗渗性能，使地下室结构构件的承重、围护和防水功能三者合一。为防止地下水对钢筋混凝土构件的侵蚀，在墙外侧应抹水泥砂浆，然后涂刷热沥青，如图 4-24 所示。

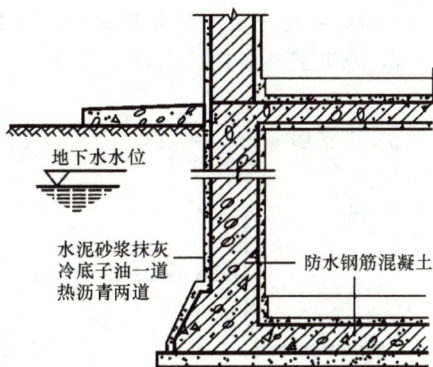

图 4-24　混凝土构件自防水

🔲 仿真实训

结合地下室构造内容的众多资源的学习，在建筑识图与构造虚拟仿真实训平台完成地下室防水防潮构造做法的相关任务。

🔲 技能测试

1. 地下室属箱形基础的范围，一般由＿＿＿＿、＿＿＿＿、＿＿＿＿、＿＿＿＿、＿＿＿＿等部分组成。

2. 地下室按使用功能分为＿＿＿＿＿＿＿＿＿和＿＿＿＿＿＿＿＿。

3. 地下工程防水常用的措施有：＿＿＿＿＿＿、＿＿＿＿＿＿、混凝土构件自防水、塑料板防水和金属防水等。

4. 地下室防水等级根据工程重要性和使用要求可分为＿＿＿＿级，防水等级要求最高的是＿＿＿＿级。

5. 地下室的所有墙体都必须设两道水平防潮层。一道设置在地下室_____附近，另一道设置在_____以上150~200 mm处。

📑 任务工单

根据所学知识，完成以下任务工单。

1. 地下室按埋置深度可分为(   )。
   A. 普通地下室和人防地下室　　　B. 全地下室和半地下室
   C. 砖混地下室和钢筋混凝土地下室　D. 全地下室和人防地下室

2. 地下室外墙防潮后，墙体外侧回填土厚度不应(   )。
   A. 大于或等于500 mm　　　　　B. 等于500 mm
   C. 大于500 mm　　　　　　　　D. 小于500 mm

3. 下列不属于地下室的组成部分的是(   )。
   A. 底板、墙体　　　　　　　　　B. 顶板、采光井
   C. 楼梯、门窗　　　　　　　　　D. 阳台、雨篷

4. 地下室防潮的构造设计中，以下做法不采用的是(   )。
   A. 在地下室顶板中间设水平防潮层
   B. 在地下室底板中间设水平防潮层
   C. 在地下室外墙外侧设垂直防潮层
   D. 在地下室外墙外侧回填滤水层

5. 地下室共有(   )防水等级。
   A. 1个　　　　　　B. 2个　　　　　　C. 3个　　　　　　D. 4个

6. 根据图4-25，完成以下(1)~(5)。

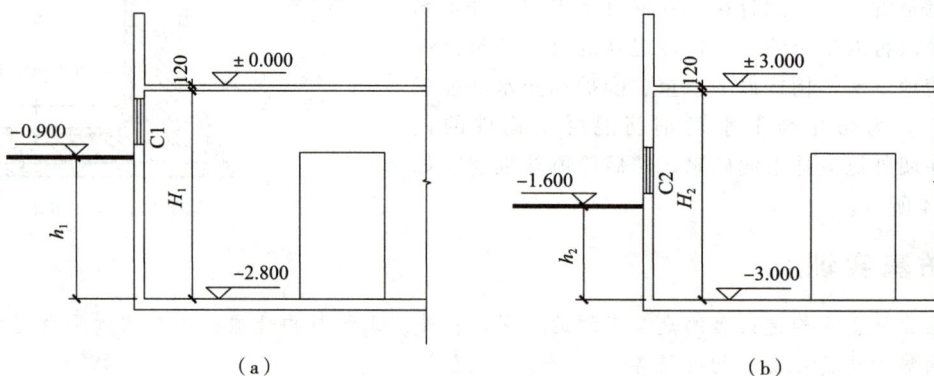

图4-25　任务工单题图6

(1)C2是地下室的_____。

(2)图4-25(a)中，h_1尺寸为_____，H_1尺寸为_____。

(3)h_1与H_1的关系_____，图4-25(a)为_____地下室。

(4)图4-25(b)中，h_2尺寸为_____，H_2尺寸为_____。

(5)h_2与H_2的关系_____，图4-25(b)为_____地下室。

项目五　墙体构造

任务一　墙体概述

课前认知

　　墙体是房屋的重要组成部分，在一般砌体结构建筑中，墙的重量占房屋总量的40%～50%。如何选择墙体的材料和构造方法，将直接影响房屋的使用质量、自重、造价、材料消耗和施工工期。课前请了解图5-1中两种墙体有何不同之处？有何作用？

图 5-1　两种不同的墙体

理论学习

一、墙体的类型与作用

(一)墙体的类型

根据墙体在建筑物中的位置、受力情况、材料选用、构造施工方法的不同，可将墙体分为不同类型。

1. 按墙体的位置和方向分类

(1)内墙。位于建筑物内部的墙体，可分隔室内空间，同时也起到一定的隔声、防火等作用。

(2)外墙。位于建筑物四周与室外接触起着挡风、遮雨、保温、隔热等围护作用的墙体。

(3)纵墙。沿建筑物长轴方向布置的墙。

(4)横墙。沿建筑物短轴方向布置的墙。

(5)外横墙又称山墙。窗与窗、窗与门之间的墙称为窗间墙；窗洞下部的墙称为窗下墙；屋顶上部的墙称为女儿墙。

墙体各部分名称如图 5-2 所示。

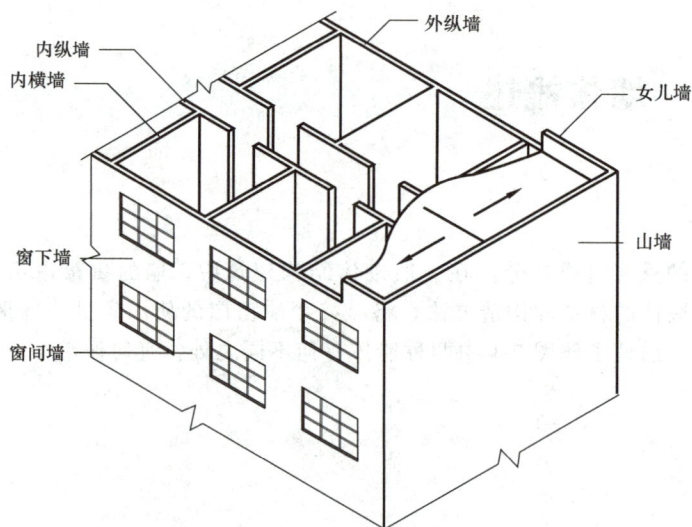

图 5-2　墙体各部分名称图

86

2. 按墙体的受力分类

(1)承重墙。凡直接承受楼板、屋顶等传来荷载的墙，称为承重墙。

(2)非承重墙。不承受这些外来荷载的墙，称为非承重墙。非承重墙又包括：不承受外来荷载，仅承受自身质量并将其传至基础的墙，称为自承重墙；在框架结构中，填充在柱子和梁之间的墙，称为框架填充墙；仅起分隔空间作用，自身质量由楼板或梁来承担的墙，称为隔墙；悬挂在建筑物外部，主要起围护和装饰作用的轻质墙，称为幕墙。

3. 按墙体材料分类

按所用材料的不同，墙体有砖和砂浆砌筑的砖墙；利用工业废料制作的各种砌块砌筑的砌块墙；现浇或预制的钢筋混凝土墙；石块和砂浆砌筑的石墙等。

4. 按墙体构造形式分类

按构造形式不同，墙体可分为实体墙、空体墙和复合墙三种。实体墙是由烧结普通砖及其他实体砌块砌筑而成的墙；空体墙内部的空腔可以靠组砌形成，如空斗墙，也可用本身带孔的材料组合而成，如空心砌块墙等；复合墙由两种以上材料组合而成，如加气混凝土复合板材墙，其中混凝土起承重作用，加气混凝土起保温隔热作用。

5. 按墙体施工方法分类

根据施工方法不同，墙体可分为块材墙、板筑墙和板材墙三种。块材墙是用砂浆等胶结材料将砖、石、砌块等组砌而成的，如实砌砖墙；板筑墙是在施工现场立模板现浇而成的墙体，如现浇混凝土墙；板材墙是预先制成墙板，在施工现场安装、拼接而成的墙体，如预制混凝土大板墙。

(二)墙体的作用

墙体主要有以下四个方面的作用。

(1)承重作用，即承受楼板、屋顶或梁传来的荷载及墙体自重、风荷载、地震荷载等。

(2)围护作用，即抵御自然界中风、雨、雪等的侵袭，防止太阳辐射、噪声的干扰，起到保温、隔热、隔声、防风、防水等作用。

(3)分隔作用，即把房屋内部划分为若干个房间，以适应人的使用要求。

(4)装饰作用，即墙面装饰是建筑装饰的重要部分，墙面装饰对整个建筑物的装饰效果作用很大。

二、墙体的结构布置

墙体的结构布置有横墙承重、纵墙承重、纵横墙承重、墙与柱混合承重四种承重方案。

(一)横墙承重

横墙承重是将楼板及屋面板等水平承重构件搁置在横墙上，如图 5-3(a)所示，楼面及屋面荷载依次通过楼板、横墙、基础传递给地基。这一布置方案适用于房间开间尺寸不大、墙体位置比较固定的建筑，如宿舍、旅馆、住宅等。

(二)纵墙承重

纵墙承重是将楼板及屋面板等水平承重构件均搁置在纵墙上，横墙只起分隔空间和连接纵墙的作用，如图 5-3(b)所示。这一布置方案适用于使用上要求有较大空间的建筑，如办公楼、商店、教学楼中的教室、阅览室等。

(三)纵横墙承重

这种承重方案的承重墙体由纵横两个方向的墙体组成，如图 5-3(c)所示。纵横墙承重方式平面布置灵活，两个方向的抗侧力都较好。这种方案适用于房间开间、进深变化较多的建筑，如医院、幼儿园等。

(四)墙与柱混合承重

房屋内部采用柱、梁组成的内框架承重，四周采用墙承重，由墙和柱共同承受水平承重构件传来的荷载，称为墙与柱混合承重，如图5-3(d)所示。房屋的刚度主要由框架保证，因此水泥及钢材用量较多。这种方案适用于室内需要大空间的建筑，如大型商店、餐厅等。

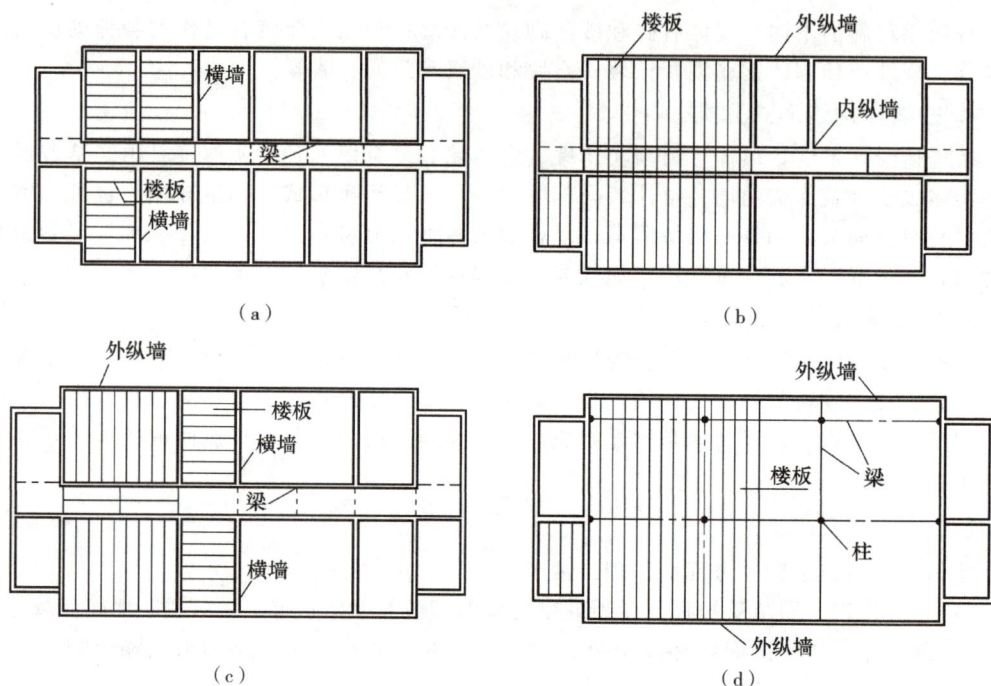

(a)

(b)

(c)

(d)

图5-3　墙体承重方案

(a)横墙承重；(b)纵墙承重；(c)纵横墙承重；(d)墙与柱混合承重

三、墙体的设计要求

因墙体的作用不同，在选择墙体材料和确定构造方案时，应根据墙体的性质和位置，分别满足结构、热工、隔声、防火、工业化等要求。

(一)具有足够的强度和稳定性

强度是指墙体承受荷载的能力。强度与墙体所用材料、墙体尺寸、构造方式和施工方法有关。如钢筋混凝土墙体比同截面的砖墙强度高；强度等级高的砖和砂浆所砌筑的墙体比强度等级低的砖和砂浆所砌筑的墙体强度高；相同材料和相同强度等级的墙体相比，截面积大的墙体强度要高。作为承重的墙体必须具有足够的强度，以保证结构的安全。

稳定性与墙体的高度、长度和厚度有关。高度和长度是对建筑物的层高、开间或进深尺寸而言的。高而薄的墙体比矮而厚的墙体稳定性差；长而薄的墙体比短而厚的墙体稳定性差；两端有固定的墙体比两端无固定的墙体稳定性好。

在设计墙体时，须经计算来满足强度和稳定性的要求。承重墙的最小厚度为180 mm，增强墙体稳定性的措施有增加墙体厚度，提高材料强度等级，增设墙垛、壁柱、圈梁等。

(二)满足保温、隔热等热工方面的要求

(1)《民用建筑热工设计规范》(GB 50176—2016)将我国划为五个建筑热工分区。

1)严寒地区必须充分考虑冬季保温要求,一般可不考虑夏季防热。

2)寒冷地区应满足冬季保温要求,部分地区兼顾夏季防热。

3)夏热冬冷地区必须满足夏季防热要求,适当兼顾冬季保温。

4)夏热冬暖地区必须充分满足夏季防热要求,一般可不考虑冬季保温。

5)温和地区的部分地区应考虑冬季保温,一般可不考虑夏季防热。热工要求主要考虑墙体的保温与隔热。

(2)采暖建筑的外墙应有足够的保温能力,为了减少热损失,应采取以下措施:

1)提高外墙的保温能力。为了提高墙体的保温能力,必须提高墙体的热阻。热阻是指构件阻止热量传递的能力。热阻越大,墙体的保温性能越好,反之越差。因此,为了满足墙体保温的要求,必须提高其构件的热阻,通常有以下三种做法:

①增加外墙厚度。热阻是与厚度成正比的,外墙厚度增加其热阻将增大,使传热过程延缓,提高保温效果。但这种做法势必会增加结构的自重,耗用墙体材料较多,使有效使用面积缩小,很不经济。

②选用孔隙率高、密度轻、导热系数小的材料做外墙,如加气混凝土等。但是这些材料强度不高,不能承受较大的荷载,一般适用于框架结构的外墙,也被称为自保温体系。

③采用多种材料形成组合墙系统,如外墙外保温系统(图 5-4)、外墙内保温系统[图 5-5 (a)]、外墙夹心保温系统[图 5-5(b)]等。

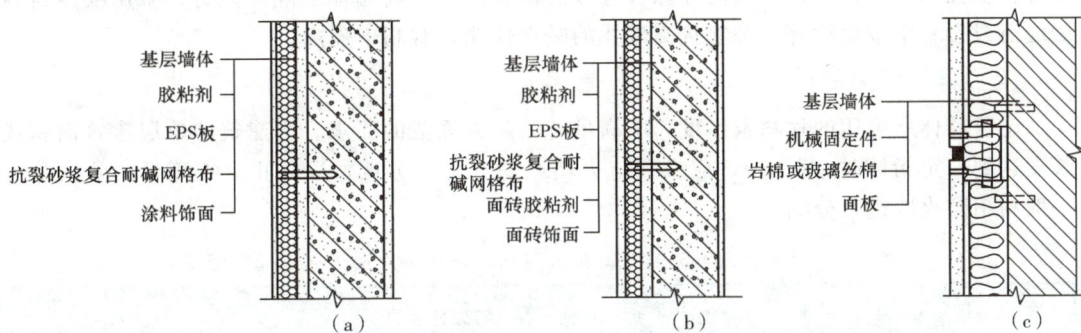

图 5-4 膨胀聚苯板外保温系统基本构造
(a)薄抹灰涂料面层;(b)面砖面层;(c)装饰面板面层

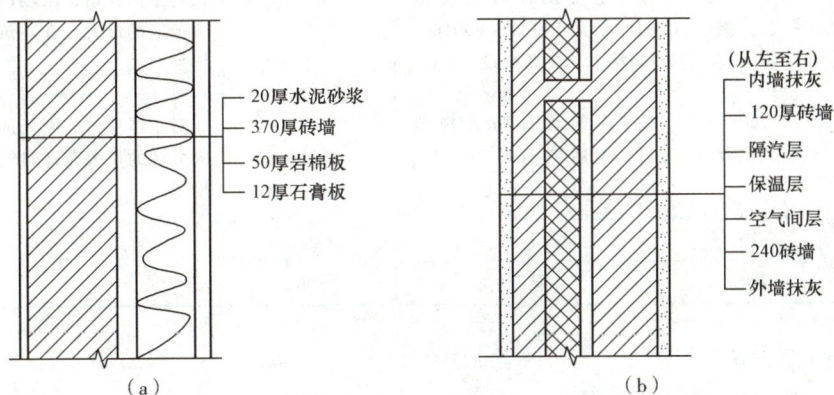

图 5-5 外墙内保温、夹心保温系统基本构造
(a)内保温系统;(b)夹心保温系统

2)防止外墙中出现凝结水。为了减少建筑的热损失，冬季通常是门窗紧闭，生活用水及人的呼吸使室内湿度增高，形成高温、高湿的室内环境。当室内的热空气传至外墙时，墙体的温度较低，蒸汽在墙内形成凝结水，水的导热系数较大，因此，这就使外墙的保温能力明显降低。为防止外墙中产生凝结水，应在靠室内高温一侧设置隔汽层，以阻止水蒸气进入墙体。隔汽层常使用卷材、防水涂料或薄膜等材料，如图 5-5(b)所示。

3)防止外墙出现空气渗透。由于墙体材料存在微小的孔洞，或者由于安装不严密或材料收缩等，会产生一些贯通性缝隙。冬季室外风的压力使冷空气从迎风墙面渗透到室内，而室内热空气从内墙渗透到室外，所以，风压及热压会使外墙出现空气渗透。为了防止外墙出现空气渗透，可采取以下措施：

①选择密实度高的墙体材料。

②墙体内外加抹灰层。

③加强构件间的密缝处理等。

夏季太阳辐射强烈，室外热量通过外墙传入室内，可使室内温度升高。为使外墙有足够的隔热能力，可以选用热阻大的材料做外墙，也可以选用光滑、平整、浅色的材料，如铝箔板等，以增加对太阳的反射能力。

(三)满足隔声的要求

为了获得安静的工作和休息环境，就必须防止室外及邻室传来的噪声影响，因而墙体应具有一定的隔声能力，并应符合国家有关隔声标准的要求。墙体应采用密实、堆积密度大或空心、多孔的墙体材料，采用内外抹灰等方法也有助于提高墙体的隔声能力。采用吸声材料做墙面或设置中空墙体等，都能提高墙体的吸声性能，有利于隔声。

(四)满足防火要求

建筑墙体所采用的材料及厚度，应满足有关防火规范的要求。当建筑的单层建筑面积或长度达到一定指标时(表 5-1)，应设置防火墙或划分防火分区，以防止火灾蔓延。防火分区一般利用防火墙进行分隔。

表 5-1　民用建筑允许建筑高度或层数、防火分区最大允许建筑面积

名称	耐火等级	允许建筑高度或层数	防火分区的最大允许建筑面积/m²	备注
高层民用建筑	一、二级	按《建筑设计防火规范(2018 年版)》(GB 50016—2014)第 5.1.1 条确定	1 500	对于体育馆、剧场的观众厅，防火分区的最大允许建筑面积可适当增加
单、多层民用建筑	一、二级	按《建筑设计防火规范(2018 年版)》(GB 50016—2014)第 5.1.1 条确定	2 500	对于体育馆、剧场的观众厅，防火分区的最大允许建筑面积可适当增加
	三级	5 层	1 200	—
	四级	2 层	600	

(五)减轻自重

墙体所用的材料，在满足以上各项要求时，应力求采用轻质材料。这样不仅能够减轻墙体自重，还能节省运输费用，降低建筑造价。

(六)适应建筑工业化的要求

在大量民用建筑中,墙体工程量占着相当大的比重。建筑工业化的关键是墙体改革。墙体要逐步减少以烧结普通砖为主的墙体材料,采用新型墙砖或预制装配式墙体材料和构造方案,为机械化施工创造条件,适应现代化建设、可持续发展及环境保护的需要。

除此之外,还应当根据实际情况,考虑墙体的防潮、防水、防射线、防腐蚀及经济等更多方面的要求。

仿真实训

结合墙体构造内容的众多资源的学习,在建筑识图与构造虚拟仿真实训平台完成墙体构造做法等相关任务。

技能测试

1. 因墙体的作用不同,在选择墙体材料和确定构造方案时,应根据墙体的性质和位置,分别满足_____、_____、_____、_____、_____等要求。

2. 墙体按其受力状况不同,分为_____和_____两种,其中_____包括自承重墙、隔墙、填充墙等。

3. 承重墙的最小厚度为_____,增强墙体稳定性的措施有增加_____,提高_____等级,增设_____、_____、_____等。

4. 提高墙体的隔声能力,墙体应采用_____、_____、_____的墙体材料。

5. 为防止外墙中产生凝结水,应在靠_____一侧设置隔汽层,以阻止水蒸气进入墙体。

任务工单

根据所学知识,完成以下任务工单。

1. 下列不属于墙体构件定义的是(   )。
   A. 竖向构件   B. 围护构件
   C. 水平构件   D. 承重构件

2. 以下不是提高外墙保温能力的做法的是(   )。
   A. 墙体做成 370 或 490 厚
   B. 墙体采用加气混凝土砌块砌筑
   C. 外墙采用 EPS 板做保温层
   D. 墙体采用空心混凝土砌块砌筑

3. 以下不是提高外墙隔热能力的做法的是(   )。
   A. 采用厚重的墙体   B. 把外墙刷成黑色
   C. 外墙采用铝箔板饰面   D. 把外墙刷成白色

4. 对框架结构的外墙选用了孔隙率高、密度轻、导热系数小的材料做外墙,如加气混凝土等,从保温墙体做法角度,这种外墙保温做法被称为(   )。
   A. 外墙外保温   B. 外墙内保温
   C. 外墙自保温   D. 外墙不保温

5. 图5-6为挤塑聚苯外墙外保温墙体构造做法，外墙构造材料有基层墙体、挤塑聚苯板、胶粘剂、薄抹灰、耐碱玻纤网格布、外墙饰面。请对以下编号进行填空。

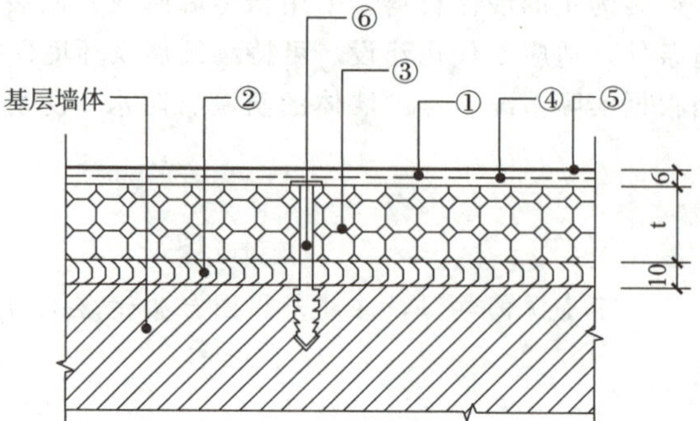

图5-6 挤塑聚苯外墙外保温墙体构造做法

① _____ ② _____ ③ _____

④ _____ ⑤ _____ ⑥ _____

任务二 砌体墙的构造

课前认知

北方某一住宅楼，采用37墙，如图5-7所示。课前请了解什么是37墙，如何砌筑而成？

图5-7 某一住宅楼墙体

理论学习

一、砌墙的材料

砌墙的材料主要是砖、砌块和砂浆。砌体墙是指用砌筑砂浆将砖或砌块按一定技术要求砌筑而成的砌体。

(一)砖

1. 砖的种类

砌墙用砖的类型很多,按照砖的外观形状可以分为普通实心砖(标准砖)、多孔砖和空心砖三种。

(1)普通实心砖是指没有孔洞或孔洞率小于15%的砖。普通实心砖中最常见的是烧结普通砖,另外还有炉渣砖、烧结粉煤灰砖等。

(2)多孔砖是指孔洞率不小于15%,孔的直径小、数量多的砖,可以用于承重部位。

(3)空心砖是指孔洞率不小于15%,孔的尺寸大、数量少的砖,只能用于非承重部位。

2. 砖的尺寸

标准砖的规格为 53 mm×115 mm×240 mm,如图5-8(a)所示。在加入灰缝尺寸之后,砖的长、宽、厚之比为4∶2∶1,如图5-8(b)所示,即一个砖长等于两个砖宽加灰缝(240 mm=2×115 mm+10 mm)或等于四个砖厚加三个灰缝(240 mm=4×53 mm+3×9.5 mm)。在工程实际应用中,砌体的组合模数为一个砖宽加一个灰缝,即115 mm+10 mm=125 mm。

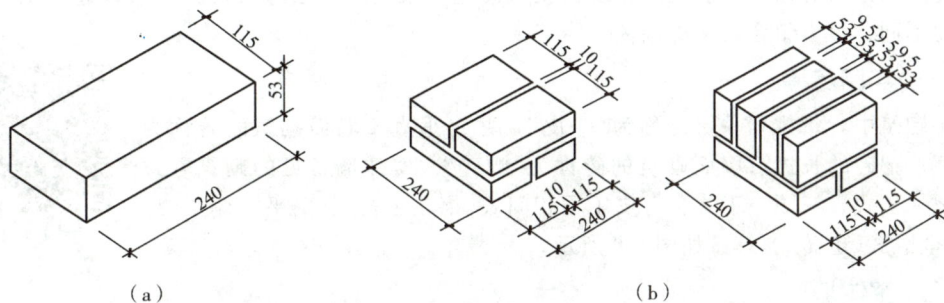

图5-8 标准砖的尺寸关系
(a)标准砖的尺寸;(b)标准砖的组合尺寸关系

多孔砖与空心砖的规格一般与普通实心砖在长、宽方向相同,但增加了厚度尺寸,并使其符合模数的要求,如 240 mm×115 mm×95 mm。长、宽、高均符合现有模数协调的多孔砖和空心砖并不多见,而常见于新型材料的墙体砌块。

3. 砖的强度等级

烧结多孔砖和烧结实心砖统称为烧结普通砖,其强度等级是根据其抗压强度和抗折强度确定的,共分为 MU7.5、MU10、MU15、MU20、MU25、MU30 六个等级。其中,建筑中砌墙常用的是 MU7.5 和 MU10。

(二)砌块

砌块按单块重量和规格,可分为小型砌块、中型砌块和大型砌块。目前,采用中、小型砌块的居多。小型砌块的质量一般不超过20 kg,主块外形尺寸为 190 mm×190 mm×390 mm,辅块外形尺寸为 90 mm×190 mm×190 mm 和 190 mm×190 mm×190 mm,适合人工搬运和砌筑。中型砌块的质量为 20~350 kg。目前,各地的规格很不统一,常见的有 180 mm×845 mm×630 mm、180 mm×845 mm×1280 mm、240 mm×380 mm×280 mm、240 mm×380 mm×580 mm、240 mm×380 mm×880 mm 等,需要用轻便机具搬运和砌筑,大型砌块的质量一般在 350 kg 以上,是向板材过渡的一种形式,需要用大型设备搬运和施工。

(三)砂浆

砂浆是砌块的胶结材料。砖块需经砂浆砌筑成墙体，使它传力均匀，砂浆还起着嵌缝作用，能提高防寒、隔热和隔声的能力。

砌筑墙体常用的砂浆有水泥砂浆、石灰砂浆和混合砂浆。水泥砂浆由水泥、砂加水拌和而成，属于水硬性材料，强度高，但可塑性和保水性较差，适合砌筑潮湿环境下的砌体，如地下室、砖基础等。石灰砂浆由石灰膏、砂加水拌和而成。由于石灰膏为塑性掺合料，所以石灰砂浆的可塑性很好，但它的强度较低且属于气硬性材料，遇水强度即降低，所以适宜砌筑次要的民用建筑地面以上的砌体。混合砂浆由水泥、石灰膏、砂加水拌和而成，既有较高的强度，又有良好的可塑性和保水性，故其在民用建筑地面以上砌体中被广泛采用。

砂浆的强度也是以强度等级划分的，分为 M15、M10、M7.5、M5、M2.5、M1、M0.4 共七级。常用的砌筑砂浆是 M1～M5 几个级别，M5 以上属于高强度砂浆。

一顺一丁承重墙

二、砖墙的砌筑方式

砖墙的砌筑必须横平竖直、错缝搭接，砖缝砂浆饱满、厚薄均匀。烧结普通砖依其砌筑方式的不同，可以组合成多种墙体。

(一)实砌砖墙

在砌筑中，每排列一层砖称为"一皮"，并将垂直于墙面砌的砖称为"丁砖"；把砖的长边沿墙面砌的砖称为"顺砖"。实体墙常见的砌筑方式有一顺一丁式、三顺一丁式、每皮丁顺相间式(梅花丁式)、两平一侧式(18墙)和全顺式(走砖式)等，如图5-9所示。

立皮数杆

(二)空体墙

空体墙一般可分为空斗墙和空心墙两种。空斗墙是指用烧结普通砖平砌与侧砌相结合形成的空体墙。墙厚为一砖，砌筑方式常用一眠一斗、一眠二斗或一眠三斗以及无眠空斗墙，如图5-10所示。眠砖是指垂直于墙面的平砌砖，斗砖是指平行于墙面的侧砌砖，立砖是指垂直于墙面的侧砌砖。

(a)　　　　　　(b)　　　　　　(c)

(d)　　　　　　(e)

图5-9　砖墙砌筑方式

(a)一顺一丁式；(b)三顺一丁式；(c)每皮丁顺相间式；(d)两平一侧式；(e)全顺式

空斗墙具有省料、自重轻、隔热性好等特点，但强度低，可用于非地震区三层以下民用建筑的承重墙，但在构造上需要对一些部位进行加固，即门窗洞口侧边、墙转角处、内外墙交接处、勒脚及与承重砖柱相接处等部位。

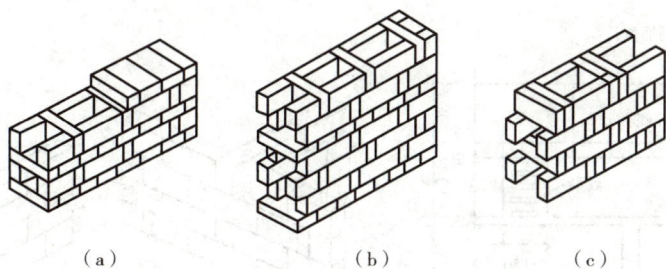

图 5-10　空斗墙砌法
(a)一眠一斗空斗墙；(b)一眠三斗空斗墙；(c)无眠空斗墙

空心墙是指用各种空心砖砌成的墙体。空心砖的种类、规格很多，有承重和非承重两种。承重的多为竖孔，用黏土烧制而成；非承重的多为水平孔，用炉渣等材料制成。

(三)组合墙

组合墙是指两种材料或两种以上材料组合而成的复合墙体。为满足墙体的结构强度和保温效果，在北方寒冷地区，常用砖与保温材料组合砌成的墙体。

组合墙的组合方式一般有三种：一是砖墙的一侧附加保温材料；二是砖墙中间填充保温材料；三是在砖墙中间设置空气间层或带有铝箔的空气间层，如图 5-11 所示。

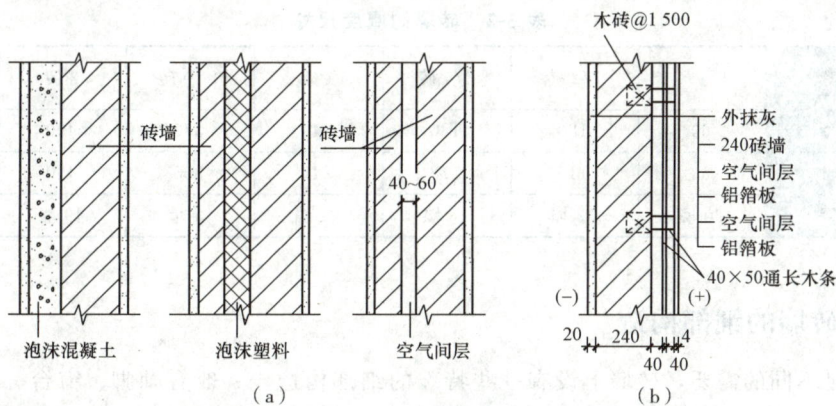

图 5-11　墙体的保温构造
(a)保温围护结构构造；(b)铝箔保温处理

(四)砌块的组砌方式

砌块墙在砌筑前，必须进行砌块排列设计，尽量提高砌块的使用率和避免镶砖或少镶砖。砌块的排列应使上、下皮错缝，搭接长度一般为砌块长度的 1/4，并且不应小于150 mm。当无法满足搭接长度要求时，应在灰缝内设 Φ4 钢筋网片连接，如图 5-12 所示。

砌块墙的灰缝宽度一般为 10～15 mm，用 M5 砂浆砌筑。当垂直灰缝大于 30 mm 时，则需用 C10 细石混凝土灌实。由于砌块尺寸大，一般不存在内外皮间的搭接问题，在纵横交接处和外墙转角处均应咬接，如图 5-13 所示。

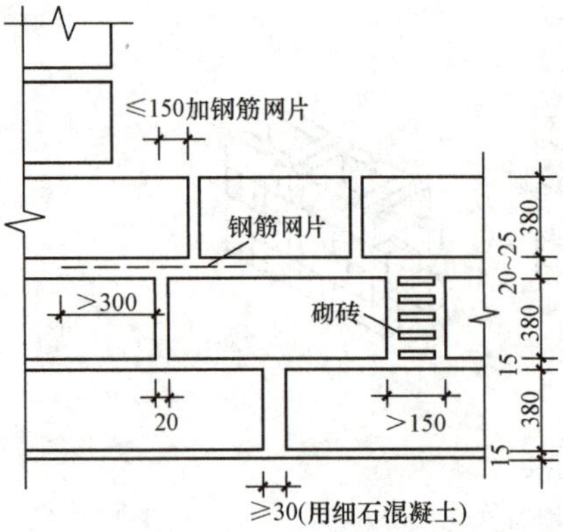

≤150加钢筋网片
钢筋网片
砌砖
≥300
20
≥30(用细石混凝土)
20~25
380
380
15
380
380
15

图 5-12　砌块的排列

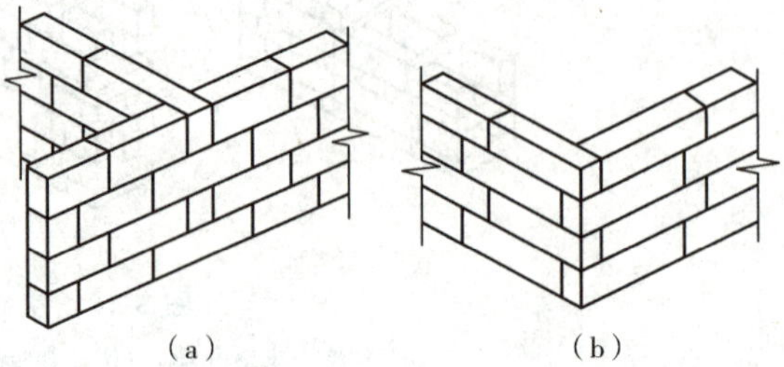

（a）　　　　　　（b）

图 5-13　砌块的咬接
（a)纵横墙交接；(b)外墙转角交接

三、砖墙的尺寸

用普通实心砖砌筑的墙称为实心砖墙。由于烧结普通砖的尺寸是 240 mm×115 mm× 53 mm，所以实心砖墙的尺寸应为砖宽加灰缝（115 mm＋10 mm＝125 mm）的倍数。砖墙的厚度尺寸见表 5-2。

表 5-2　砖墙的厚度尺寸　　　　　　　　　　　　　　mm

墙厚名称	1/4 砖	1/2 砖	3/4 砖	1 砖	$1\frac{1}{2}$ 砖	2 砖	$2\frac{1}{2}$ 砖
标志尺寸	60	120	180	240	370	490	620
构造尺寸	53	115	178	240	365	490	615
习惯称呼	60 墙	12 墙	18 墙	24 墙	37 墙	49 墙	62 墙

四、砖墙的细部构造

为满足不同的需要，砖墙上设有一些特殊的细部构造，一般有勒脚、窗台、门窗过梁、圈梁等，如图 5-14 所示。

（一）勒脚

墙脚一般是指基础以上，室内地面以下的这段墙体。外墙的墙脚又称为勒脚。墙脚所处的位置容易受到外界的碰撞和雨、雪的侵蚀，遭到破坏，以致影响建筑物的耐久性和美观。同时，其还容易受到地表水和地下水的毛细作用所形成的地潮的侵蚀，致使墙身受潮，饰面层发霉脱落，影响室内卫生和人体健康，如图 5-15 所示。墙脚在冬季也易形成冻融破坏。因此，在构造上必须采取必要的防护措施。

勒脚是外墙接近室外地面的部分。勒脚位于建筑墙体的下部，承担的上部荷载多，而且容易受到雨、雪的侵蚀和人为因素的破坏，因此需要对这部分墙体加以特殊的保护。勒脚的高度一般应在 500 mm 以上，有时为了满足建筑立面形象的要求，可以把勒脚顶部提高至首层窗台处。目前，勒脚常用饰面的办法，即采用密实度大的材料来处理勒脚。勒脚应坚固、防水和美观。常见的做法有以下几种：

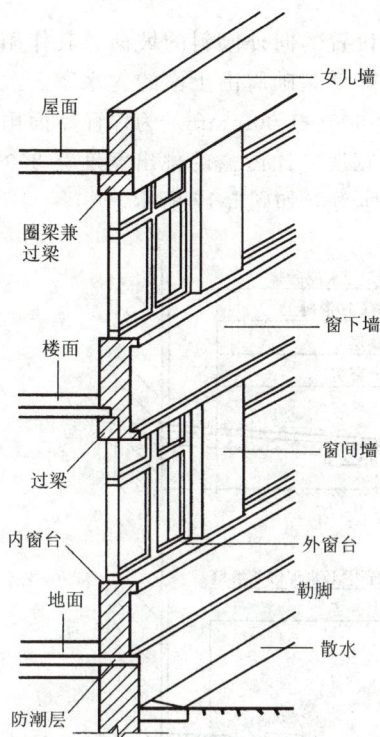

图 5-14　外檐墙构造详图

图 5-15　地下潮气对墙身的影响

（1）在勒脚部位抹厚度为 20～30 mm 的 1：2 或 1：2.5 的水泥砂浆，或做水刷石、斩假石等，如图 5-16（a）所示。

（2）在勒脚部位加厚 60～120 mm，再用水泥砂浆或水刷石等罩面。

（3）当墙体材料防水性能较差时，勒脚部分的墙体应当换用防水性能好的材料。常用的防水性能好的材料有大理石板、花岗石板、水磨石板、面砖等，如图 5-16（b）所示。

（4）用天然石材砌筑勒脚，如图 5-16（c）所示。

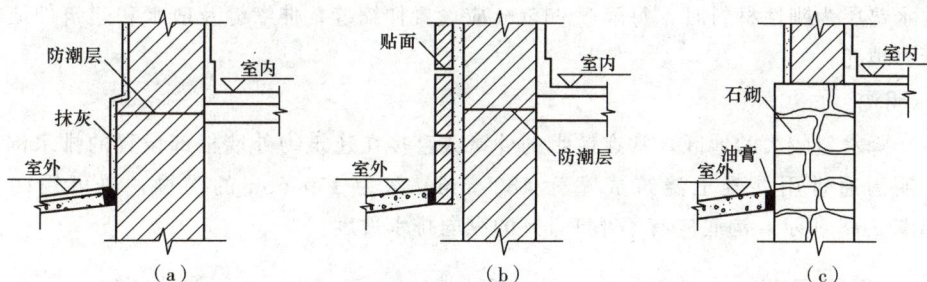

图 5-16　勒脚的构造做法
(a)抹灰；(b)贴面；(c)石材砌筑

（二）散水和明沟

为了防止室外地面水、墙面水及屋檐水对墙基的侵蚀，沿建筑物四周及室外地坪相接处宜设置散水或明沟，将建筑物附近的地面水及时排除。

1. 散水

散水也称为散水坡、护坡，是沿建筑物外墙四周设置的向外倾斜的坡面，其作用是把屋面下落的雨水排到远处，进而保护建筑四周的土壤，降低基础周围土壤的含水率。散水表面应向外侧倾斜，坡度为3‰~5‰。散水的宽度一般为600~1 000 mm。为保证屋面雨水能够落在散水上，当屋面采用无组织排水方式时，散水的宽度应比屋檐的挑出宽度宽200 mm左右。散水的做法通常有混凝土散水、砖散水、块石散水等，如图5-17所示。

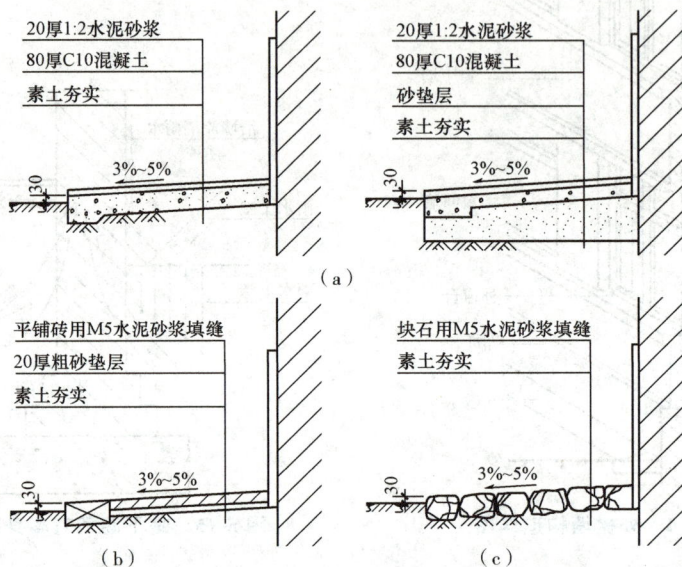

图 5-17　散水的构造

(a)混凝土散水；(b)砖散水；(c)块石散水

在降水量较少的地区或对临时建筑也可采用砖、块石做散水的面层。散水一般采用混凝土或碎砖混凝土做垫层。土壤冻深在600 mm以上的地区，宜在散水垫层下面设置砂垫层，以免散水被土壤冻胀而遭破坏。砂垫层的厚度与土壤的冻胀程度有关，通常砂垫层的厚度为300 mm左右。

散水垫层为刚性材料时，每隔6~15 m应设置伸缩缝，伸缩缝及散水和建筑外墙交界处应用沥青填充。

2. 明沟

在年降水量较大的地区，常在散水的外缘或直接在建筑物外墙根部设置的排水沟，称为明沟。明沟通常用混凝土浇筑成宽为180 mm、深为150 mm的沟槽，也可用砖、石砌筑，如图5-18所示。沟底应有不小于1‰的纵向排水坡度。

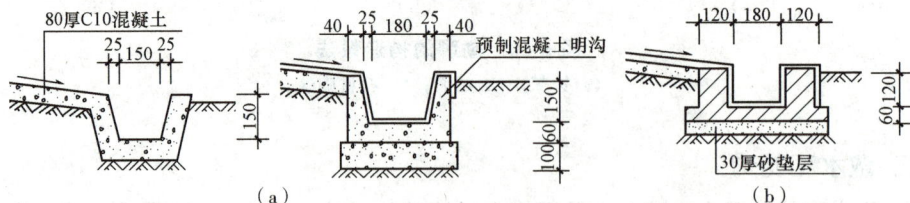

图 5-18　明沟的构造

(a)混凝土明沟；(b)砖砌明沟

3. 水平防潮层的常见做法

（1）油毡防潮。多采用沥青油毡。油毡防潮层有干铺和粘贴两种做法。干铺法是在防潮层部位抹厚度为 20 mm 的 1∶3 的水泥砂浆找平层，然后在找平层上干铺一层油毡；粘贴法是在找平层上做"一毡二油"（先浇热沥青，再铺油毡，最后再浇热沥青）防潮层。为了确保防潮效果，油毡的宽度应比墙宽 20 mm，油毡搭接应不小于 100 mm。这种做法的防潮效果好，但破坏了墙身的整体性，不应在地震区采用，其构造如图 5-19（a）所示。

（2）防水砂浆防潮。在防潮层部位抹厚度为 25 mm 的 1∶2 的防水砂浆，其构造如图 5-19（b）所示。防水砂浆是在水泥砂浆中掺入了水泥质量 5% 的防水剂，防水剂与水泥混合凝结，能填充微小孔隙和堵塞、封闭毛细孔，从而阻断毛细水。这种做法省工、省料且能保证墙身的整体性，但易因砂浆开裂而降低防潮效果。

（3）防水砂浆砌砖防潮。在防潮层部位用防水砂浆砌筑 3～5 皮砖，其构造如图 5-19（c）所示。

（4）细石混凝土防潮。在防潮层部位浇筑厚度为 60 mm 与墙等宽的细石混凝土带，内配 3ϕ6 或 3ϕ8 钢筋。这种防潮层的抗裂性好且能与砌体结合成一体，特别适用于刚度要求较高的建筑。

当建筑物设有基础圈梁且其截面高度在室内地坪以下 60 mm 附近时，可用基础圈梁代替防潮层，如图 5-19（d）所示。

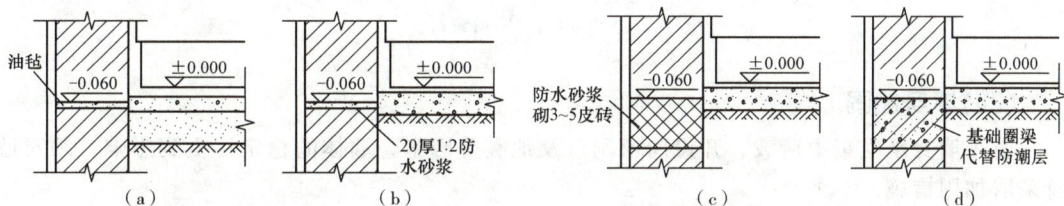

图 5-19　水平防潮层的构造
(a)油毡防潮；(b)防水砂浆防潮；(c)防水砂浆砌砖防潮；(d)细石混凝土防潮

4. 垂直防潮层

当室内地面出现高差或室内地面低于室外地面时，除要在相应位置设置水平防潮层外，还要对两道水平防潮层之间靠近土壤一侧垂直墙体作垂直防潮处理，即垂直防潮层。具体做法为：在墙体靠回填土一侧用厚度为 20 mm 的 1∶2 的水泥砂浆抹灰，涂冷底子油一道，再刷两遍热沥青防潮，如图 5-20 所示。也可以抹厚度为 25 mm 的防水砂浆。在另一侧的墙面，最好用水泥砂浆抹灰。

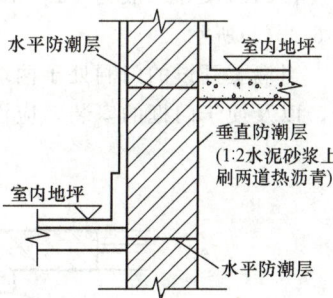

图 5-20　垂直防潮层的构造

（三）窗台

窗台是窗洞下部的构造，其用来排除窗外侧流下的雨水和内侧的冷凝水，并起一定的装饰作用。位于窗外的部分称为外窗台，位于室内的部分称为内窗台。当墙很薄，窗框沿墙内缘安装时，可不设内窗台。窗台的构造如图 5-21 所示。

1. 外窗台

外窗台面一般应低于内窗台面，并应形成 5% 的外倾坡度，以利于排水，防止雨水流入室内。外窗台的构造有悬挑窗台和不悬挑窗台两种。悬挑窗台常用砖平砌或侧砌，也可采用预制钢筋混凝土，其挑出的尺寸应不小于 60 mm。窗台表面的坡度可由斜砌的砖形成，或用

1∶2.5 的水泥砂浆抹出，并在挑砖下缘前端抹出滴水槽或滴水线。悬挑外窗台下边缘的滴水应做成半圆形凹槽，以免排水时雨水沿窗台底面流至下部墙体。如果外墙饰面为瓷砖、陶瓷锦砖等易于冲洗的材料，可不做悬挑窗台，窗下墙的脏污可借窗上墙流下的雨水冲洗干净。

2. 内窗台

内窗台可直接抹 1∶2 的水泥砂浆形成面层。我国北方地区墙体厚度较大时，常在内窗台下留置暖气槽，这时内窗台可采用预制水磨石或木窗台板。装修标准较高的房间也可以采用天然石材。窗台板一般靠窗间墙来支承，两端伸入墙内 60 mm，沿内墙面挑出约 40 mm。当窗下不设暖气槽时，也可以在窗洞下设置支架以固定窗台板。

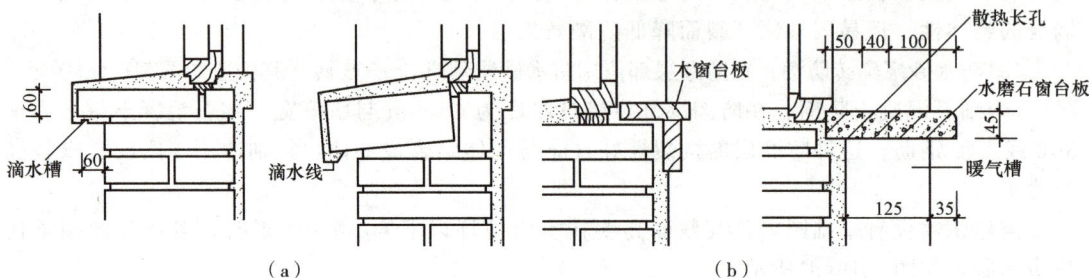

图 5-21　窗台的构造
(a)外窗台；(b)内窗台

(四)墙身加固

由于墙身承受集中荷载、开设门窗洞口及地震等因素，墙体的稳定性受到影响，须对墙身采取加固措施。

1. 增加壁柱和门垛

当建筑物墙上出现集中荷载，而墙厚又不足以承担其荷载时，或墙体的长度、高度超过一定的限度并影响墙体稳定性时，常在墙身适当的位置增设凸出墙面的壁柱，以提高墙体的刚度。凸出尺寸一般为 120 mm×370 mm、240 mm×370 mm、240 mm×490 mm 等，如图 5-22(a)所示。

当墙上开设的门洞处于两墙转角处或"丁"字墙交接处时，为保证墙体的承载能力和稳定性，以及便于门框的安装，应设门垛。门垛的尺寸不应小于 120 mm，如图 5-22(b)所示。

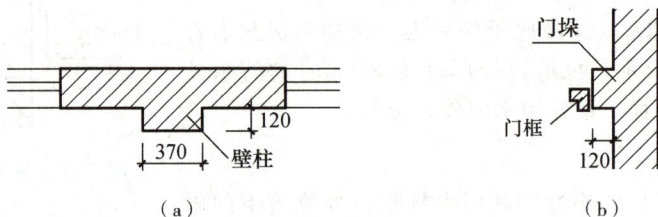

图 5-22　壁柱与门垛
(a)壁柱；(b)门垛

2. 设置圈梁

圈梁又称为腰箍，是沿建筑物外墙、内纵墙和部分内横墙设置的连续闭合的梁。圈梁配合楼板共同作用，可提高建筑物的空间刚度及整体性，增强墙体的稳定性，减少由地基不均匀沉降所引起的墙身开裂，提高建筑物的抗震能力。

圈梁有钢筋砖圈梁和钢筋混凝土圈梁两种。钢筋砖圈梁多用于非地震区，结合钢筋砖过梁沿外墙和部分内墙一周连通砌筑而成。钢筋砖圈梁的高度一般为4～6皮砖，其宽度与墙的厚度相同，用不低于M5级的砂浆砌筑；钢筋混凝土圈梁的高度应为砖厚的整数倍，并不小于120 mm，常见尺寸为180 mm、240 mm。圈梁的宽度与墙的厚度相同，在寒冷地区可略小于墙的厚度，但不宜小于墙厚的2/3。

圈梁的位置和数量与抗震设防等级和墙体的布置有关。一般情况下，檐口和基础处必须设置圈梁，其余楼层的设置可根据结构要求隔层设置或层层设置，见表5-3。

表 5-3　圈梁的设置规定

序号	结构类型	设置规定
1	空旷的单层房屋，如车间、仓库、食堂等。 当墙厚≤240 mm时	(1)砖砌体房屋，当檐口标高为5～8 m时，设圈梁一道；大于8 m时适当增设。 (2)砌块及石砌体房屋，当檐口标高为4～5 m时，设圈梁一道；当檐口标高大于5 m时适当增设。 (3)有电动桥式起重机、有较大振动设备的单工业厂房，除在檐口或窗顶标高处设置钢筋混凝土圈梁外，尚宜在吊车梁标高处或其他适当位置处增设圈梁
2	多层砖砌体民用房屋，如宿舍、办公楼、住宅等。 当墙厚≤240 mm时	(1)当层数为3～4层时，应在檐口标高处设置圈梁一道。 (2)超过4层时，可适当增设圈梁
3	多层砖砌体工业房屋，如多层厂房、科研试验楼等	(1)圈梁可隔层设置。 (2)有较大振动设备时，宜每层设置钢筋混凝土圈梁一道
4	多层砌块和料石砌体房屋	(1)在外墙及内纵墙上，屋盖处应设置圈梁一道，楼盖处宜隔层设置。 (2)在横墙上，圈梁设置方法同上，间距不宜大于15 m。 (3)有较大振动设备或承重墙厚度h≤180 mm的多层房屋，宜每层设置圈梁一道。 (4)屋盖处圈梁宜现浇，顶制圈梁安装时应坐浆，并应保证接头可靠

注：建筑在软弱地基或不均匀地基上的砌体房屋，或有抗震设防要求的房屋，除按本表规定设置圈梁外，尚应符合地基基础和抗震设计的要求

当遇到洞口不能封闭时，应在洞口上部或下部设置不小于圈梁截面的附加圈梁，其搭接长度不小于1 m，且应大于两梁高差的两倍，如图5-23所示。但对有抗震要求的建筑物，圈梁不宜被洞口截断。

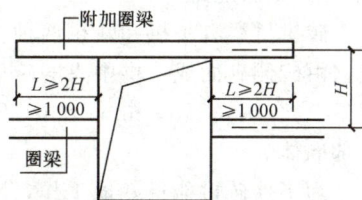

图 5-23　附加圈梁

3. 加设构造柱

由于砖砌体是脆性材料，抗震能力差，因此，在6度及以上的地震设防区，对多层砖混结构建筑的总高度、横墙间距、圈梁的设置、墙体的局部尺寸等，都提出了一定的限制和要求，应符合《建筑抗震设计标准(2024年版)》(GB/T 50011—2010)的规定。为增强建筑物的整体刚度和稳定性，还要求提高砌体砌筑砂浆的强度等级以及增设钢筋混凝

土构造柱。

钢筋混凝土构造柱是从构造角度考虑设置的。结合建筑物的防震等级，一般在建筑物的四角、内外墙交接处、楼梯间、电梯井的四个角以及某些较长墙体的中部等位置设置构造柱。构造柱必须与圈梁及墙体紧密相连。圈梁在水平方向将楼板和墙体箍住，而构造柱则从竖向加强层间墙体的连接，与圈梁一起构成空间骨架，从而加强建筑物的整体刚度，改善墙体的应变能力，使建筑物做到裂而不倒。

构造柱与圈梁应有可靠的连接。构造柱的最小截面尺寸为 180 mm×240 mm。构造柱与墙连接处宜砌成马牙槎，并应沿墙高每隔 500 mm 设 2Φ6 拉结钢筋，每边伸入墙内不宜小于 1 m，随着墙体的上升而逐段现浇钢筋混凝土柱身，使墙柱形成整体，如图 5-24 所示。

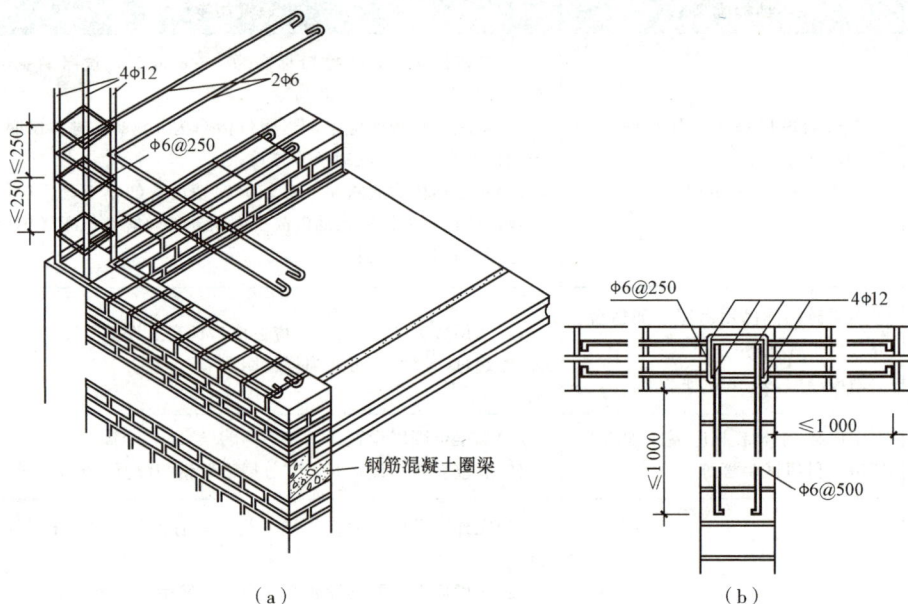

图 5-24　构造柱

(五)门窗过梁

门窗过梁简称"过梁"，是指设置在门窗洞口上部的横梁，主要用来承受洞口上部墙体传来的荷载，并把这些荷载传递给洞口两侧的墙体。过梁的种类较多，目前常用的有砖拱过梁、钢筋砖过梁和钢筋混凝土过梁三种。其中，以钢筋混凝土过梁最为常见。

1. 砖拱过梁

砖拱过梁有平拱和弧拱两种，其中以砖砌平拱过梁应用居多。砖拱过梁应事先设置胎模，由砖侧砌而成，拱中央的砖垂直放置，称为拱心。两侧砖对称拱心分别向两侧倾斜，灰缝呈上宽(不大于 15 mm)下窄(不小于 5 mm)的楔形，靠材料之间产生的挤压摩擦力来支撑上部墙体。

为了使砖拱能更好地工作，平拱的中心应比拱的两端略高，为跨度的 1/100～1/50，如图 5-25 所示。砖砌平拱过梁的适用跨度多小于 1.2 m，但不适用于过梁上部有集中荷载或建筑有振动荷载的情况。

图 5-25　砖拱过梁

2. 钢筋砖过梁

钢筋砖过梁是由平砖砌筑，并在砌体中加设适量钢筋而形成的过梁。由于钢筋砖过梁的跨度可达 2 m 左右，而且施工比较简单，因此，目前应用比较广泛。

钢筋砖过梁的高度应经计算确定，一般不少于 5 皮砖，且不少于洞口跨度的 1/5。过梁范围内用不低于 MU7.5 的砖和不低于 M2.5 的砂浆砌筑，砌法与砖墙相同。在第一皮砖下设置厚度不小于 30 mm 的砂浆层，并在其中放置钢筋。钢筋两端伸入墙内 250 mm，并在端部做高度为 60 mm 的垂直弯钩，钢筋的数量为每 120 mm 墙厚不少于 1φ6，如图 5-26 所示。

钢筋砖过梁适用于跨度不超过 1.5 m、上部无集中荷载的洞口。当墙身为清水墙时，采用钢筋砖过梁，可使建筑立面获得统一的效果。

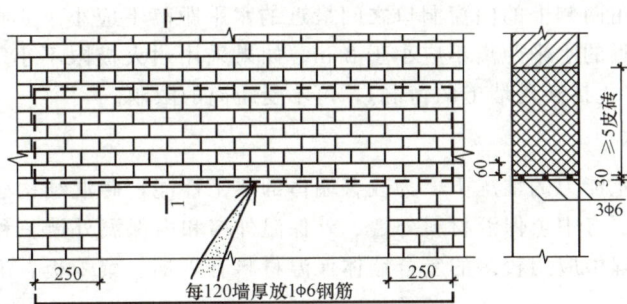

图 5-26　钢筋砖过梁

3. 钢筋混凝土过梁

当门窗洞口跨度超过 2 m 或上部有集中荷载时，需要采用钢筋混凝土过梁。钢筋混凝土过梁有现浇和预制两种。钢筋混凝土过梁因其适应性较强，故目前已被大量采用。

钢筋混凝土过梁的截面尺寸及配筋应经计算确定，并应是砖厚的整倍数。过梁两端伸入墙体的长度应在 240 mm 以上。为便于过梁两端墙体的砌筑，钢筋混凝土过梁的高度应与砖的块数尺寸相协调，如 120 mm、180 mm、240 mm。钢筋混凝土过梁的宽度通常与墙厚相同。当墙面不抹灰时(俗称"清水墙")，过梁的宽度应比墙厚小 20 mm。

钢筋混凝土过梁的截面形状有矩形和 L 形。矩形多用于内墙和外混水墙；L 形多用于外清水墙和有保温要求的墙体，此时应注意 L 形口朝向室外，如图 5-27 所示。

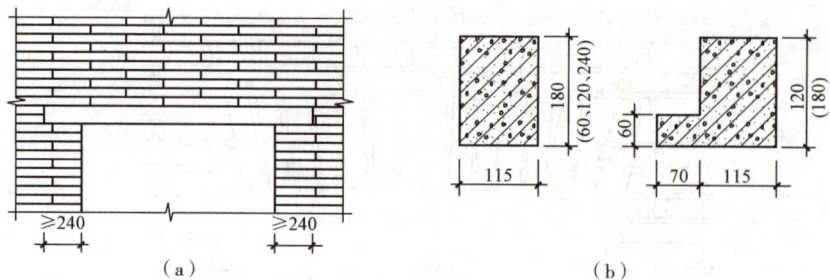

图 5-27　钢筋混凝土过梁
(a)过梁立面；(b)过梁的断面形状和尺寸

(六)防火墙

防火墙是建筑物中在平面划分防火分区的墙体。它具有在火灾时隔阻火势蔓延的作用，因此，在构造上要满足防火墙的工作条件。

(1)防火墙的耐火极限应不小于4.0 h。防火墙应截断燃烧体或难燃烧体的屋顶结构，而且应高出非燃烧体屋面不小于400 mm，高出燃烧体或难燃烧体屋面不小于500 mm。当建筑物的屋盖材料为耐火极限不小于0.5 h的非燃烧体时，防火墙(包括纵向防火墙)可砌至屋面基层的底部，不必高出屋面。

(2)防火墙中不应开设门窗洞口，如必须开设，应采用甲级防火门窗并能自动关闭。在防火墙内设置通风道时，其壁厚不应小于120 mm。

(3)为了确保防火墙隔火的作用，防火墙不宜设在建筑的转角处。如受条件限制必须设在转角处时，内转角两侧上的门窗洞口之间最近的水平距离不应小于4 m。紧靠防火墙两侧的门窗洞口之间最近的水平距离不应小于2 m。如果采用耐火极限不小于0.9 h的非燃烧体固定窗扇的采光窗(包括转角墙上的窗洞)，可不受距离的限制。

(七)复合墙体

在保证墙体承重能力的情况下，为改善墙体的热工性能，砖混结构建筑中常采用复合外墙体。复合外墙主要有中填保温材料外墙、外保温外墙和内保温外墙三种。其构造如图5-28所示。目前，在工程中应用较多的复合墙体保温材料有岩棉、聚苯板、泡沫混凝土或加气混凝土等。

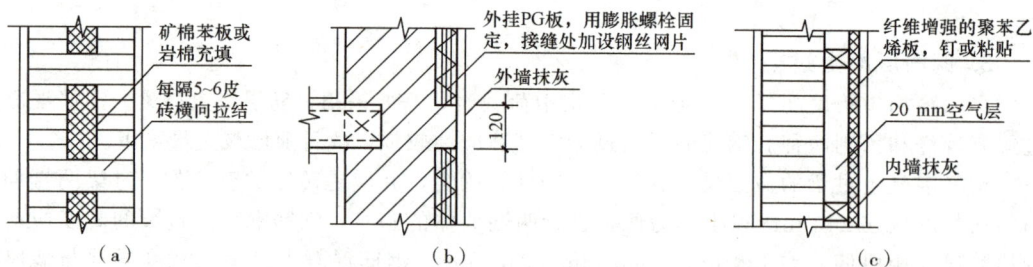

图 5-28　复合墙体
(a)中填保温材料外墙；(b)外保温外墙；(c)内保温外墙

引导学生完成 120、180、240、370 墙体的砌筑搭建，砌筑方式有一顺一丁式、三顺一丁式、每皮丁顺相间式（梅花丁式）、两平一侧式（18 墙）和全顺式（走砖式）等。

技能测试

1. 当墙身两侧室内地面有高差时，为避免墙身受潮，常在室内地面处设_____，并在靠土的垂直墙面设_____。

2. 为了将积水排离建筑物，沿建筑物外墙四周地面做成_____的倾斜坡面，即为散水。散水为排水坡或护坡。散水可用于水泥砂浆、混凝土、砖、块石等材料做面层，其宽度一般为_____ mm。当屋面为自由落水时，散水的宽度应比屋檐的挑出宽度宽_____ mm 左右。

3. 砌筑砖墙时，必须保证上下皮砖缝_____、_____、内外搭接，避免形成通缝。

4. 钢筋混凝土圈梁的高度应为砖厚的_____，并不小于_____ mm，常见尺寸为 180 mm、240 mm。圈梁的宽度与墙的_____，在寒冷地区可_____墙的厚度，但不宜小于墙厚的_____。

5. 构造柱的最小截面尺寸为_____ mm。构造柱与墙连接处宜砌成_____，并应沿墙高每隔_____ mm 设_____拉结钢筋，每边伸入墙内不宜小于_____。

6. 墙脚构造有_____、_____、_____、_____。

7. 勒脚具有_____、_____、_____并有美观等作用。

8. 目前常用的过梁有_____、_____和_____三种，当门窗洞口跨度超过 2 m 或上部有集中荷载时，需要采用_____过梁。

任务工单

根据所学知识，完成以下任务工单。

1. 外墙外侧墙脚处的排水斜坡构造称为（　　　）。

    A. 勒脚　　　　　　　B. 散水　　　　　　　C. 踢脚　　　　　　　D. 墙裙

2. 当室内地面垫层为 C10 混凝土时，其水平防潮层的位置应设在（　　　）。

    A. −0.060 m 处　　　　　　　　　B. ±0.000 m 处

    C. +0.060 m　　　　　　　　　　D. 都可以

3. 下列关于散水的构造做法表述中，不正确的是（　　　）。

    A. 在素土夯实上做 60～100 mm 厚混凝土，其上再做 5% 的水泥砂浆抹面

    B. 散水宽度一般为 600～1 000 mm

    C. 散水与墙体之间应整体连接，防止开裂

    D. 当屋面为自由落水时，其宽度应比屋檐挑出宽度宽 150～200 mm

4. 勒脚是墙身接近室外地面的部分，下列材料中可选用（　　　）。

    A. 水泥砂浆　　　　　　　　　　B. 混合砂浆

    C. 纸筋灰　　　　　　　　　　　D. 冷底子油

5. 下列细部构造不属于墙脚构造的是（　　　）。

    A. 勒脚　　　　　　　B. 明沟　　　　　　　C. 散水　　　　　　　D. 天沟

6. 明沟沟底坡度不应小于(　　)。

    A. 0.5%   B. 1%   C. 2%   D. 3%

7. 下列关于构造柱,说法错误的是(　　)。

    A. 构造柱的作用是增强建筑物的整体性和稳定性

    B. 构造柱可以不与圈梁连接

    C. 构造柱的最小截面尺寸是 240 mm×180 mm

    D. 构造柱处的墙体宜砌成马牙槎

8. 外窗台应设置排水构造。外窗台应有不透水的面层,并向外形成不小于(　　)的坡度,以利于排水。

    A. 5%   B. 8%   C. 10%   D. 20%

9. 下列关于圈梁的作用的表述中,错误的是(　　)。

    A. 加强房屋的整体性

    B. 提高墙体的承载力

    C. 增加墙体的稳定性

    D. 减少由于地基不均匀沉降引起的墙体开裂;提高房屋的抗震能力

10. 图 5-29 为某建筑墙脚构造详图,该墙脚室内地坪标高为±0.000,室内外高差为 450 mm,请完善图中编号所对应的构造名称、标高及图例名称。

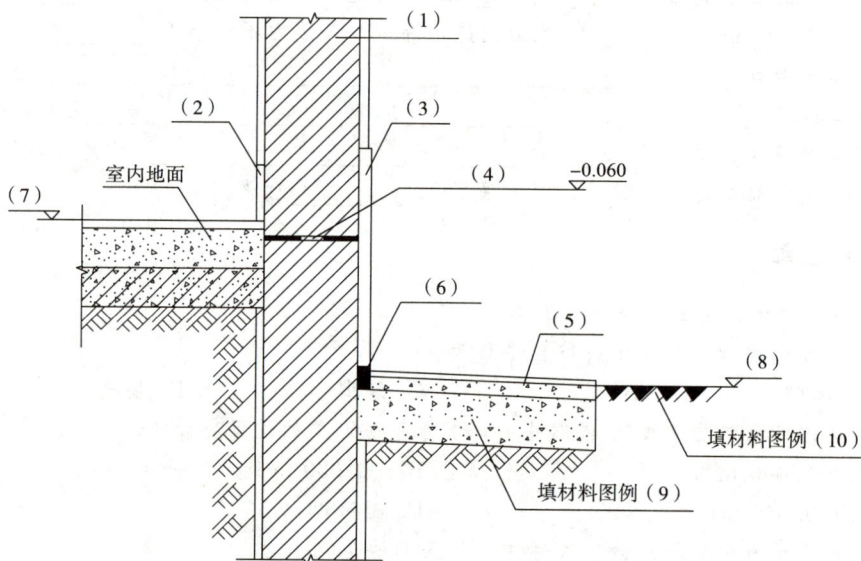

图 5-29　某建筑墙脚构造详图

(1)＿＿＿＿＿＿＿＿＿　　(2)＿＿＿＿＿＿＿＿＿　　(3)＿＿＿＿＿＿＿＿＿

(4)＿＿＿＿＿＿＿＿＿　　(5)＿＿＿＿＿＿＿＿＿　　(6)＿＿＿＿＿＿＿＿＿

(7)＿＿＿＿＿＿＿＿＿　　(8)＿＿＿＿＿＿＿＿＿　　(9)＿＿＿＿＿＿＿＿＿

(10)＿＿＿＿＿＿＿＿＿

课前认知

　　隔墙与隔断是用来分隔建筑空间，并起一定装饰作用的非承重构件。隔墙较固定，能在较大程度上限定空间，也能在一定程度上满足隔声、遮挡视线等要求；而隔断的拆装比较灵活，能限定的空间较小，高度不做到顶，可以产生一种似隔非隔的空间效果。课前请思考钢筋混凝土结构中，竖向构件采用钢筋混凝土或剪力墙承重，此类建筑中的墙体与砌体结构中的墙体的构造做法是否相同？

理论学习

一、隔墙

　　隔墙是分隔建筑物内部空间的非承重内墙，其本身的重量由楼板或梁来承担。在现代建筑中，为了提高平面布局的灵活性，大量采用隔墙以适应建筑功能的变化。因此，要求隔墙自重轻、厚度薄，便于安装和拆卸，有一定的隔声能力。同时，还要能够满足特殊使用部位，如厨房、卫生间等处的防火、防水、防潮等要求。

(一)砌筑隔墙

　　砌筑隔墙也称为块材隔墙，是采用普通实心砖、空心砖、加气混凝土砌块等块状材料砌筑的隔墙，具有取材方便、造价较低、隔声效果好的特点。砌筑隔墙有砖砌隔墙和砌块隔墙两种。

1. 砖砌隔墙

　　砖砌隔墙多采用普通实心砖砌筑，分为 1/2 砖厚和 1/4 砖厚两种，以 1/2 砖砌隔墙为主。

　　(1)1/2 砖砌隔墙。其又称为半砖隔墙，是用烧结普通砖采用全顺式砌筑而成，砌墙用砂浆强度应不低于 M5。由于隔墙的厚度较薄，为确保墙体的稳定，应控制墙体的长度和高度。当墙体的长度超过 5 m 或高度超过 3 m 时，应采取加固措施。

　　为使隔墙与两端的承重墙或柱固接，隔墙两端的承重墙须预留出马牙槎，并沿墙高每隔 500~800 mm 埋入 2Φ6 拉结筋，伸入隔墙不小于 500 mm。在门窗洞口处，应预埋混凝土块，安装窗框时打孔旋入膨胀螺栓或预埋带有木楔的混凝土块，用圆钉固定门窗框，如图 5-30 所示。为使隔墙的上端与楼板之间结合紧密，隔墙顶部采用斜砌立砖或每隔 1 m 用木楔打紧。

　　(2)1/4 砖砌隔墙。1/4 砖砌隔墙是用标准砖侧砌，标志尺寸是 60 mm，砌筑砂浆的强度不应低于 M5。其高度不应大于 2.8 m，长度不应大于 3.0 m。其多用于建筑内部的一些小房间的墙体，如厕所、卫生间的隔墙。1/4 砖砌隔墙上最好不开设门窗洞口，而且应当用强度较高的砂浆抹面。

2. 砌块隔墙

　　采用轻质砌块来砌筑隔墙，可以把隔墙直接砌在楼板上，不必再设承墙梁。目前，应用较多的砌块有炉渣混凝土砌块、陶粒混凝土砌块、加气混凝土砌块。炉渣混凝土砌块和陶粒混凝土砌块的厚度通常为 90 mm，加气混凝土砌块的厚度通常为 100 mm。由于加气混凝土防水防潮的能力较差，因此在潮湿环境中应慎重采用，或在表面作防潮处理。

另外，由于砌块的密度和强度较低，如需用在砌块隔墙上安装暖气散热片或电源开关、插座，应预先在墙体内部设置埋件。

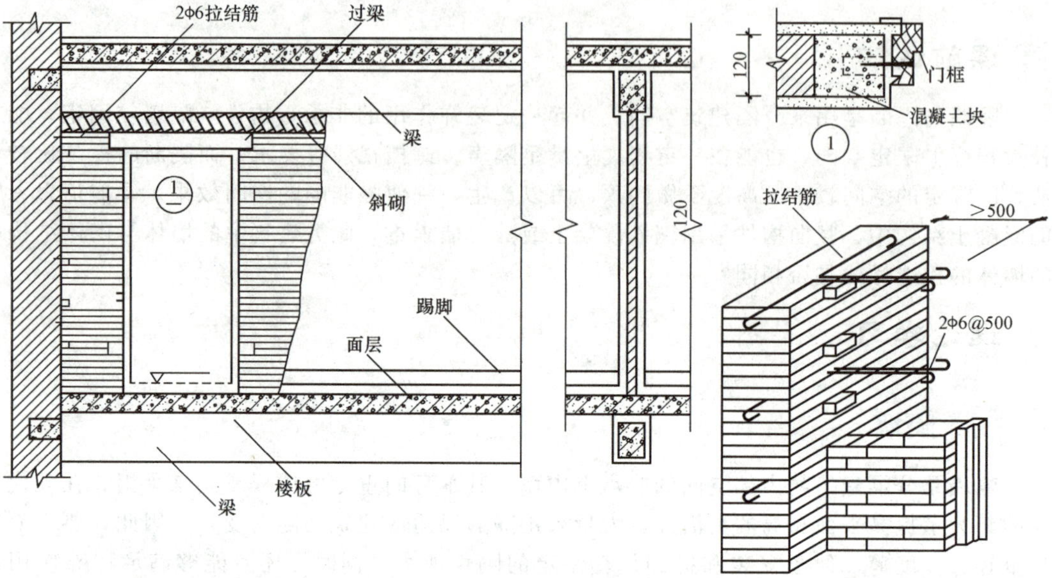

图 5-30　1/2 砖砌隔墙的构造

(二)立筋隔墙

立筋隔墙一般采用木材、薄壁型钢做骨架，用灰板条抹灰、钢丝网抹灰、纸面石膏板、吸声板或其他装饰面板做罩面。它具有自重轻、占地小、表面装饰方便的特点。

1. 灰板条隔墙

灰板条隔墙是由木方加工而成的上槛、下槛、立筋(龙骨)、斜撑等构件组成骨架，然后在立筋上沿横向钉上灰板条，如图 5-31(a)所示。由于它的防火性能差，耗费木材多，不适于在潮湿环境中工作，目前较少使用。

为保证墙体骨架的干燥，常在下槛下方事先砌 3 皮砖，厚度为 120 mm，然后将上槛、下槛分别固定在顶棚和楼板(或砖垄上)上。然后，立筋再固定在上、下槛上，立筋一般采用 50 mm×20 mm 或 50 mm×100 mm 的木方，立筋的间距为 500～1 000 mm，斜撑间距约为 1 500 mm。

灰板条要钉在立筋上，板条长边之间应留出 6～9 mm 的缝隙，以便抹灰时灰浆能够挤入缝隙之中，使其能附着在灰板条上。灰板条应在立筋上接头，两根灰板条接头处应留出 3～5 mm 的空隙，以免抹灰后灰板条膨胀相顶而弯曲，灰板条的接头连续高度应不超过 500 mm，以免在墙面出现通长裂缝，如图 5-31(b)所示。为了使抹灰黏结牢固，灰板条表面不能够刨光，砂浆中应掺入麻刀或其他纤维材料。

2. 石膏板隔墙

石膏板隔墙是目前使用较多的一种隔墙。石膏板又称为纸面石膏板，是一种新型建筑材料，它的自重轻、防火性能好，加工方便且价格不高。石膏板的厚度有 9 mm、10 mm、12 mm、15 mm 等数种，用于隔墙时多选用 12 mm 厚的石膏板。有时，为了提高隔墙的耐火极限，也可以采用双层石膏板。

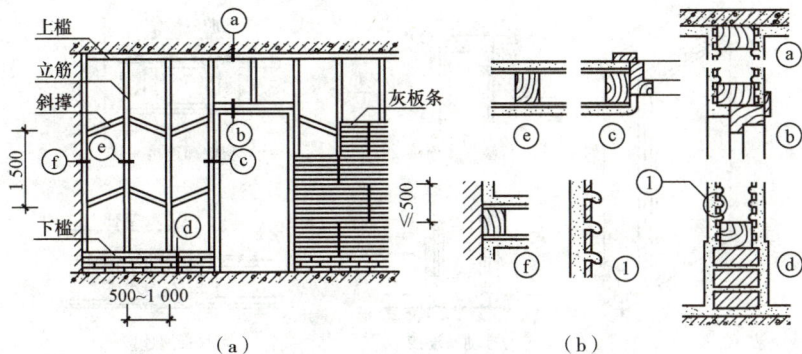

图 5-31　灰板条隔墙

(a)组成示意；(b)细部构造

石膏板隔墙的骨架可以采用薄壁型钢、木方和石膏板条。目前，采用薄壁型钢骨架的较多，又称为轻钢龙骨石膏板。轻钢龙骨一般由沿顶龙骨、沿地龙骨、竖向龙骨、横撑龙骨、加强龙骨和各种配套件组成。组装骨架的薄壁型钢是工厂生产的定型产品，并配有组装需要的各种连接构件。竖龙骨的间距≤600 mm，横龙骨的间距≤1 500 mm。当墙体高度在 4 m以上时，还应适当加密。

石膏板用自攻螺钉与龙骨连接，钉的间距为 200～250 mm，钉帽应压入板内约 2 mm，以便刮腻子。刮腻子后，即可做饰面，如喷刷涂料、油漆、贴壁纸等。为了避免开裂，板的接缝处应加贴宽度为 50 mm 的玻璃纤维带或根据墙面观感要求，事先在板缝处预留凹缝。

(三)条板隔墙

条板隔墙是采用在构件生产厂家生产的轻质板材，如加气混凝土条板、石膏条板、碳化石灰板、水泥玻璃纤维空心条板、泰柏板以及各种复合板，在现场直接装配而成的隔墙。这种隔墙装配性好，施工速度快，防火性能好，但价格较高。

1. 水泥玻璃纤维空心条板隔墙

石膏条板和水泥玻璃纤维空心条板多为空心板，长度为 2 400～3 000 mm，略小于房间的净高，宽度一般为 600～1 000 mm，厚度为 60～100 mm。其主要用黏结砂浆和特制胶粘剂黏结安装。为使其结合紧密，板的侧面多做成企口。板之间采用立式拼接，当房间高度大于板长时，水平接缝应当错开至少 1/3 板长。在安装条板时，先用小木楔顶紧条板下部，然后用细石混凝土堵严，板缝用胶粘剂黏结并用胶泥刮缝，平整后再进行表面装修。水泥玻璃纤维空心条板隔墙的构造如图 5-32 所示。

2. 泰柏板隔墙

泰柏板(PG 板)是由点焊 14 号钢丝网笼和可发性聚苯乙烯泡沫塑料板组合而成的墙体材料，如图 5-33 所示。泰柏板可以根据实际尺寸进行加工，现场进行拼接组装。

泰柏板的自重轻，保温、隔热性能较好且具有相当的强度，不但可以用作隔墙，还可以用作建筑的非承重外墙、承重较小的内墙、屋顶和跨度较小的楼板。泰柏板一般用膨胀螺栓与地面、顶棚或其他承重构件相连，接缝和转角处应加设连接网。泰柏板隔墙的连接构造如图 5-34 所示。泰柏板虽然有较好的防火性能，但在高温下会散发出有毒气体，因此其不宜在建筑的疏散通道两侧使用。

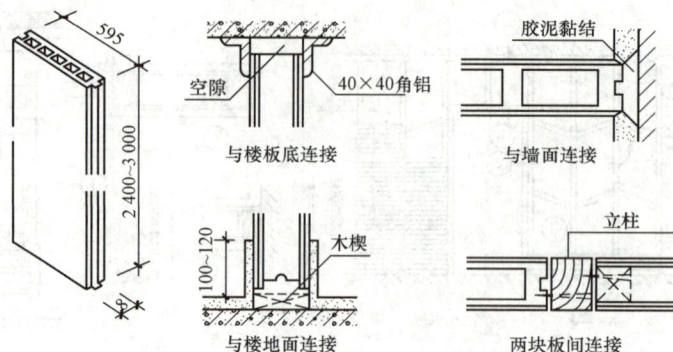

图 5-32　水泥玻璃纤维空心条板隔墙

与楼板底连接　空隙　40×40角铝

胶泥黏结　与墙面连接

100~120　木楔　与楼地面连接

立柱　两块板间连接

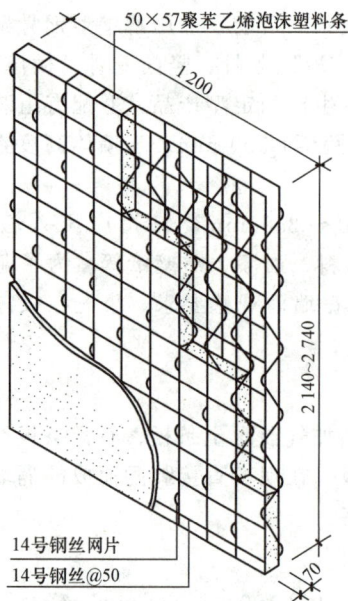

50×57聚苯乙烯泡沫塑料条

1 200

2 140~2 740

14号钢丝网片
14号钢丝@50

70

图 5-33　泰柏板

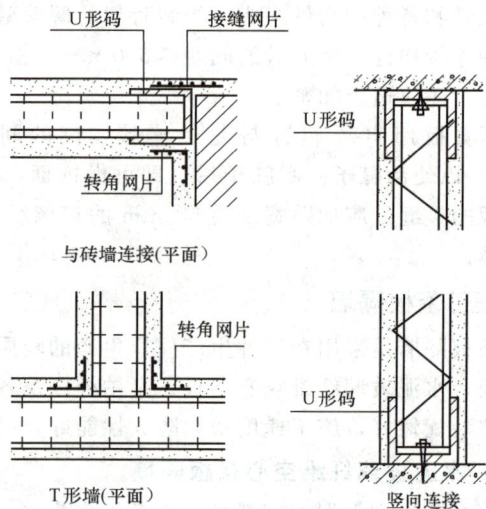

U形码　接缝网片

转角网片

与砖墙连接(平面)

转角网片

T形墙(平面)

U形码

U形码

竖向连接

图 5-34　泰柏板隔墙的连接构造

二、隔断

隔断是分隔室内空间的装修构件。隔断的作用在于变化空间或遮挡视线，增加空间的层次和深度，使空间既分又合且互相连通。利用隔断能创造一种似隔非隔、似断非断、虚虚实实的景象，是当今居住和公共建筑在设计中常用的一种处理手法。

隔断的形式有屏风式、镂空式、玻璃式、移动式以及家具式等。

(一)屏风式隔断

屏风式隔断通常不到顶，使空间通透性强，常用于办公室、餐厅、展览馆以及门诊部的诊室等公共建筑中。厕所、淋浴间等也多采用这种形式。隔断的高度一般为1 050 mm、1 350 mm、1 500 mm、1 800 mm等，可根据不同的使用要求选用。

屏风式隔断有固定式和活动式两种构造形式。固定式构造又有预制板式和立筋骨架式之分。预制板式隔断借助预埋铁件与周围墙体、地面固定；立筋骨架式与隔墙相似，它可在骨架两侧铺钉面板，也可镶嵌玻璃。玻璃可以是磨砂玻璃、彩色玻璃、棱花玻璃等。骨架与地面的固定方式如图 5-35 所示。

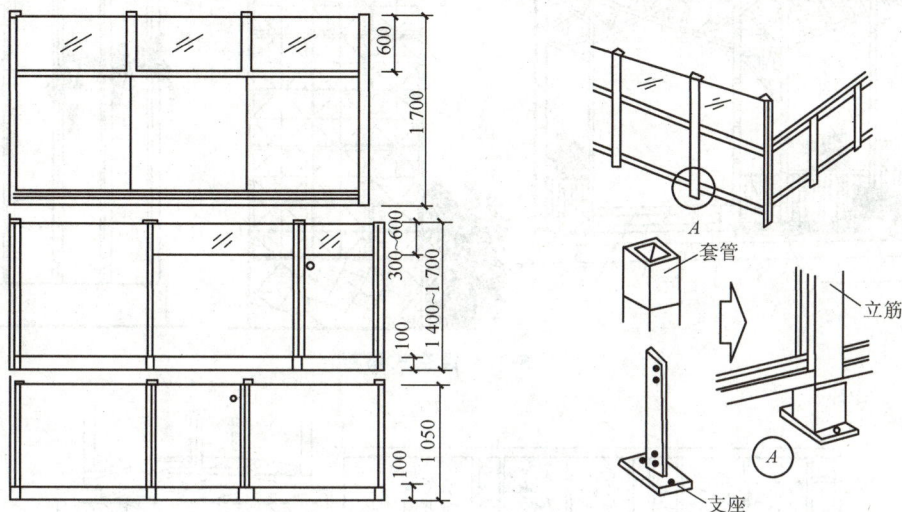

图 5-35　屏风式隔断

活动式屏风隔断可以移动放置。最简单的支承方式是在屏风扇下安装一个金属支承架。支架可以直接放在地面上，也可在支架下安装橡胶滚动轮或滑动轮，这样移动起来更加方便，如图 5-36 所示。

图 5-36　活动式支架

(二)镂空式隔断

镂空式隔断是公共建筑门厅、客厅等处分隔空间常用的一种形式，有竹制、木制的，也有混凝土预制构件的，形式多样，如图 5-37 所示。

隔断与地面、顶棚的固定也根据材料的不同而变化，可用钉、焊等方式连接。

(三)玻璃式隔断

玻璃式隔断有透空式玻璃隔断和玻璃砖隔断两种。透空式玻璃隔断是采用普通平板玻璃、磨砂玻璃、刻花玻璃、压花玻璃、彩色玻璃以及各种颜色的有机玻璃等嵌入木框或金属框的骨架中，具有透光性。其主要用于幼儿园、医院病房等处，如图 5-38(a)所示。

玻璃式隔断是采用玻璃砖砌筑而成，既分隔空间又透光，常用于公共建筑的接待室、会议室等处，如图5-38(b)所示。

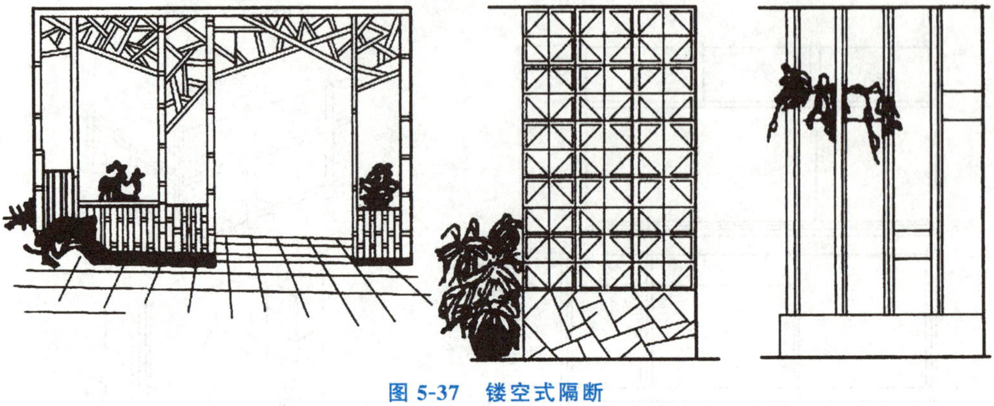

图 5-37　镂空式隔断

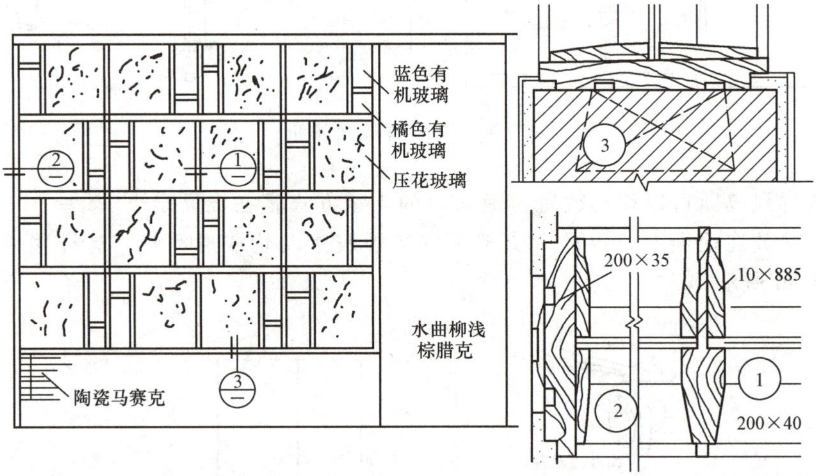

（a）

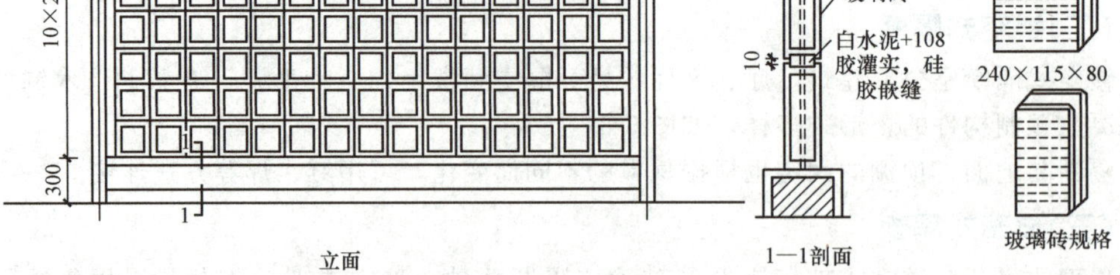

图 5-38　玻璃式隔断
(a)透空玻璃隔断；(b)玻璃砖隔断

(四)其他隔断

还有多种其他隔断,如移动式隔断是可以随意闭合、开启,使相邻的空间随之变化成独立的或合一的空间的一种隔断形式。它可分为拼装式、滑动式、折叠式、悬吊式、卷帘式和起落式等多种形式。其多用于餐馆、宾馆活动室以及会堂。

家具式隔断是利用各种适用的室内家具来分隔空间的一种设计处理方式,它把空间分隔与功能使用以及家具配套巧妙地结合起来。这种形式多用于住宅的室内以及办公室的分隔等。

🔲 仿真实训

结合隔墙与隔断构造内容的众多资源的学习,在建筑识图与构造虚拟仿真实训平台完成砌筑隔墙、立筋隔墙、屏风式隔断、镂空隔断、玻璃隔断等构造做法的相关任务。

🔲 技能测试

1. 砌筑隔墙也称为＿＿＿＿＿＿＿,是采用＿＿＿＿＿＿＿、＿＿＿＿＿＿＿、＿＿＿＿＿＿＿等块状材料砌筑的隔墙,具有取材方便、造价较低、隔声效果好的特点。砌筑隔墙有＿＿＿＿＿＿＿和＿＿＿＿＿＿＿两种。

2. 1/2砖砌隔墙又称＿＿＿＿＿＿＿,是用烧结普通砖采用＿＿＿＿＿＿＿砌筑而成,砌墙用砂浆强度应不低于＿＿＿＿＿＿＿。当墙体的长度超过 5 m 或高度超过 3 m 时,应＿＿＿＿＿＿＿。

3. 隔断的形式有＿＿＿＿＿＿＿、＿＿＿＿＿＿＿、＿＿＿＿＿＿＿、＿＿＿＿＿＿＿及＿＿＿＿＿＿＿等。

4. 泰柏板＿＿＿＿＿＿＿,＿＿＿＿＿＿＿、＿＿＿＿＿＿＿性能较好且具有相当的＿＿＿＿＿＿＿,不但可以用作隔墙,还可以用作建筑的非承重外墙、承重较小的内墙、屋顶和跨度较小的楼板。泰柏板虽然有较好的防火性能,但在高温下会发出有毒的气体,因此不宜＿＿＿＿＿＿＿＿＿＿＿使用。

5. 为保证板条隔墙墙体骨架的干燥,常在下槛下方事先砌＿＿＿＿＿＿,厚度为＿＿＿＿＿＿ mm,然后将上槛、下槛分别固定在顶棚和楼板(或砖垄)上。

🔲 任务工单

根据所学知识,完成以下任务工单。

1. 隔墙主要是用来( )。
   A. 分隔不同区域　　B. 增加安全性　　C. 提供隐私　　　D. 扩大空间

2. 下面不是条板隔墙的优点的是( )。
   A. 装配性好　　　　B. 施工速度快　　C. 防火性能好　　D. 价格便宜

3. 以下隔断材料适合用于儿童房的是( )。
   A. 塑料帘幔　　　　B. 石膏板　　　　C. 透明玻璃　　　D. 木板

4. 隔断可以选择( )来增加私密性。
   A. 遮光窗帘　　　　B. 透明玻璃　　　C. 金属　　　　　D. 石膏板

5. 以下隔断适合用于公共建筑的门厅、客厅的是( )。
   A. 屏风式隔断　　　B. 镂空式隔断　　C. 玻璃隔断　　　D. 家具式隔断

项目六 楼板与楼地面构造

知识目标 >>>

1. 熟悉楼地层的作用与设计要求、组成；掌握楼板层的基本构造和分类；
2. 熟练掌握现浇式钢筋混凝土楼板、预制装配式钢筋混凝土楼板、装配式钢筋混凝土楼板的特点、分类、规格、适用条件和细部构造；
3. 了解楼板层的防潮及防水的一般构造；
4. 了解雨篷和阳台的构造知识及常见做法。

技能目标 >>>

1. 能够根据楼板层的特征对其进行分类；
2. 能够根据混凝土楼板的特点、规格等选择适合其使用条件的混凝土楼板；
3. 具有对楼板进行防潮和防水的能力；
4. 能够具体应用关于雨篷和阳台的构造及做法的知识。

素养目标 >>>

1. 大力弘扬以爱国主义为核心的民族精神和以改革创新为核心的时代精神；
2. 引导学生传承中华文脉，富有中国心，饱含中国情，充满中国味。

>>> 任务一　楼板层的基本组成与分类

课前认知

楼板是水平方向承重构件，它将房屋垂直方向分隔为若干层，并把人和家具等竖向荷载及楼板自重通过墙体、梁或柱传给基础。课前请仔细观察身边的建筑，思考楼板由哪几部分组成，与其他房间相比，卫生间的楼板有没有特殊要求。

🔲 理论学习

一、楼地层的作用与设计要求、构造组成

(一)楼地层的作用与设计要求

楼板层是建筑物中分隔上下楼层的水平构件。其不仅承受并传递垂直荷载和水平荷载，还应具有一定的隔声、防火、防水能力；同时，建筑物中的各种水平设备管线，也将在楼板层内安装。

地坪层是指建筑物室内与土壤直接相接或接近土壤的水平构件。其承受本层作用其上的全部荷载，并将这些荷载均匀地传递给其下面的土层或通过其他构件传递给土层。

因此，楼板层和地坪层的设计应满足以下要求：

(1)楼板层和地坪层必须具有足够的强度和刚度，以保证结构的安全。

(2)为避免楼板层上下空间的相互干扰，楼板层应具备一定的隔声能力。

(3)根据使用的实际需求和建筑质量等级，要求其具有防潮、防水、防火、保温(隔热)等性能。

(4)在现代建筑中，各种服务设施日趋完善，家用电器更加普及，有更多的管线将借楼层和地层来敷设，以保证室内平面布置更加灵活，空间使用更加完整。

(5)一般楼层和地层占建筑物总造价的20%~30%，选用时应考虑就地取材。

(二)楼地层的构造组成

楼地层是楼板层与地坪层的总称。楼板层主要由面层、结构层和顶棚三部分组成；地坪层由面层、垫层和基层三部分组成。根据使用的实际需要，可在楼地层里设置附加层，如图6-1所示。

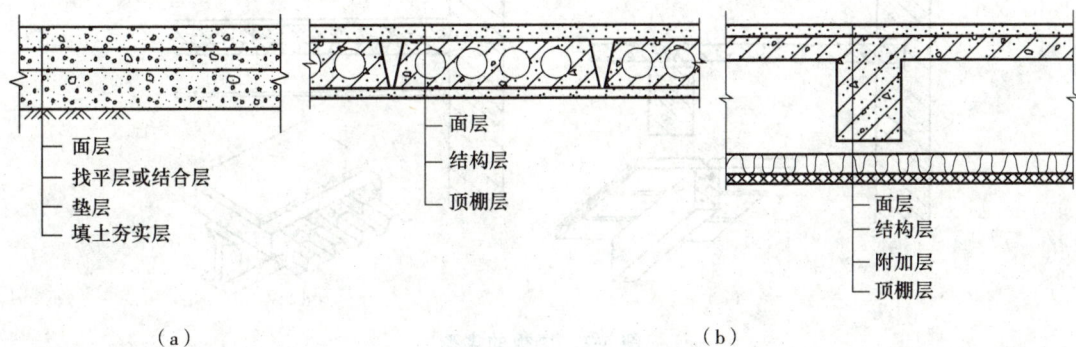

面层
找平层或结合层
垫层
填土夯实层

(a)

面层
结构层
顶棚层

面层
结构层
附加层
顶棚层

(b)

图6-1 楼地层的组成
(a)地坪层；(b)楼板层

1. 楼地面层

楼地面层又称为楼面或地面，起着保护楼板层、承受并传递荷载的作用，同时对室内具有很重要的清洁及装饰作用，并满足隔声、保温、防水等要求。

2. 结构层

结构层即楼层和地层的承重部分。其主要功能是承受作用其上的全部荷载并将这些荷载传递给墙、柱或直接传递给土壤；楼层还对墙身起水平支撑作用，以加强建筑物的整体刚度。

3. 附加层

附加层又称功能层，其主要作用是隔声、保温隔热、防水、防潮、防腐蚀、防静电及作为管线敷设层等。其是现代楼板结构中不可或缺的部分。根据需要，附加层有时和面层合二为一，有时又和吊顶合为一体。

4. 顶棚层

顶棚层位于楼层的最下层，主要作用是保护楼板、安装灯具、装饰室内、敷设管线等。

二、楼板的类型及特点

楼板是楼板层的结构层，可将其承受的楼面传来的荷载连同其自重有效地传递给其他支撑构件，即墙或柱，再由墙或柱传递给基础。在砖混结构建筑中，楼板还对墙体起着水平支撑作用，以增加建筑物的整体刚度。因此，楼板要有足够的强度和刚度，并符合隔声、防火要求。

按所使用材料的不同，楼板可分为木楼板、砖拱楼板、钢筋混凝土楼板、压型钢板组合楼板等类型，如图 6-2 所示。

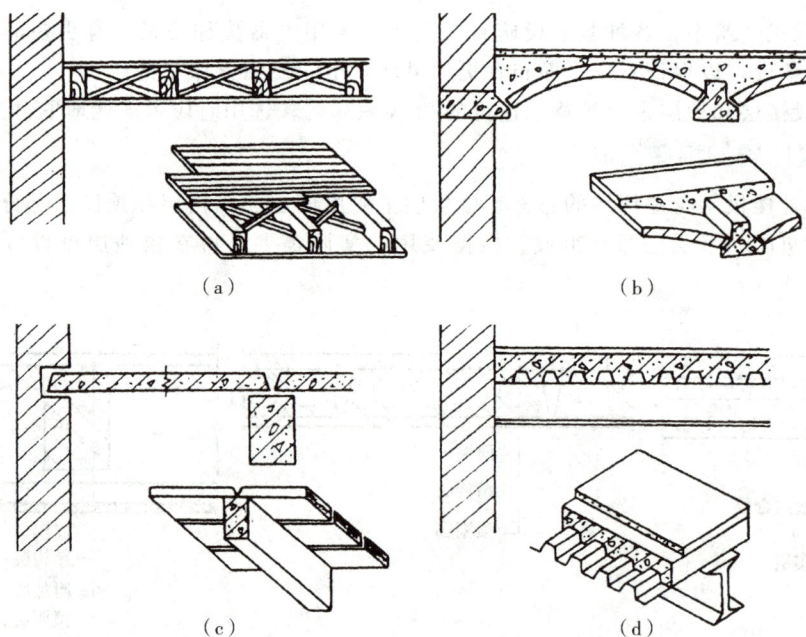

图 6-2　楼板的类型
(a)木楼板；(b)砖拱楼板；(c)钢筋混凝土楼板；(d)压型钢板组合楼板

(一)木楼板

木楼板是我国的传统做法，它是在木搁栅之间设置剪刀撑，形成有足够整体性和稳定性的骨架，并在木搁栅上、下铺钉木板所形成的楼板。这种楼板具有自重轻、构造简单等优点，但其耐火性、耐久性、隔声能力较差，为节约木材现在已很少采用。

(二)砖拱楼板

砖拱楼板是先在墙或柱上架设钢筋混凝土小梁，然后在钢筋混凝土小梁之间用砖砌成拱形结构所形成的楼板。这种楼板可以节约钢材、水泥，但自重较大，抗震性能差；而且，楼板层厚度较大，施工复杂，目前已经很少使用。

(三)钢筋混凝土楼板

钢筋混凝土楼板的强度高、刚度好，具有较强的耐久性、防火性能和良好的可塑性，便于工业化生产和机械化施工。其是目前我国房屋建筑中广泛采用的一种楼板形式。

(四)压型钢板组合楼板

压型钢板组合楼板是在钢筋混凝土墙板的基础上发展起来的，这种组合体系是利用凹凸相间的压型薄钢板作衬板与现浇混凝土浇筑在一起而形成的钢衬板组合楼板。这既提高了楼板的强度和刚度，又加快了施工进度。近年来，其主要用于大空间、高层民用建筑和大跨度工业厂房。

仿真实训

结合楼地层构造内容的众多资源的学习，在建筑识图与构造虚拟仿真实训平台完成楼地层构造、楼板分类等相关任务。

技能测试

1. 楼板是_____承重构件，它将房屋垂直方向分隔为若干层，并把人和家具等竖向荷载及楼板自重通过墙体、梁或柱传给基础。按所使用材料的不同，楼板可分为_____、_____、_____等类型。

2. 楼地层是楼板层与地坪层的总称。楼板层主要由_____、_____和_____三部分组成；地坪层由_____、_____和_____三部分组成。

3. 楼板层和地坪层必须具有足够的_____和_____，以保证结构的安全。为避免楼板层上下空间的相互干扰，楼板层应具备一定的_____能力。

4. _____楼板强度高、刚度好，具有较强的耐久性、防火性能和良好的可塑性，便于工业化生产和机械化施工。其是目前我国房屋建筑中广泛采用的一种楼板形式。

5. 近年来，主要用于大空间、高层民用建筑和大跨度工业厂房的楼板是_____。

6. 按所使用材料的不同，楼板可分为_____、_____、_____、_____等类型。

任务工单

根据所学知识，完成以下任务工单。

1. 在建筑物中起分隔楼层作用的水平构件为（　　）。
   A. 楼板　　　　　　B. 地板　　　　　　C. 楼梯　　　　　　D. 楼梯平台

2. 保温层属于楼地层中的（　　）。
   A. 基层　　　　　　B. 垫层　　　　　　C. 结构层　　　　　　D. 附加层

3. 地层主要由（　　）和面层组成。
   A. 垫层、结构层　　　　　　　　B. 结构层、顶棚层
   C. 垫层、基层　　　　　　　　　D. 基层、结构层

4. 一般楼层和地层占建筑物总造价的（　　），选用时应考虑就地取材。
   A. 10%～15%　　　　　　　　　B. 15%～20%
   C. 20%～30%　　　　　　　　　D. 30%～40%

5. 下列对于楼板层的构造说法正确的是（　　）。

A. 楼板应有足够的强度，可不考虑变形问题

B. 现浇钢筋混凝土楼板比预制装配式楼板施工速度快

C. 空心板保温效果好，且可打洞，故常采用

D. 采用无梁楼板可提高室内净空高度

任务二　钢筋混凝土楼板构造

课前认知

钢筋混凝土楼板是目前应用得最广泛的一种楼板形式，图6-3(a)为某一现浇钢筋混凝土结构的楼板，图6-3(b)为某一预制装配式楼板。课前请了解在实际工程中还有哪些类型的楼板。

(a)　　　　　　　　　　　　　　　　(b)

图 6-3　钢筋混凝土楼板
(a)现浇楼板；(b)预制楼板

理论学习

钢筋混凝土楼板根据施工方法不同，可分为现浇式、预制装配式和装配整体式三种。

一、现浇式钢筋混凝土楼板

现浇式钢筋混凝土楼板是指在施工现场通过支模、绑扎钢筋、整体浇筑混凝土及养护等工序而成型的楼板。这种楼板具有整体性好、刚度大、利于抗震、梁板布置灵活等特点，但其模板耗材大、施工进度慢、施工受季节限制。其适用于地震区及平面形状不规则或防水要求较高的房间。

现浇钢筋混凝土楼板按受力和传力情况，可分为板式楼板、梁板式楼板、无梁楼板及压型钢板组合楼板。

(一)板式楼板

楼板下不设置梁，将板直接搁置在墙上的，称为板式楼板。板有单向板与双向板之分，如图6-4所示。当长边与短边长度之比大于3.0时，称其为单向板；当长边与短边长度之比为2~3时，称其为双向板。板式楼板底面平整、美观、施工方便，其适用于小跨度房间，如走廊、厕所和厨房等。

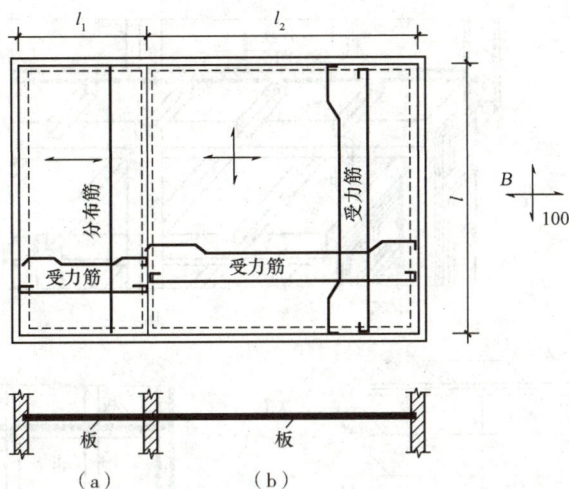

图 6-4 单向板和双向板

(a)单向板；(b)双向板

(二)梁板式楼板

由板、梁组合而成的楼板，称为梁板式楼板(又称为肋梁楼板)。根据梁的构造情况，又可分为单梁式、复梁式和井梁式楼板。

1. 单梁式楼板

当房间尺寸不大时，可以只在一个方向设梁。梁直接支承在墙上，称为单梁式楼板，如图 6-5 所示。

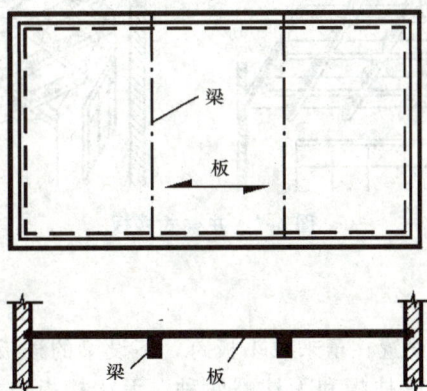

图 6-5 单梁式楼板

2. 复梁式楼板

有主次梁的楼板称为复梁式楼板，如图 6-6 所示。

3. 井梁式楼板

井梁式楼板是梁板式楼板的一种特殊形式。当房间尺寸较大，并接近正方形时，常沿两个方向布置等距离、等截面高度的梁(不分主、次梁)，形成井格形的梁板结构。井梁式楼板常用于建筑物的门厅、大厅、会议室、小型礼堂等，如图 6-7 所示。

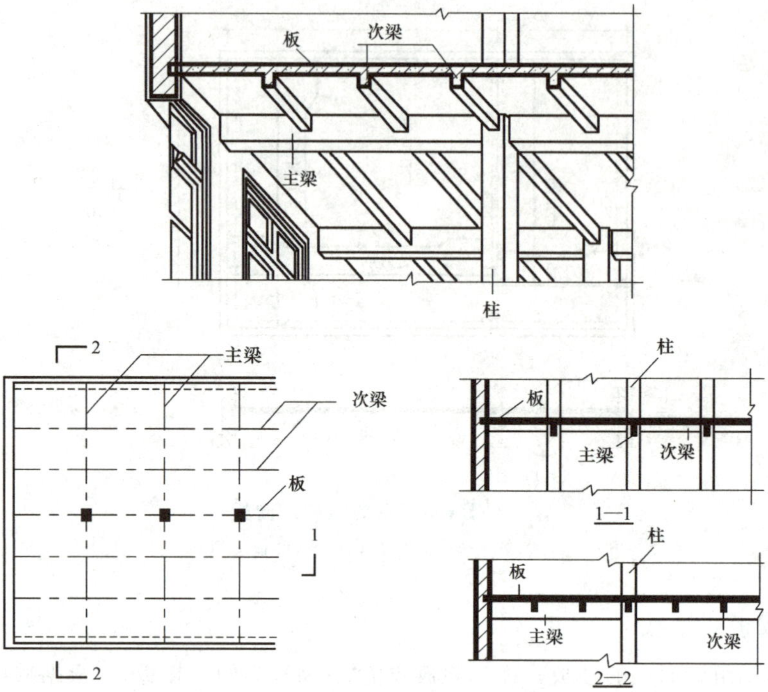

图 6-6　复梁式楼板

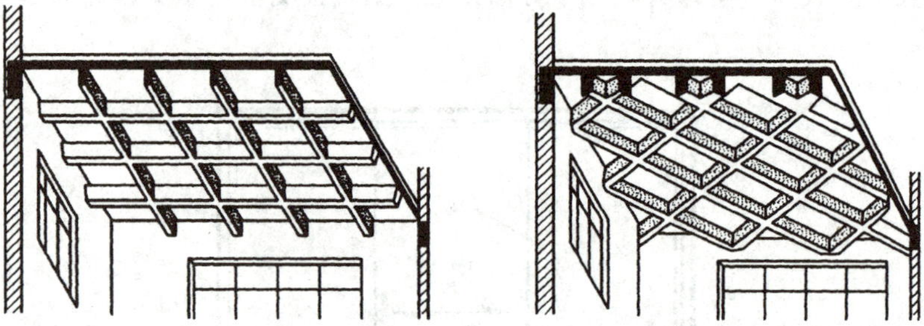

图 6-7　井梁式楼板

(三)无梁楼板

无梁楼板是在楼板跨中设置柱子来减小板跨，不设梁的楼板，如图 6-8 所示。在柱与楼板连接处，柱顶构造可分为有柱帽和无柱帽两种。无梁楼板增加了室内净高尺寸，顶棚平整，适用于仓库建筑。

(四)压型钢板组合楼板

压型钢板组合楼板是以截面为凹凸形的压型钢板做衬板与现浇混凝土浇筑在一起构成的楼板结构。压型钢板承受施工时的荷载，也是楼板的永久性模板。这种楼板简化了施工程序，加快了施工进度，并且具有较强的承载力、刚度和整体稳定性，但耗钢量较大，适用于多层、高层的框架或框架-剪力墙结构的建筑。压型钢板组合楼板的基本构造形式如图 6-9 所示。

（a）

（b）

图 6-8　无梁楼板

（a）无梁楼板透视图；（b）柱帽形式

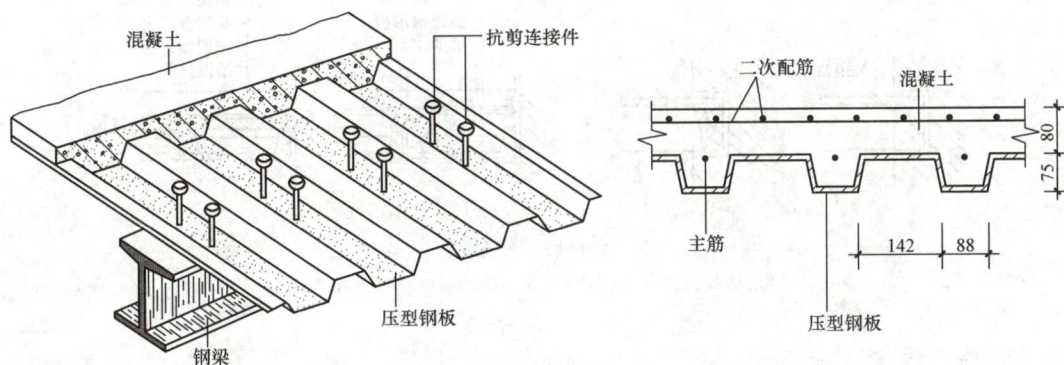

图 6-9　压型钢板组合楼板

二、预制装配式钢筋混凝土楼板

预制装配式钢筋混凝土楼板是指在构件预制厂或施工现场预先制作，然后在施工现场装配而成的楼板。这种楼板可节省模板、改善劳动条件、提高生产效率、加快施工速度并利于推广建筑工业化，但楼板的整体性差。其适用于非地震区、平面形状较规整的房间中。预制楼板又可分为预应力和非预应力两种。预应力与非预应力构件相比，可节省材料，减小质量，降低造价。

（一）预制装配式钢筋混凝土楼板的类型

1. 实心平板

预制实心平板的跨度一般在 2.5 m 以内，板厚为跨度的 1/30，一般为 60～100 mm，板宽为 400～800 mm，如图 6-10 所示。由于板的跨度小，多用于过道和小房间的楼板，也可用作搁板、沟盖板、阳台拦板等，施工时对起吊机械要求不高。

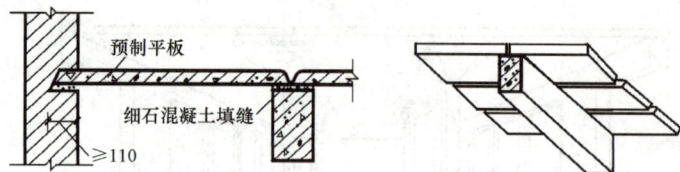

图 6-10 实心平板

2. 槽形板

槽形板由板和边肋组成，是一种梁板结合的构件，即在实心板两侧设纵向边肋，构成槽形截面。其具有质量小、省材料、造价低、便于开孔等优点。槽形板作楼板时，有正置（肋向下）和倒置（肋向上）两种，如图 6-11 所示。正置槽形板由于板底不平，通常做吊顶遮盖，为避免板端肋被压坏，可在板端伸入墙内部分堵砖填实；倒置槽形板虽板底平整，但在上面需要另做面层，且受力不如正置槽形板合理，但可在槽内填充轻质材料，以解决楼板的隔声和保温隔热问题。

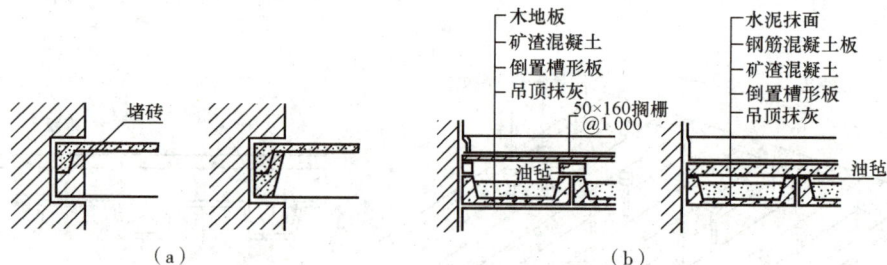

图 6-11 槽形板
(a)正槽板板端支承在墙上；(b)倒槽板的楼面及吊顶构造

3. 空心板

空心板是将平板沿纵向抽空而成，孔洞形状有圆形、椭圆形和矩形等，如图 6-12 所示。其中，以圆孔板的制作最为方便，应用最广。空心板是一种梁板结合的预制构件，其结构计算理论与槽形板相似，两者材料消耗也相近，但空心板上下板面平整，且隔声效果优于槽形板，因此是目前广泛采用的一种形式。空心板不能随意开洞。在安装时，空心板孔的两端常用砖或混凝土填塞，以免端缝灌浇时漏浆，并保证板端的局部抗压能力。

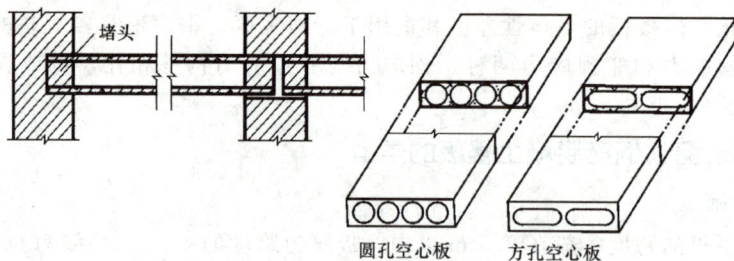

图 6-12 空心板

(二)预制装配式钢筋混凝土楼板的布置

在进行楼板结构布置时,应先根据房间开间、进深的尺寸确定构件的支承方式,然后选择板的规格,进行合理的安排。结构布置时应注意以下几点原则:

(1)尽量减少板的规格、类型。板的规格过多,不仅给板的制作增加麻烦,而且施工容易搞错。

(2)为减少板缝的现浇混凝土量,应优先选用宽板,窄板作调剂用。

(3)板的布置应避免出现三面支承情况,即楼板的长边不得搁置在梁或砖墙内;否则,在荷载作用下板会产生裂缝,如图 6-13 所示。

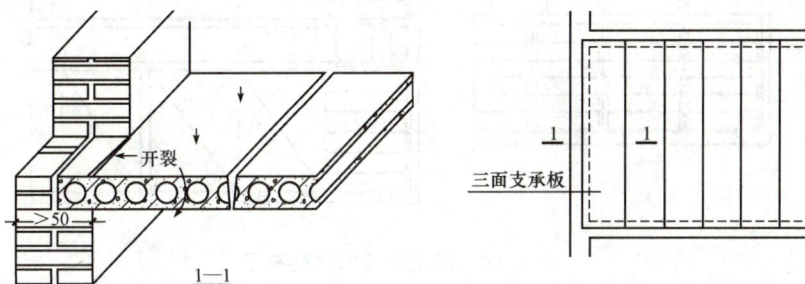

图 6-13 三面支承板

(4)按支承楼板的墙或梁的净尺寸计算楼板的块数,不够整块数的尺寸可通过调整板缝或于墙边挑砖或增加局部现浇板等办法来解决,如图 6-14 所示。当缝差超过 200 mm 时,应考虑重新选板或采用调缝板。

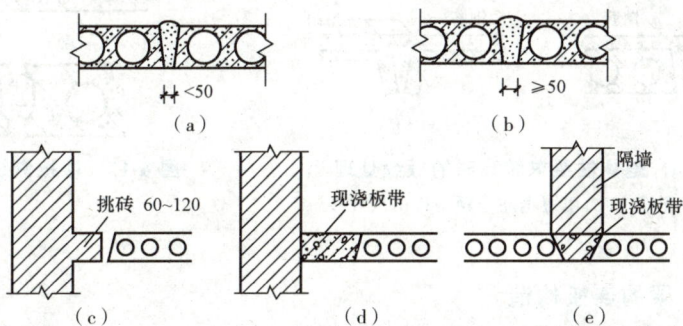

图 6-14 板缝差的处理
(a)调整板缝;(b)配筋灌缝;(c)挑砖;(d)墙边设现浇板带;(e)隔墙设现浇板带

(5)遇有上下管线、烟道、通风道穿过楼板时,为防止圆孔板开洞过多,应尽量将该处楼板现浇。板的支承方式有板式和梁板式两种,如图 6-15 所示。预制板直接搁置在墙上的称为板式结构布置;若先搁梁,再将板搁置在梁上,称为梁板式结构布置。

(三)预制装配式钢筋混凝土楼板的安装节点构造

1. 板缝构造

安装预制板时,为使板缝灌浆密实,要求板块之间离开一定距离,以便填入细石混凝土。板间的接缝有端缝和侧缝两种。

(1)端缝,一般以细石混凝土灌注,必要时可将板端留出的钢筋交错搭接在一起,或加钢筋网片后再灌注细石混凝土,以加强连接。对整体性要求较高的建筑,可在板缝配筋或用短钢筋与预制板吊钩焊接,如图 6-16 所示。

(2)侧缝,一般有 V 形缝、U 形缝和凹槽缝三种形式。如图 6-17 所示,缝内灌水泥砂浆(细缝)或细石混凝土(粗缝),其中凹槽缝板的受力状态较好,但灌缝较困难,常见的为 V 形缝。

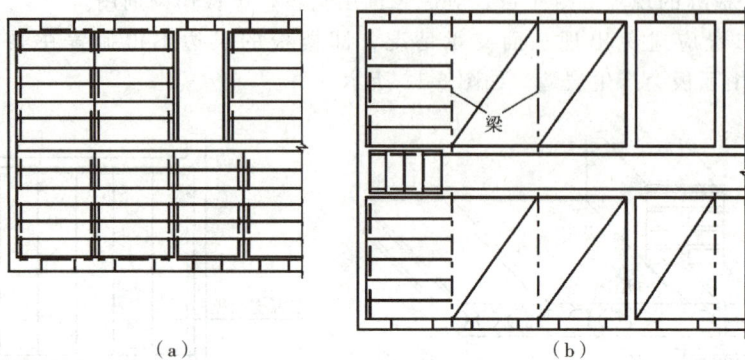

（a）　　　　　　　　　　　　　　（b）

图 6-15　预制楼板的结构布置

(a)板式结构布置;(b)梁板式结构布置

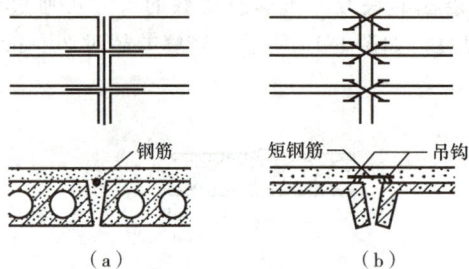

（a）　　　　　　　（b）

图 6-16　整体性要求较高时的板缝处理

(a)板缝配筋;(b)用短钢筋与预制板吊钩焊接

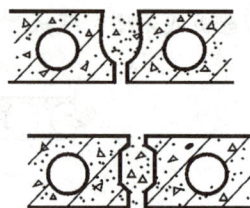

图 6-17　楼板侧缝的接缝形式

2. 板与墙、梁的连接构造

预制板直接搁置在砖墙或梁上时,均应有足够的支承长度。支承于梁上时,其搁置长度不小于 80 mm;支承于墙上时,其搁置长度不小于 100 mm,并在梁上或墙上抹 M5 水泥砂浆,厚度为 20 mm,以保证连接效果。另外,为增加建筑物的整体刚度,板与墙、梁之间或板与板之间常用钢筋拉结。拉结程度随抗震要求和对建筑物整体性要求不同而异,各地均有不同的拉结锚固措施。如图 6-18 中所示的锚固钢筋的配置可供参考。

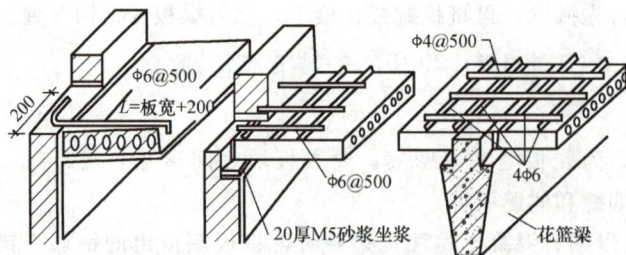

图 6-18　锚固钢筋的配置

3. 楼板上隔墙的处理

预制钢筋混凝土楼板上设置隔墙时，宜采用轻质隔墙，可搁置在楼板的任何位置；若隔墙自重较大时，如采用砖隔墙、砌块隔墙等，则应避免将隔墙搁置在一块板上，通常将隔墙设置在两块板的接缝处；当采用槽形板或小梁搁板的楼板时，隔墙可直接搁置在板的纵肋或小梁上；当采用空心板时，须在隔墙下的板缝处设现浇板带或梁来支承隔墙，如图6-19所示。

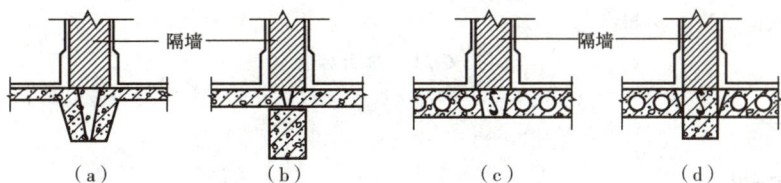

图 6-19　楼板上隔墙的处理
(a)隔墙搁置于纵肋上；(b)隔墙搁置于小梁上；(c)隔墙下设现浇板带；(d)隔墙下设梁

三、装配整体式钢筋混凝土楼板

装配整体式钢筋混凝土楼板是指预制构件与现浇混凝土面层叠合而成的楼板。其既可节省模板、提高其整体性，又可加快施工速度，但其施工较复杂。常用的装配整体式钢筋混凝土楼板有密肋填充块楼板和叠合式楼板两种。

(一)密肋填充块楼板

密肋填充块楼板的密肋小梁有现浇和预制两种。现浇密肋填充块楼板是以陶土空心砖、矿渣混凝土实心块等作为肋间填充块来现浇密肋和面板而成。预制小梁填充块楼板是在预制小梁之间填充陶土空心砖、矿渣混凝土实心块、炉渣空心块等，上面现浇面层而成，如图6-20所示。

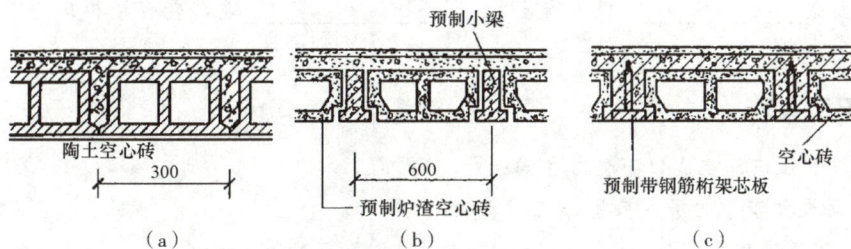

图 6-20　密肋楼板
(a)现浇空心砖楼板；(b)预制小梁填充块楼板；(c)带骨架芯板填充块楼板

(二)叠合式楼板

叠合式楼板是由预制薄板和现浇钢筋混凝土层叠合而成的装配整体式楼板。预制板既是叠合楼板结构的组成部分，又是现浇钢筋混凝土叠合层的永久性模板，现浇叠合层内可敷设水平管线。预制板底面平整，可直接喷涂或粘贴其他装饰材料作顶棚。为了保证预制薄板与叠合层有较好的连接，薄板上表面需做处理，如将薄板表面做刻槽处理、板面露出较规则的三角形结合钢筋等，如图6-21(a)所示，叠合楼板的总厚度一般为150~250 mm，如图6-21(b)、(c)所示。

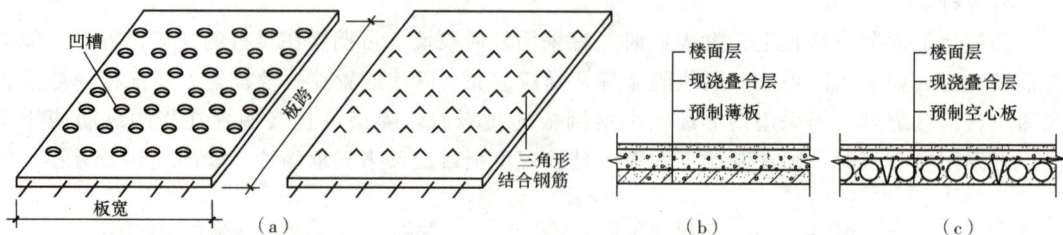

图 6-21　叠合楼板

(a)预制薄板的板面处理；(b)预制薄板叠合楼板；(c)预制空心板叠合楼板

仿真实训

结合钢筋混凝土楼板构造内容的资源的学习，在建筑识图与构造虚拟仿真实训平台完成现浇式钢筋混凝土楼板、预制装配式钢筋混凝土楼板、装配整体式钢筋混凝土楼板的构造做法相关任务。

技能测试

1. 钢筋混凝土楼板根据施工方法不同，可分为_____、_____和_____三种。

2. 板有单向板与双向板之分，当长边与短边长度之比大于_____时，称其为单向板；当长边与短边长度之比不大于_____时，称其为双向板。

3. 预制装配式钢筋混凝土楼板直接搁置在砖墙或梁上时，均应有足够的支承长度。支承于梁上时，其搁置长度不小于_____ mm；支承于墙上时，其搁置长度不小于_____ mm，并在梁上或墙上抹_____水泥砂浆，厚度为_____ mm，以保证连接效果。

4. 叠合式楼板是由_____和_____叠合而成的装配整体式楼板。

5. 叠合楼板构造中为了保证预制薄板与叠合层有较好的连接，薄板上表面需做处理，如将薄板表面做_____、板面露出_____等，叠合楼板的总厚度一般为_____ mm。

任务工单

根据所学知识，完成以下任务工单。

1. 平面尺寸较小的房间应用(　　)楼板。
   A. 板式楼板　　　　　　　　　　B. 梁板式楼板
   C. 井字楼板　　　　　　　　　　D. 无梁楼板

2. 下列对预制板的叙述错误的是(　　)。
   A. 空心板是一种梁板结合的预制构件
   B. 槽形板是一种梁板结合的构件
   C. 结构布置时应优先选用窄板，宽板作为调剂使用
   D. 预制板的板缝内用细石混凝土现浇

3. 为了提高板的刚度，通常在板的两端设置(　　)封闭。
   A. 中肋　　　　　　　　　　　　B. 劲肋
   C. 边肋　　　　　　　　　　　　D. 端肋

4. 以下关于压型钢板混凝土组合楼板说法错误的是(　　)。

    A. 压型钢板在浇筑过程中起到受拉钢筋的作用

    B. 压型钢板在浇筑过程中起到模板的作用

    C. 压型钢板在浇筑完混凝土后不再拆除

    D. 压型钢板在浇筑完混凝土后可以拆除

5. 有主次梁的楼板被称为(　　)。

    A. 单梁式楼板   B. 井梁式楼板   C. 板式楼板   D. 复梁式楼板

任务三　楼地层的组成与构造

课前认知

某酒店大堂地面为大理石地面,客房地面为地毯地面;某住宅卧室地面为木地面,客厅为陶瓷地砖地面;某学术报告厅地面为卷材地面……课前请仔细观察身边的建筑,楼地面的做法有哪些?

理论学习

一、楼地层的组成

楼地层包括楼板层和地坪层,主要由以下两部分构件组成。

(一)承重构件

承重构件,一般包括梁、板等支撑构件,其承受楼板上的全部荷载,并将这些重力传递给墙、柱、墩,同时对墙身起水平支撑作用,增强房屋的刚度和整体性。

(二)非承重构件

非承重构件,包括楼地面的面层、顶棚。它们仅将荷载传递到承重构件上,并具有热工、防潮、防水、保温、清洁及装饰作用。

根据承重构件的主要用料,楼地层可分为以下四大类型。

(1)木楼地层;

(2)钢筋混凝土楼层或混凝土地层;

(3)钢楼板层;

(4)砖楼地层。

此处主要介绍钢筋混凝土楼板的主要类型和构造形式。

二、楼地层的构造

楼板层通常由面层、楼板(结构层)、顶棚三部分组成。地坪层是将地面荷载均匀地传给地基的构件,它由面层、附加层、垫层和素土夯实层构成。依据具体情况可设找平层、结合层、防潮层、保温层、管道铺设层等,如图6-22所示。

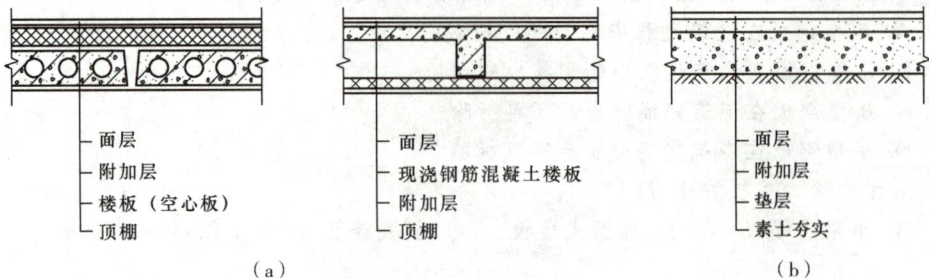

图 6-22　楼地层的组成

(a)楼板层；(b)地坪层

三、楼地面构造

(一)整体楼地面

整体楼地面是采用在现场拌和的湿料，经浇抹形成的面层，具有构造简单、造价低的特点，是一种应用较广泛的楼地面。

1. 水泥砂浆楼地面

水泥砂浆楼地面是在混凝土垫层或楼板上涂抹水泥砂浆而形成的面层，其构造比较简单且坚固、耐磨、防水性能好，但导热系数大、易结露、易起灰、不易清洁，是一种被广泛采用的低档楼地面。通常有单面层和双面层两种做法，如图 6-23 所示。

水磨石地面

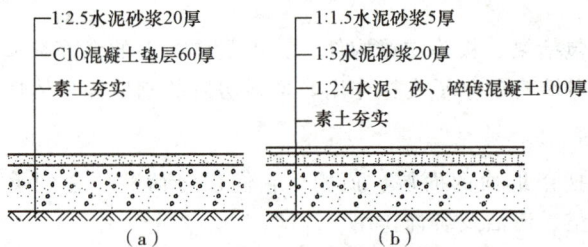

图 6-23　水泥砂浆楼地面

(a)底层地面单层做法；(b)底层地面双层做法

2. 现浇水磨石楼地面

现浇水磨石楼地面多采用双层构造，如图 6-24 所示。施工时，底层应先用 10～15 mm 厚的水泥砂浆找平，然后按设计图案用 1∶1 的水泥砂浆固定分隔条(如铜条、铝条或玻璃条等)，最后用 1∶(1.5～2.5)的水泥石渣浆抹面，其厚度为 12 mm，经养护一周后磨光打蜡形成。

现浇水磨石楼地面整体性好、防水、不起尘、易清洁、装饰效果好，但导热系数偏大、弹性小，适用于人群停留时间较短或需经常用水清洗的楼地面，如门厅、营业厅、厨房、盥洗室等房间。

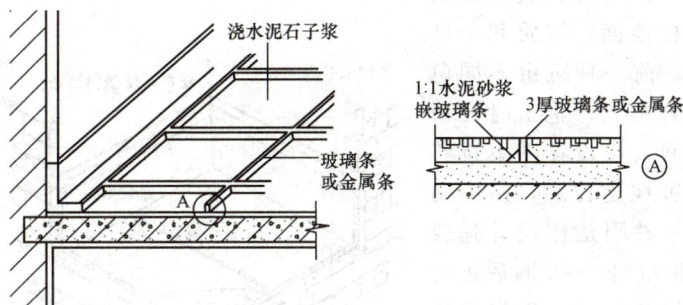

图 6-24　现浇水磨石楼地面

(二)块材楼地面

块材楼地面是用胶结材料，将块状的地面材料铺贴在结构层或找平层上。有些胶结材料既起到找平作用又起到胶结作用，也有先做找平层再做胶结层的。下面列举几例加以说明。

1. 砖、石地面

砖、石地面是用普通石材或烧结普通砖砌筑的地面。砌筑方式有平砌和侧砌两种，常采用干砌法。这种地面施工简单，造价低，适用于庭院小道和要求不高的地面。

2. 水泥制品块地面

如水磨石块地面、水泥砂浆砖地面、预制混凝土块地面等均属于水泥制品块地面。水泥制品块地面有两种铺砌方式：当预制块尺寸较大且较厚时，用干铺法，即在板下先干铺一层细砂或细炉渣，待校正找平后，用砂浆嵌缝；当预制块尺寸较小且较薄时，用水泥砂浆做结合层，铺好后再用水泥砂浆嵌缝。

3. 陶瓷地砖、陶瓷马赛克

陶瓷地砖又称为墙地砖，分为有釉面和无釉面、防滑及抛光等多种。其色彩丰富、抗腐耐磨、施工方便、装饰效果好。陶瓷马赛克是优质瓷土烧制的小尺寸瓷砖，人们按各种图案将正面贴在牛皮纸上，反面有小凹槽，便于施工。

(三)复合木地板楼地面

复合木地板一般由四层复合而成。第一层为透明人造金刚砂的超强耐磨层；第二层为木纹装饰纸层；第三层为高密度纤维板的基材层；第四层为防水平衡层，经高性能合成树脂浸渍后，再经高温、高压压制，四边开榫而成。这种木地板精度高，特别耐磨，阻燃性、耐污性好，在保温、隔热及观感方面可与实木地板媲美。

复合木地板的规格一般为 8 mm×190 mm×1 200 mm，一般采用悬浮铺设，即在较平整的基层(在 1 m 的距离内高差不应超过 3 mm)上先铺设一层聚乙烯薄膜作防潮层。铺设时，复合木地板四周的榫槽用专用的防水胶密封，以防止地面水向下浸入。

(四)人造软质楼地面

按材料不同，人造软质楼地面可分为塑料地面、油毡地面、橡胶地面和涂布无缝地面等。软质楼地面施工灵活、维修保养方便、脚感舒适、有弹性、可缓解固体传声、厚度小、自重轻、柔韧、耐磨、外表美观。下面介绍几种人造软质楼地面。

1. 塑料地面

塑料地面是选用人造合成树脂(如聚氯乙烯等塑化剂)加入适量填充料、掺入颜料，经热压而成，底面衬布。聚氯乙烯地面品种多样，有卷材和块材、软质和半硬质、单层和多层、单色和复色之分。常用的聚氯乙烯地面有聚氯乙烯石棉地面、软质和半硬质聚氯乙烯地面。前一种可由不同色彩和形状拼成各种图案，施工时在清理基层后根据房间大小设计图案排料编号，在基层上弹线定位后，由中间向四周铺贴。后一种则是按设计弹线在塑料板底满涂胶粘剂 1～2 遍后进行铺贴。地面的铺贴方法是：先将板缝切成 V 形，然后用三角形塑料焊条、电热焊枪焊接，并均匀加压 24 h。塑料地面施工如图 6-25 所示。

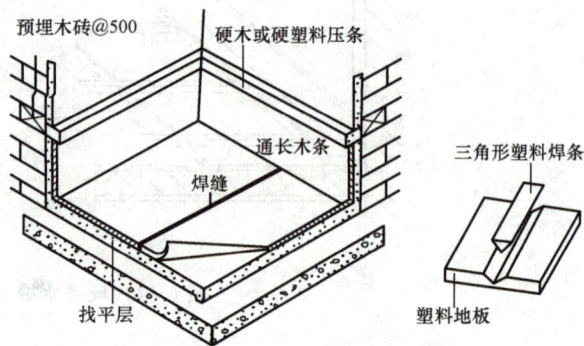

图 6-25　塑料地面施工

2. 橡胶地面

橡胶地面是在橡胶中掺入一些填充料制成。橡胶地面的表面可做成光滑的或带肋的，也可制成单层的或双层的。双层橡胶地面的底层如改用海绵橡胶，则弹性会更好。橡胶地面有良好的弹性、耐磨、保温、消声性能也很好，行走舒适，适用于很多公共建筑，如阅览室、展馆和试验室。

3. 涂料地面和涂布地面

涂料地面和涂布地面的区别在于：前者以涂刷方法施工，涂层较薄；后者以刮涂方式施工，涂层较厚。用于地面的涂料有过氯乙烯地面涂料、苯乙烯地面涂料等，这些涂料施工方便，造价低，能提高地面的耐磨性和不透水性，故多适用于民用建筑，但涂料地面涂层较薄，不适用于人流较多的公共场所。

(五)木楼地面

按构造方式，木楼地面可分为空铺式和实铺式两种。木楼地面是一种高级楼地面，具有弹性好、不起尘、易清洁和导热系数小的特点，但是其造价较高，故应用不广。

1. 空铺式木楼地面

空铺式木楼地面的构造比较复杂，一般是将木楼地面进行架空铺设，使板下有足够的空间，以便于通风，保持干燥。空铺式木楼地面耗费木材量较多，造价较高，故多不采用，主要用于要求环境干燥且对楼地面有较高的弹性要求的房间。

2. 实铺式木楼地面

实铺式木楼地面有铺钉式和粘贴式两种做法。当在地坪层上采用实铺式木楼地面时，必须在混凝土垫层上设防潮层。

(1)铺钉式木楼地面，是在混凝土垫层或楼板上固定小断面的木搁栅，木搁栅的断面尺寸一般为 50 mm×50 mm 或 50 mm×70 mm，其间距为 400～500 mm，然后在木搁栅上铺定木板材。木板材可采用单层和双层做法，铺钉式拼花木楼地面的构造如图 6-26(a)所示。

(2)粘贴式木楼地面，是在混凝土垫层或楼板上先用厚度为 20 mm 的 1∶2.5 的水泥砂浆找平，干燥后用专用胶粘剂黏结木板材，其构造如图 6-26(b)所示。由于省去了搁栅，粘贴式木楼地面比铺钉式木楼地面节约木材，且施工简便、造价低，故应用广泛。

图 6-26　拼花木楼地面的构造

(a)铺钉式；(b)粘贴式

四、楼地层变形缝构造

当建筑物设置变形缝时，应在楼地层的对应位置设变形缝。变形缝应贯通楼地层的各个层次，并在构造上保证楼板层和地坪层能够满足美观和变形需求。

楼地层变形缝的宽度应与墙体变形缝一致，上部用金属板、预制水磨石板、硬塑料板等盖缝，以防止灰尘下落。顶棚处应用木板、金属调节片等作盖缝处理，盖缝板应于一侧固定，另一侧自由，以保证缝两侧结构能够自由变形，如图 6-27 所示。

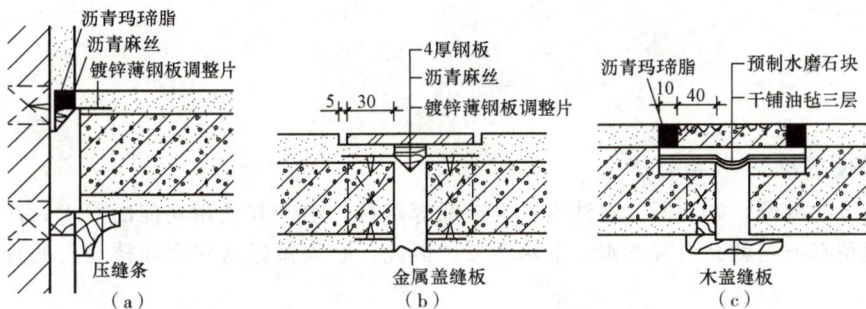

图 6-27　楼地层变形缝的构造

五、楼地层防潮、防水与隔声

(一)楼地层防潮

楼地层与土层直接接触，土壤中的水分会因毛细现象的作用上升，引起地面受潮，严重影响室内卫生和使用。为有效防止室内受潮，避免地面因结构层受潮而破坏，需对地层作必要的防潮处理。

1. 架空式地面

架空式地面是将地坪底层架空，使地坪不接触土壤，形成通风间层，以改变地面的温度状况，同时带走地下潮气，其构造如图 6-28(a)所示。

2. 保温地面

对地下水水位低、地基土壤干燥的地区，可在水泥地面以下铺设一层厚度为 150 mm 的 1:3 的水泥煤渣保温层，以降低地坪温度差。在地下水水位较高的地区，可将保温层设在面层与混凝土结构层之间，并在保温层下铺防水层，上铺厚度为 30 mm 的细石混凝土层，最后做面层，其构造如图 6-28(b)所示。

3. 吸湿地面

吸湿地面是指采用烧结普通砖、大阶砖、陶土防潮砖来做地面的面层。由于这些材料中存在大量孔隙，当返潮时，面层会暂时吸收少量冷凝水，待空气湿度较小时，水分又能自动蒸发掉，因此地面不会出现明显的潮湿现象。吸湿地面的构造如图 6-28(c)所示。

4. 防潮地面

在地面垫层和面层之间加设防潮层的地面称为防潮地面，如图 6-28(d)所示。其一般构造为：先刷冷底子油一道，再铺设热沥青、油毡等防水材料，阻止潮气上升；也可在垫层下均匀铺设卵石、碎石或粗砂等，切断毛细水的通路。

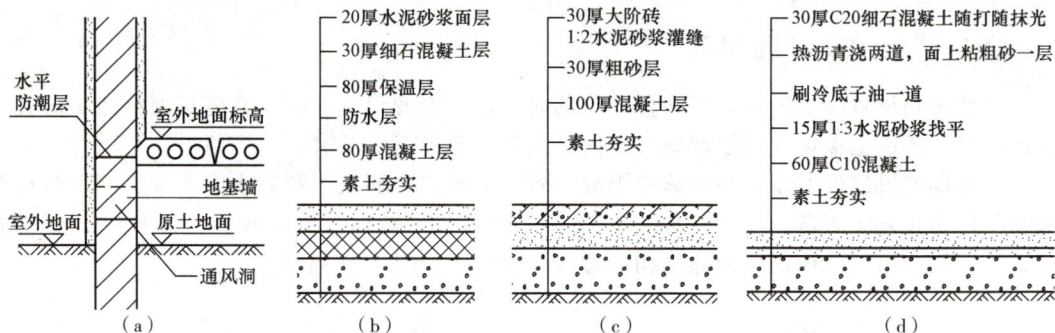

图 6-28　地面防潮处理

(a)架空式地面；(b)保温地面；(c)吸湿地面；(d)防潮地面

(二)楼地层排水与防水

在建筑物内部，如厕所、盥洗室、淋浴间等部位，由于其使用功能的要求，往往容易积水，处理稍有不当就会出现渗水、漏水现象，因此，必须做好这些房间楼地层的排水和防水工作。

1. 楼地面排水

为使楼地面排水畅通，需将楼地面设置一定的坡度，一般为 1%～1.5%，并在最低处设置地漏。为防止积水外溢，用水房间的地面应比相邻房间或走道的地面低 20～30 mm，或在门口做 20～30 mm 高的挡水门槛，如图 6-29 所示。

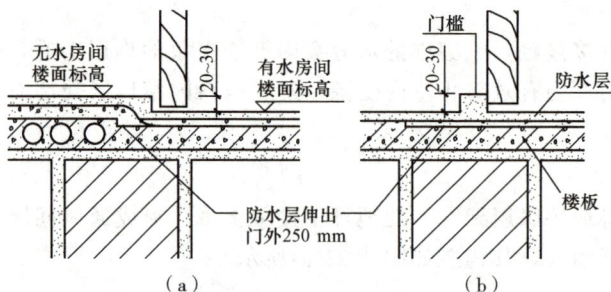

图 6-29　楼地面排水

(a)地面降低；(b)设置门槛

2. 楼地面防水

现浇楼板是楼地面防水的最佳选择，楼面面层应选择防水性能较好的材料，如防水砂浆、防水涂料、防水卷材等。对防水要求较高的房间，还需在结构层与面层之间增设一道防水层，同时，将防水层沿四周墙身上升150～200 mm，如图6-30(a)所示。

当有竖向设备管道穿越楼板层时，应在管线周围做好防水密封处理。一般在管道周围用C20干硬性细石混凝土密实填充，再用沥青防水涂料作密封处理。当热力管道穿越楼板时，应在穿越处埋设套管(管径比热力管道稍大)，套管高出地面约30 mm，如图6-30(b)、(c)所示。

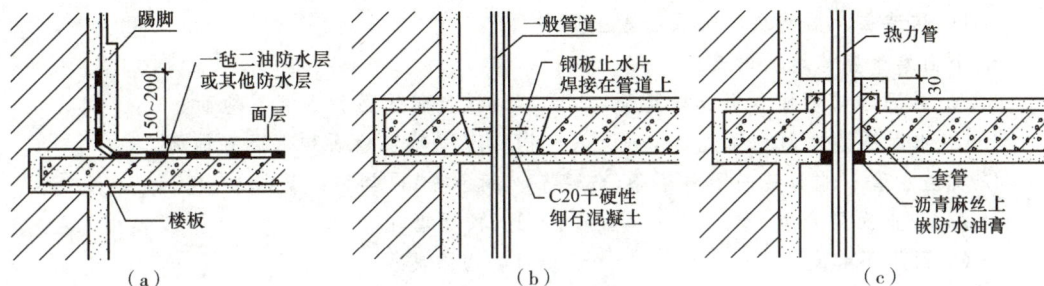

图 6-30　楼地面防水
(a)楼板层与墙身防水；(b)普通管道的处理；(c)热力管道的处理

(三)楼地层隔声处理

为避免上、下楼层之间的相互干扰，楼层应满足一定的隔声要求。楼层隔声的重点是隔绝固体传声，减弱固体的撞击能量，可采取以下几项措施。

1. 采用弹性面层材料

在楼层地面上铺设弹性材料，如铺设木板、地毯等，以降低楼板的振动，从而减弱固体传声。这种方法效果明显，是目前最常用的构造措施。

2. 采用弹性垫层材料

在楼板结构层与面层之间铺设片状、条状、块状的弹性垫层材料，如木丝板、甘蔗板、软木板、矿棉毡等，使面层与结构层分开，形成浮筑楼板，以减弱楼板的振动，进一步达到隔声的目的。

3. 增设吊顶

在楼层下做吊顶，利用隔绝空气声的措施来阻止声音的传播，也是一种有效的隔声措施，其隔声效果取决于吊顶的面层材料，应尽量选用密实、吸声、整体性好的材料。吊顶的挂钩宜选用弹性连接。

仿真实训

结合楼地面组成与构造内容的资源的学习，在建筑识图与构造虚拟仿真实训平台完成各类型楼地面构造做法的相关任务。

1. 地层的基本组成为（　　　）。

　　A. 楼地层、结构层、面层　　　　　　B. 顶棚层、结构层、面层

　　C. 基层、垫层、面层　　　　　　　　D. 顶棚层、垫层、面层

2. 以下为合理地层的构成的是（　　　）（顺序为由上向下）。

　　A. 面层、钢筋混凝土结构层、碎石垫层、素土夯实层

　　B. 面层、垫层、找平层、素土夯实层

　　C. 面层、结构层、垫层、结合层

　　D. 构造层、结构层、垫层、素土夯实层

3. 下面属于整体地面的是（　　　）。

　　A. 釉面地砖地面和抛光砖地面　　　　B. 抛光砖地面和水磨石地面

　　C. 水泥砂浆地面和抛光砖地面　　　　D. 水泥砂浆地面和水磨石地面

4. 现浇水磨石地面常嵌固分格条（玻璃条、铜条等），其目的是（　　　）。

　　A. 防止面层开裂　　　　　　　　　　B. 便于磨光

　　C. 面层不起灰　　　　　　　　　　　D. 增添美观

5. 有防水要求的房间，防水层应该（　　　）。

　　A. 伸入踢脚板 100～150 mm　　　　 B. 伸至门口处

　　C. 伸至墙脚处　　　　　　　　　　　D. 伸至门口外侧 100 mm 处

6. 有水房间楼地面标高应该（　　　）。

　　A. 与其他房间平齐　　　　　　　　　B. 高于其他房间

　　C. 低于其他房间 10 mm　　　　　　 D. 低于其他房间 20～30 mm

7. 热力管穿过楼板时使用套管应高出地面以上（　　　）mm。

　　A. 10　　　　　　 B. 20　　　　　　 C. 30　　　　　　 D. 40

8. 以下楼板的隔声措施不正确的是（　　　）。

　　A. 楼面上铺设地毯　　　　　　　　　B. 设置矿棉毡垫层

　　C. 做楼板吊顶处理　　　　　　　　　D. 设置混凝土垫层

任务工单

根据所学知识，完成以下任务工单。

1. 正确识图楼面和地面的构成组成（图 6-31），并进行正确标注。

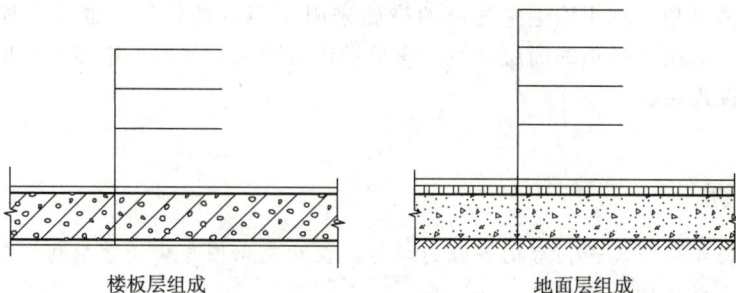

楼板层组成　　　　　　　　　　　　　地面层组成

图 6-31　楼地层的组成

2. 某花岗石地面的构造做法如图 6-32 所示，请完成(1)～(3)。

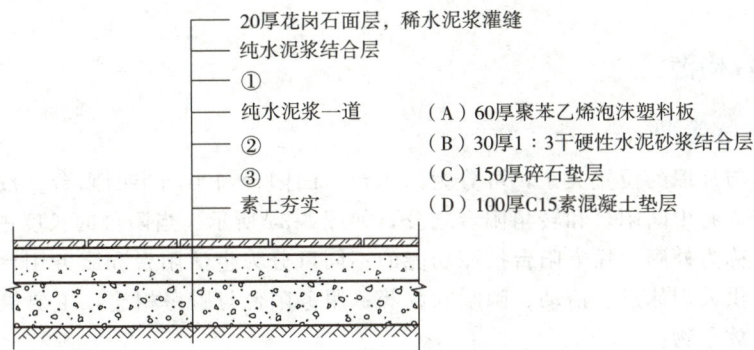

> 20厚花岗石面层，稀水泥浆灌缝
> 纯水泥浆结合层
> ①
> 纯水泥浆一道   (A) 60厚聚苯乙烯泡沫塑料板
> ②   (B) 30厚1：3干硬性水泥砂浆结合层
> ③   (C) 150厚碎石垫层
> 素土夯实   (D) 100厚C15素混凝土垫层

图 6-32　花岗石地面构造详图

(1)从花岗石地面构造可知，编号①的构造说明是(　　)。
(2)从花岗石地面构造可知，编号②的构造说明是(　　)。
(3)从花岗石地面构造可知，编号③的构造说明是(　　)。

3. 某楼面变形缝构造图如图 6-33 所示，缝表面采用 5 厚花纹钢板盖板，支撑在 5 厚橡胶垫上，面层与花纹钢板距离为 5 mm，并用L 36×5 通长角钢包边，结构楼面板边预埋L 50×5 通长角钢，缝内有岩棉阻火带和镀锌钢板止水带，请对以下变形缝构造图进行正确标注。

图 6-33　楼面变形缝构造详图

(1)_____　(2)_____　(3)_____　(4)_____
(5)_____　(6)_____　(7)_____　(8)_____

▶▶ 任务四　阳台与雨篷构造

📖 课前认知

　　阳台是楼房建筑中常见的组成部分，更是多层住宅、高层住宅和旅馆等建筑中不可缺少的室外平台。其能为楼上的居住人员提供一定的室外活动与休息空间。如果布置的好，还可以变成宜人的小花园，使人足不出户也能欣赏到大自然中最可爱的色彩。课前请了解阳台的类型、雨篷的类型。

一、阳台构造

(一)阳台的类型

阳台按其与外墙的位置关系，可分为凸阳台、凹阳台与半凸半凹阳台；按其在外墙上所处的位置不同，有中间阳台和转角阳台之分，如图 6-34 所示。当阳台的长度占有两个或两个以上开间时，称为外廊。住宅阳台按照功能的不同可分为生活阳台和服务阳台，生活阳台设主立面，主要供人们休息、活动、晾晒衣物等；服务阳台与厨房相连，主要供人们从事家庭服务操作与存放杂物。

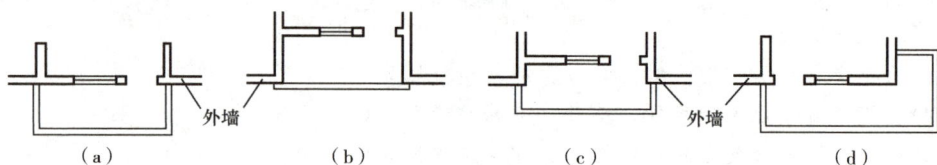

图 6-34　阳台的类型

(a)凸阳台(中间阳台)；(b)凹阳台；(c)半凹半凸阳台；(d)转角阳台

(二)阳台的结构

布置凹阳台其实是楼板层的一部分，所以，它的承重结构布置可按楼板层的受力分析进行，采用搁板式布板方法。

凸阳台的受力构件为悬挑构件，涉及结构受力、倾覆等问题，构造上要特别重视。凸阳台的承重方案大体可分为挑梁式和挑板式两种类型。当出挑长度在 1 200 mm 以内时，可采用挑板式；大于 1 200 mm 时，可采用挑梁式。

1. 搁板式

将阳台板直接搁置在墙上。这种结构形式稳定、可靠、施工方便，多用于凹阳台，如图 6-35(a)所示。

2. 挑板式

挑板式阳台的一种做法是将房间楼板直接向墙外悬挑形成阳台板。这种阳台构造简单，施工方便，但预制板型增多，并且对寒冷地区保温不利。这种纵墙承重住宅阳台的长宽可不受房屋开间的限制而按需要调整。挑板式阳台的另一种做法是将阳台板和墙梁现浇在一起，利用梁上部墙体的质量来防止阳台倾覆，如图 6-35(b)、(c)所示。

板式阳台

3. 挑梁式

挑梁式，即从承重墙内外伸挑梁，其上搁置预制楼板，阳台荷载通过挑梁传递给承重墙。这种结构布置简单，传力直接、明确，但由于挑梁尺寸较大，阳台外形笨重，为美观考虑，可在挑梁端头设置面梁，既可以遮挡挑梁头，又可以承受阳台栏杆质量，还可以加强阳台的整体性，如图 6-35(d)所示。

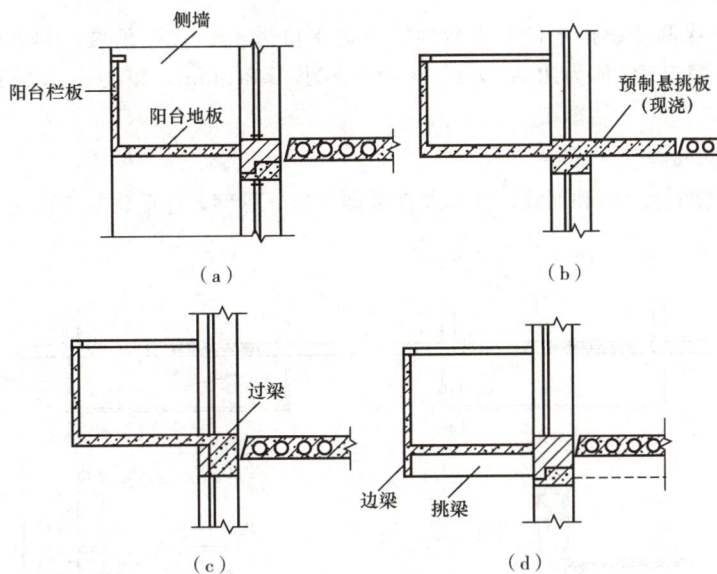

图 6-35　阳台的结构布置形式

(a)搁板式；(b)预制或现浇悬挑板；(c)从过梁上挑出阳台板；(d)挑梁式

(三)栏杆和扶手

阳台栏杆是设置在阳台外围的保护设施，主要供人们扶倚之用，以保障人身安全。其高度一般为 1.0～1.2 m，栏杆间净距不大于 110 mm。栏杆的立面形式有实心栏杆、空花栏杆和由空花栏杆、实心栏杆组合成的组合式栏杆。按材料不同，可分为砖砌栏杆、钢筋混凝土栏杆(板)和金属栏杆等。

扶手有金属和钢筋混凝土两种。金属扶手一般用 $\phi50$ 钢管与金属栏杆焊接。钢筋混凝土扶手应用广泛，形式多样，一般直接用作栏杆压顶，宽度有 80 mm、120 mm、160 mm。当扶手上需放置花盆时，需在外侧设保护栏杆，一般高度为 180～200 mm，花台净宽为 240 mm。栏杆及扶手构造如图 6-36 所示。

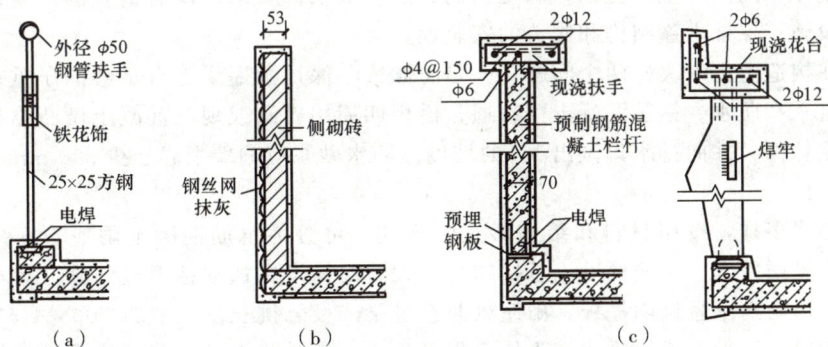

图 6-36　栏杆及扶手构造

(四)阳台排水

阳台排水有外排水和内排水两种。

1. 外排水的做法

在阳台一侧或两侧设排水口，阳台地面向排水口做 1‰～2‰ 的坡，排水口内埋设 $\phi40$～$\phi50$ 镀锌钢管或塑料管（称为水舌），外挑长度不小于 80 mm，以防雨水溅到下层阳台，如图 6-37（a）所示。

2. 内排水的做法

在阳台内设置排水立管和地漏，将雨水直接排入地下管网，保证建筑立面美观，如图 6-37（b）所示。

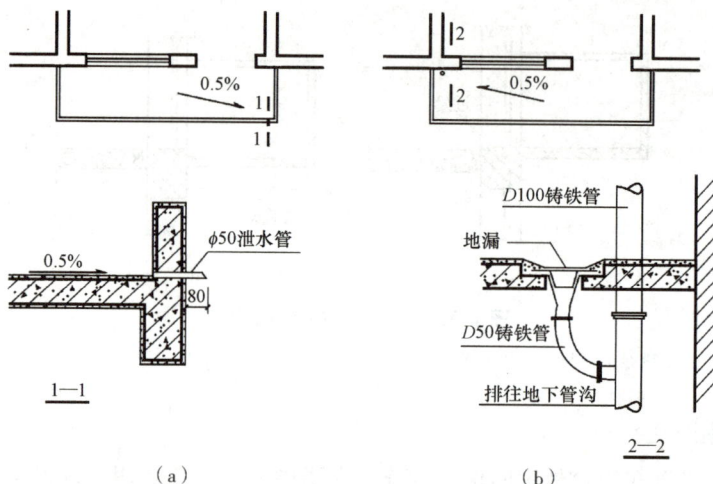

图 6-37　阳台排水构造
（a）水舌排水；（b）排水管排水

二、雨篷构造

雨篷位于建筑物出入口的上方，用来遮挡雨雪，给人们提供一个从室外到室内的过渡空间，并起到保护门和丰富建筑立面的作用。雨篷的设计要求：反映建筑物的性质、特征，与建筑物的整体和周围环境相协调；满足挡雨、照明等功能要求，既有适宜的尺度，又配备相应的照明设施；保证雨篷结构和构造的安全性。

雨篷在构造上需解决好两个问题：一是防倾覆，保证雨篷梁上有足够的压重；二是板面上要做好排水和防水。钢筋混凝土雨篷通常沿板四周用砖砌或现浇混凝土做凸檐挡水，板面用防水砂浆抹面，并向排水口做出 1‰ 的坡度。防水砂浆应顺墙上卷至少 300 mm，如图 6-38 所示。

雨篷形式多样，按照材料和结构形式的不同，可分为钢筋混凝土雨篷、钢结构悬挑雨篷、玻璃采光雨篷等。钢筋混凝土悬挑构件，大型雨篷下常加立柱形成门廊。较小的雨篷常为挑板式，由雨篷梁悬挑雨篷板，雨篷梁兼作过梁。板悬挑长度一般为 700～1 500 mm。挑出长度较大时，一般做成挑梁式，为使底板平整，可将挑梁上翻。钢结构悬挑雨篷一般由支撑系统、骨架系统和板面系统三部分组成。玻璃采光雨篷是用阳光板、钢化玻璃做雨篷面板的新型透光雨篷。其特点是结构轻巧，造型美观，透明新颖，富有现代感，也是现代建筑中广泛采用的一种雨篷。

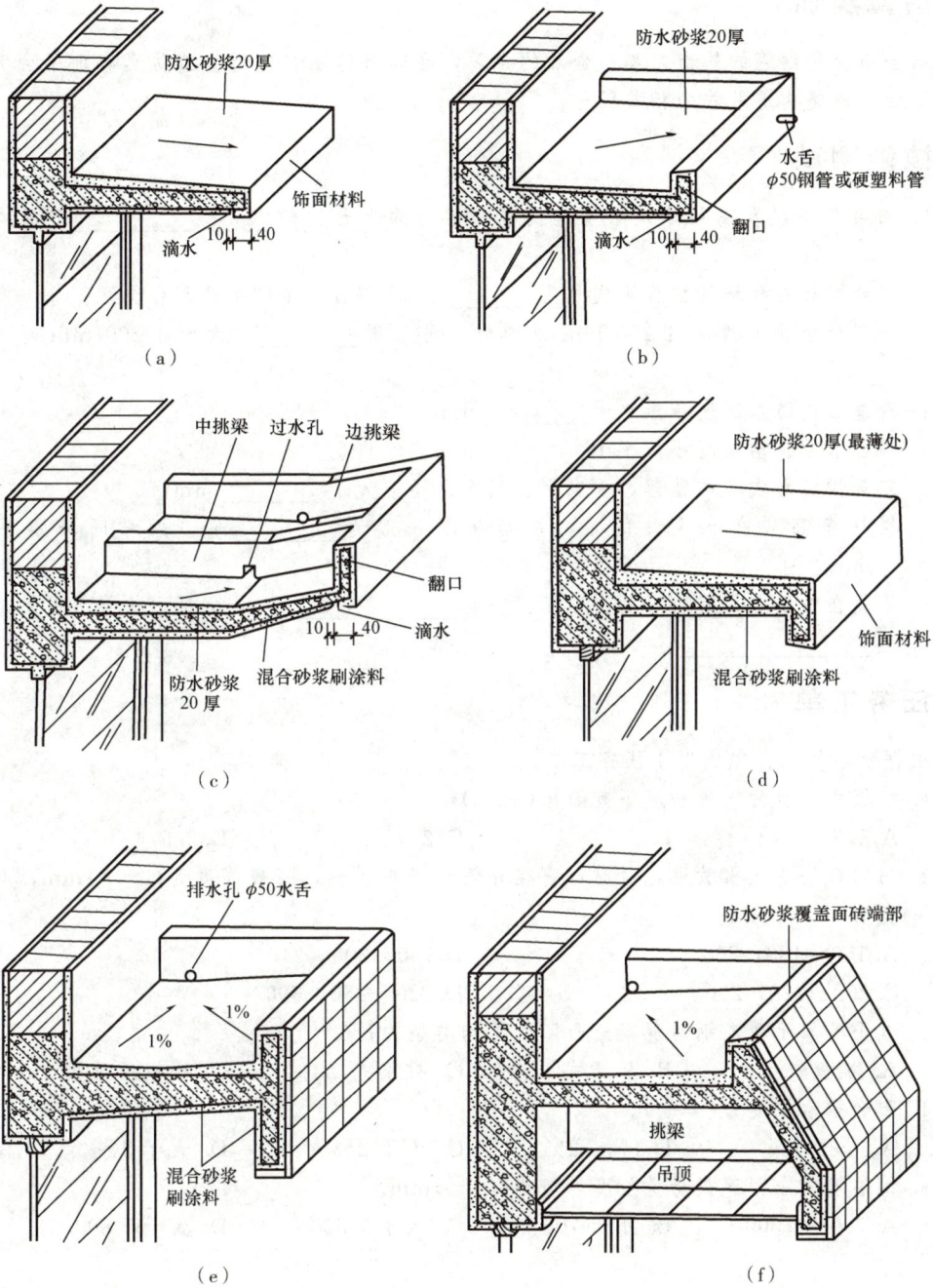

图 6-38 雨篷构造

(a)自由落水雨篷；(b)上翻口有组织排水雨篷；
(c)折挑倒梁有组织排水雨篷；(d)下翻口自由落水雨篷；
(e)上下翻口有组织排水雨篷；(f)下挑梁有组织排水带吊顶雨篷

结合阳台和雨篷的构造内容的资源的学习，在建筑识图与构造虚拟仿真实训平台完成各类型阳台、雨篷构造做法的相关任务。

技能测试

1. 阳台是多层及高层建筑中供人们室外活动的平台，有_____和服务阳台之分。

2. 阳台按相对外墙的位置不同分为_____、凸阳台和半凹半凸阳台。

3. 当阳台出挑长度在 1 200 mm 以内时，可采用_____；大于 1 200 mm 时，可采用_____。

4. 雨篷四周防水高度不应小于_____ mm。

5. 阳台水舌挑出长度不应小于_____ mm。

6. 阳台栏杆形式应防坠落，垂直栏杆间净距不应大于_____ mm。

7. 栏杆净高应高于人体的重心，其高度一般为_____ m，栏杆间净距不大于_____ mm。

8. 雨篷在构造上需解决好两个问题：一是_____，保证雨篷梁上有足够的压重；二是_____。

任务工单

根据所学知识，完成以下任务工单。

1. 挑板式阳台的出挑长度不宜超出(　　)m。

　　A.1.2　　　　　　　B.1.5　　　　　　　C.2　　　　　　　D.2.5

2. 当阳台扶手上需放置花盆时，需在外侧设保护栏杆，一般高度为(　　)mm，花台净宽为(　　)mm。

　　A.150～180，200　　　　　　　B.180～200，240

　　C.200～220，250　　　　　　　D.220～250，300

3. 以下不属于现浇钢筋混凝土凸阳台结构类型的是(　　)。

　　A. 挑板式　　　　B. 压梁式　　　　C. 挑梁式　　　　D. 楼板压重式

4. 阳台排水坡度为(　　)。

　　A. 小于 1%　　　B.1%～2%　　　C. 大于 2%　　　D. 大于 3%

5. 钢筋混凝土雨篷板悬挑长度一般为(　　)mm。

　　A.700～1 500　　B. 小于 700　　C. 大于 1 500　　D. 大于 1 800

项目七　楼梯构造

>>> 任务一　楼梯概述

课前认知

某中学教学楼，由于人流较多，采用平行双分楼梯[图 7-1(a)]；某酒店大堂，装修豪华，采用弧形楼梯[图 7-1(b)]。仔细观察身边的建筑，还有哪些类型的楼梯？楼梯的设置有哪些要求？

（a）　　　　　　　　　　　（b）

图 7-1　楼梯实物

⬚ 理论学习

凡两层以上的建筑物就有竖向交通设施，如楼梯、电梯、自动扶梯、爬梯、台阶、坡道等。电梯主要用于层数较多的建筑物内，设有电梯或自动扶梯的建筑物，也一定同时设有楼梯。

一、楼梯的组成

楼梯一般由楼梯段、楼梯平台和栏杆扶手组成，如图 7-2 所示。

（一）楼梯段

楼梯段是楼梯的主要使用和承重构件。其由若干个踏步组成。为减少人们上下楼梯时的疲劳和适应人体行走的习惯，梯段踏步的步数不宜超过 18 级，但也不宜少于 3 级，以免步数太少时不被人察觉而使人摔倒。

（二）楼梯平台

楼梯平台是指连接两梯段之间的水平部分。按平台所处的位置与标高，与楼层标高相一致的平台称为楼层平台；介于两个楼层之间的平台，称为中间平台或休息平台。平台的主要作用在于缓解疲劳。同时，平台还是梯段之间转换方向的连接处。楼梯平台还用来分配从楼梯到达各楼层的人流。

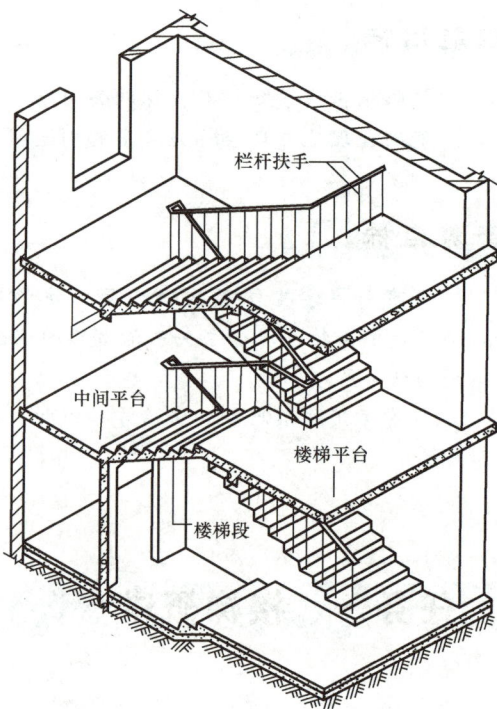

图 7-2　楼梯的组成

（三）栏杆扶手

栏杆扶手是设在楼梯及平台边缘的安全保护构件。栏杆扶手要求坚固、可靠，并保证有足够的安全高度。

二、楼梯的分类

（1）按位置不同分，有室内楼梯与室外楼梯两种。

（2）按使用性质分，室内有主要楼梯、辅助楼梯，室外有安全楼梯、防火楼梯。

（3）按材料分，有木质、钢筋混凝土、混合式及金属楼梯。

（4）按楼梯间平面形式分，有开敞楼梯间、封闭楼梯间及防烟楼梯间，如图 7-3 所示。

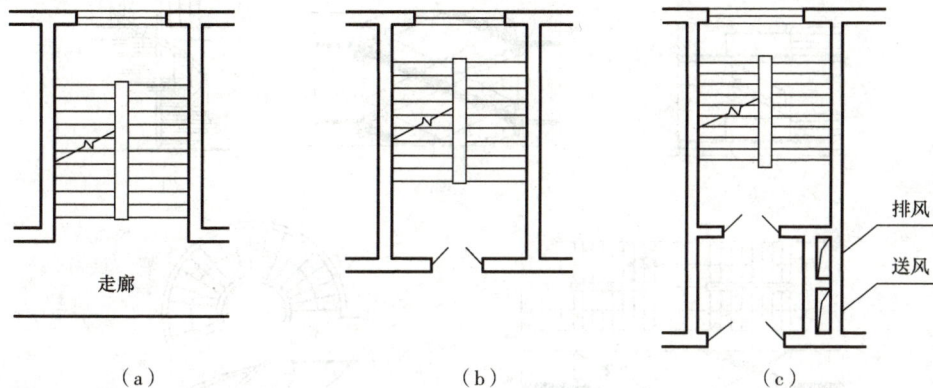

走廊

（a）　　　　　　　　（b）　　　　　　　　（c）

排风

送风

图 7-3　楼梯间平面形式

（a)开敞楼梯间；(b)封闭楼梯间；(c)防烟楼梯间

（5）按平面形式不同分，楼梯的形式如图 7-4 所示。

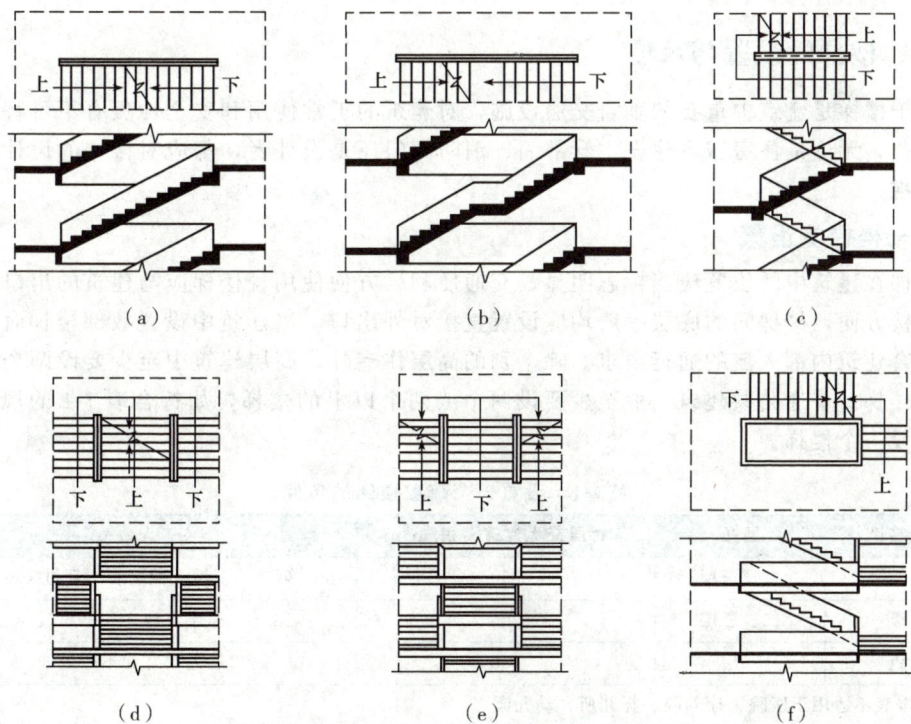

上　　下

（a）

上　　下

（b）

上
下

（c）

下　上　下

（d）

上　下　上

（e）

下
上

（f）

图 7-4　楼梯的形式

（a)直行单跑楼梯；(b)直行双跑楼梯；(c)平行双跑楼梯；(d)平行双分式楼梯；

（e)平行双合式楼梯；(f)折行双跑楼梯

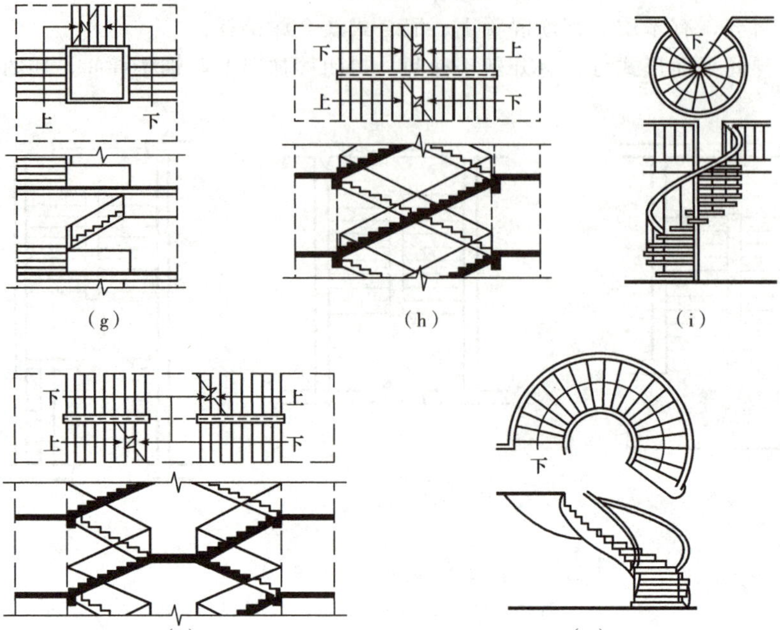

图 7-4　楼梯的形式(续)
(g)折行三跑楼梯；(h)交叉式楼梯；(i)螺旋式楼梯；(j)剪刀式楼梯；(k)弧形楼梯

三、楼梯的设置与尺度

由于楼梯是建筑中重要的垂直交通设施，对建筑的正常使用和安全性负有不可替代的责任。因此，无论是住房城乡建设主管部门、消防部门还是设计者，都应对楼梯的设计给予足够的重视。

(一)楼梯的设置

楼梯在建筑中的位置应当标志明显、交通便利、方便使用。楼梯应与建筑的出口关系紧密、连接方便，楼梯间的底层一般均应设置直接对外出口。当建筑中设置数部楼梯时，其分布应符合建筑内部人流的通行要求。除个别的高层住宅外，高层建筑中至少要设两个或两个以上的楼梯。普通公共建筑一般至少要设两个或两个以上的楼梯，如符合表 7-1 的规定，也可以只设一个楼梯。

表 7-1　设置一个疏散楼梯的条件

耐火等级	层数	每层最大建筑面积/m²	人数
一、二级	二、三层	500	第二、三层人数之和不超过 100 人
三级	二、三层	200	第二、三层人数之和不超过 50 人
四级	二层	200	第二层人数之和不超过 30 人
注：本表不适用于医院、疗养院、托儿所、幼儿园			

设有不少于两个疏散楼梯的一、二级耐火等级的公共建筑，如顶层局部升高，其高出部分的层数不超过两层，每层建筑面积不超过 200 m²，当人数之和不超过 50 人时，可设一个楼梯。但应另设一个直通平屋面的安全出口。

(二)楼梯的坡度

楼梯的坡度是指梯段中各级踏步前缘的假定连线与水平面形成的夹角，或以夹角的正切表示踏步的高宽比，如图7-5所示。

图7-5 楼梯间剖面

楼梯坡度不宜过大或过小，若坡度过大，则行走易疲劳；若坡度过小，则楼梯占用空间大。楼梯的坡度范围常为23°～45°，适宜的坡度为30°左右；当坡度过小时，可做成坡道，坡度过大时可做成爬梯，如图7-6所示。公共建筑的楼梯坡度较平缓，常为26°～34°(正切为1/2)。住宅中的共用楼梯坡度可稍陡些，常为33°42′(正切为1/1.5)左右。楼梯坡度一般不宜超过38°，供少量人流通行的内部交通楼梯，坡度可适当加大。

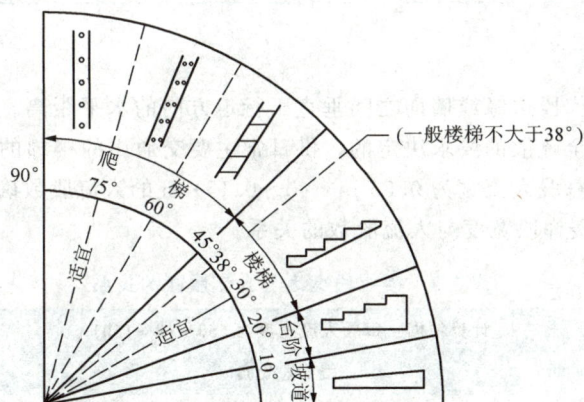

图7-6 楼梯、爬梯及坡道坡度

(三)楼梯的踏步尺寸

楼梯踏步是由踏步面和踏步踢板组成的。踏步尺寸包括踏步宽度和踏步高度，如图7-7所示。踏步高度不宜大于210 mm，并不宜小于140 mm。各级踏步高度均应相同，一般常用140～180 mm。踏步宽度应与成人的脚长相适应，一般不宜小于260 mm，常用260～320 mm。计算踏步尺寸常用的经验公式为

$$2h + b = 600 (\text{mm})$$

式中 h——踏步高度；

　　　b——踏步宽度；

　　　600——人行走时的平均步距。

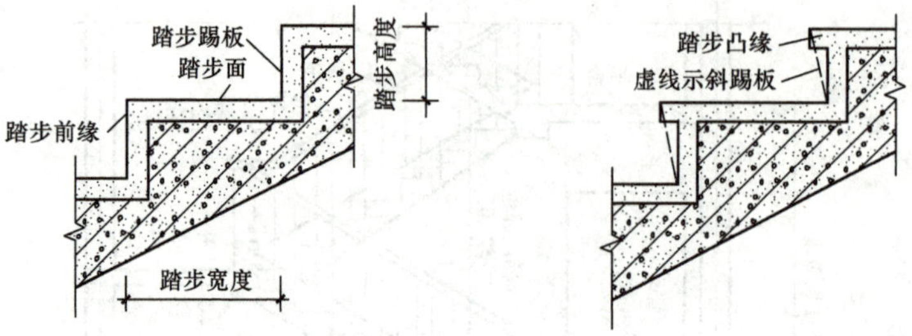

图 7-7　楼梯踏步

(a)无凸缘；(b)有凸缘

当受条件限制时，供少量人流通行的内部交通楼梯，踏步宽度可适当减小，但也不宜小于 220 mm，也可采用凸缘(出沿或尖角)加宽 20 mm，如图 7-7(b)所示。踏步宽度一般以 1/5M 为模数，如 220 mm、240 mm、260 mm、280 mm、300 mm、320 mm 等。

各类建筑的楼梯踏步的最小宽度和最大高度见表 7-2。

表 7-2　常用适宜踏步尺寸　　　　　　　　　　　　　　　　　mm

名称	住宅	学校、办公楼	剧院、食堂	医院(病人用)	幼儿园
踏步高	156~175	140~160	120~150	150	120~150
踏步宽	250~300	280~340	300~350	300	260~300

(四)楼梯段宽度

楼梯段宽度是指梯段边缘或墙面之间垂直于行走方向的水平距离。楼梯段宽度是根据通行的人流量大小和安全疏散的要求决定的，供日常主要交通用的楼梯的梯段净宽应根据建筑物使用特征，一般按每股人流宽为 0.55 m＋(0~0.15) m 的人流股数确定，并不应少于两股人流。表 7-3 提供了楼梯段宽度与人流股数的关系。

表 7-3　楼梯段宽度与人流股数的关系　　　　　　　　　　　　mm

计算依据：每股人流宽度为 550＋(0~150)		
类别	楼梯段宽度	备注
单人通过	>1 000	满足单人携物通过
双人通过	1 100~1 400	
三人通过	1 650~2 100	

(五)楼梯平台深度

楼梯平台是连接楼地面与梯段端部的水平部分，有中间平台和楼层平台之分，平台深度不应小于楼梯段的宽度。但直跑楼梯的中间平台深度以及通向走廊的开敞式楼梯楼层平台深度可不受此限制，如图 7-8 所示。

当楼梯段改变方向时，平台扶手处的最小宽度不应小于楼梯段净宽，并不得小于1.20 m，当平台上设暖气片或消火栓时，应扣除它们所占的宽度。

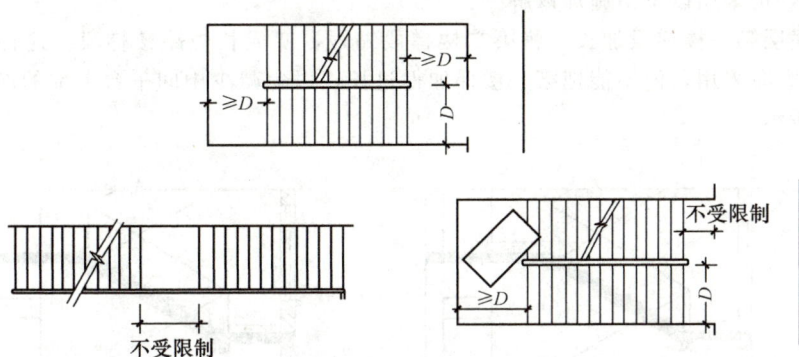

图 7-8　楼梯平台深度

(六)楼梯栏杆和扶手高度

楼梯栏杆是楼梯的安全设施。当楼梯段的垂直高度大于1.0 m时，应当在楼梯段的临空一侧设置栏杆。楼梯至少应在楼梯段临空一侧设置扶手，楼梯段净宽达三股人流时应两侧设扶手，达四股人流时应加设中间扶手。

要合理确定栏杆的高度，即确定踏步前缘至上方扶手中心线的垂直距离。一般室内楼梯栏杆高度不应小于0.9 m；室外楼梯栏杆高度不应小于1.05 m；高层建筑室外楼梯栏杆高度不应小于1.1 m。如果靠楼梯井一侧水平栏杆长度超过0.5 m，其高度不应小于1.0 m。

楼梯栏杆应用坚固、耐久的材料制作，并具有一定的强度和抵抗侧向推力的能力。同时，还应充分考虑到栏杆对建筑室内空间的装饰效果，应使其具有美观的形象。扶手应选用坚固、耐磨、光滑、美观的材料制作。

(七)楼梯的净空高度

1. 楼梯净空高度的要求

楼梯的净空高度是指楼梯平台上部和下部过道处的净空高度，以及上、下两层楼梯段间的净空高度。为保证人流通行和家具搬运，我国规定楼梯段之间的净空高度不应小于2.2 m，平台过道处净空高度不应小于2.0 m。起止踏步前缘与顶部凸出物内边缘线的水平距离不应小于0.3 m，如图7-9所示。通常，楼梯段之间的净空高度与房间的净空高度相差不大，一般均可满足不小于2.2 m的要求。

图 7-9　楼梯段及平台部位的净空高度要求

2. 楼梯间入口处的净空高度

当采用平行双跑楼梯且在底层中间平台下设置供人进出的出入口时，为保证中间平台下的净空高度，可采用以下措施加以解决：

(1)将底层第一楼梯段加长，将第二楼梯段缩短，变成长短跑楼梯段。这种方法只在楼梯间进深较大时采用，但不能把第一楼梯加得过长，以免减少中间平台上部的净空高度，如图 7-10(a)所示。

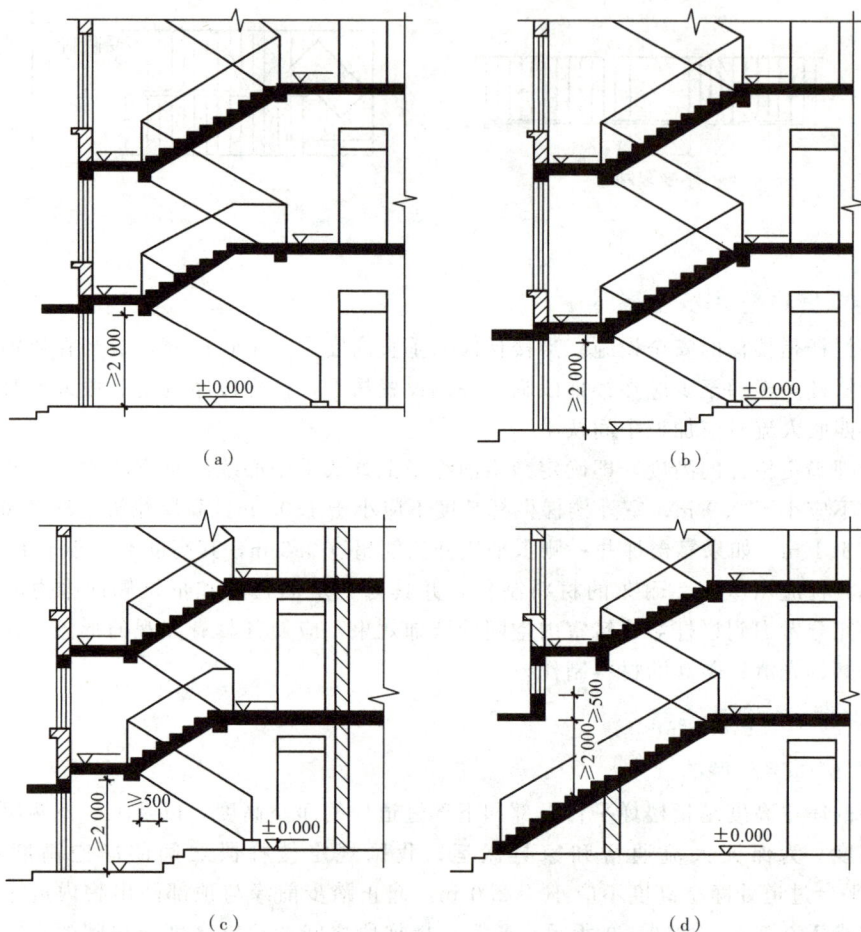

图 7-10　底层中间平台下做出入口时的处理方式
(a)底层长短跑；(b)局部降低地面；(c)底层长短跑并局部降低地面；(d)底层直跑

(2)将楼梯间地面标高降低。这种方法中楼梯段长度保持不变，构造简单，但降低后的楼梯间地面标高应高于室外地坪标高 100 mm 以上，以保证室外雨水不致流入室内，如图 7-10(b)所示。

(3)将上述两种方法综合采用，可避免前两种方法的缺点，如图 7-10(c)所示。

(4)底层采用直跑道楼梯。这种方法常用于南方地区的住宅建筑，此时应注意入口处雨篷底面标高的位置，保证净空高度在 2 m 以上，如图 7-10(d)所示。

🗐 仿真实训

给图 7-11 的空白区域选择合适的楼梯，并说明理由。

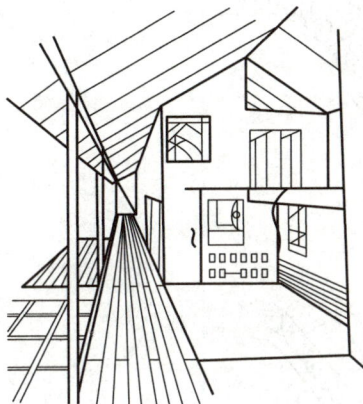

图 7-11　仿真实训题

🗐 技能测试

一、填空题

1. 楼梯主要由_____、_____和_____三部分组成。

2. 每个楼梯段的踏步数量一般不应超过_____级，也不应少于_____级。

3. 楼梯平台按位置不同分_____平台和_____平台。

4. 公共写字楼踏步高度限值为_____，踏面宽度限值为_____。

5. 中间平台的主要作用是_____和_____。

二、选择题

1. 单股人流宽度为 550～700 mm，建筑规范对楼梯梯段宽度的限定是：住宅（　　）mm，公共建筑≥1 300 mm。

　A.≥1 200　　　　　B.≥1 100　　　　　C.≥1 500　　　　　D.≥1 300

2. 梯井宽度以（　　）mm 为宜。

　A. 60～150　　　　B. 100～200　　　　C. 60～200　　　　D. 60～150

3. 楼梯栏杆扶手的高度一般为 900 mm，供儿童使用的楼梯应在不小于（　　）mm 高度增设扶手。

　A. 400　　　　　　B. 700　　　　　　C. 600　　　　　　D. 500

4. 以下符合楼梯坡度范围的是（　　）。

　A. 10°　　　　　　B. 30°　　　　　　C. 50°　　　　　　D. 70°

5. 楼梯平台下要通行一般其净高度不小于（　　）mm。

　A. 2 100　　　　　B. 1 900　　　　　C. 2 000　　　　　D. 2 400

🗐 任务工单

根据楼梯图片，确定楼梯样式，说明此类楼梯的特点，见表 7-4。

表 7-4　楼梯样式与楼梯特点

序号	楼梯样例图片	此楼梯样式	说明此楼梯特点
1			
2			
3			
4			
5			

序号	楼梯样例图片	此楼梯样式	说明此楼梯特点
6			
7			
8			
9			
10			

序号	楼梯样例图片	此楼梯样式	说明此楼梯特点
11			
12			

任务二 钢筋混凝土楼梯

课前认知

钢筋混凝土楼梯具有坚固耐久、节约木材、防火性能好、可塑性强等优点（图 7-12）。目前，其已得到广泛应用。课前请了解现浇整体式钢筋混凝土楼梯和预制装配式钢筋混凝土楼梯。

图 7-12　钢筋混凝土楼梯

一、现浇整体式钢筋混凝土楼梯

现浇整体式钢筋混凝土楼梯结构整体性好，刚度大，能适应各种楼梯间平面和楼梯形式，可以充分发挥钢筋混凝土的可塑性。但由于需要现场支模，模板耗费较大，施工周期较长，并且抽孔困难，不便做成空心构件，所以，混凝土用量和自重较大。

根据楼梯段的传力特点及结构形式，现浇整体式钢筋混凝土楼梯可分为板式楼梯和梁式楼梯两种，如图7-13所示。

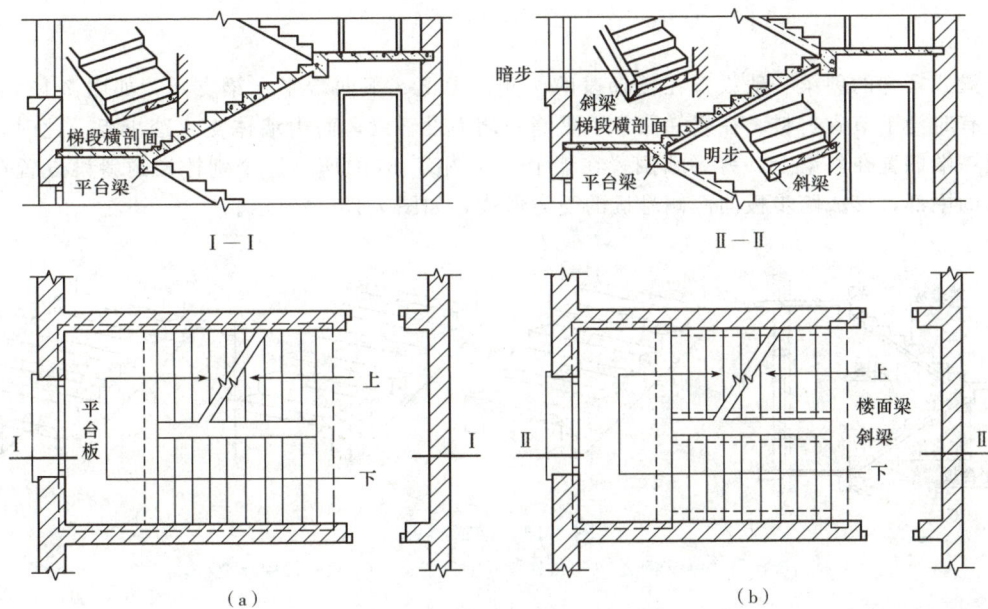

图7-13　现浇整体式钢筋混凝土楼梯构造
(a)板式；(b)梁式

(一)板式楼梯

板式楼梯是将楼梯段做成一块板底平整、板面上带有踏步的板，与平台、平台梁现浇在一起。楼梯段相当于一块斜放的现浇板，平台梁是支座，其作用是将在楼梯段和平台上的荷载同时传给平台梁，再由平台梁传到承重横墙或柱上。从力学和结构角度，梯段板的跨度大或梯段上使用荷载大，都将导致梯段板的截面高度加大。这种楼梯构造简单，施工方便，但自重大，材料消耗多，适用于荷载较小、楼梯跨度不大的房屋，如图7-14(a)所示。

有时为了保证平台过道处的净空高度，可以在板式楼梯的局部位置取消平台梁，这种楼梯称为折板式楼梯，如图7-14(b)所示。此时，板的跨度应为楼梯段水平投影长度与平台深度尺寸之和。

(二)梁式楼梯

梁式楼梯是指在板式楼梯的梯段板边缘处设有斜梁，斜梁由上、下两端平台梁支承的楼梯。作用在楼梯段上的荷载通过楼梯段斜梁传至平台梁，再传到墙或柱上。根据斜梁与楼梯段位置的不同，可分为明步楼梯段和暗步楼梯段两种。这种楼梯的传力线路明确，受力合理，适用于荷载较大、楼梯跨度较大的房屋。

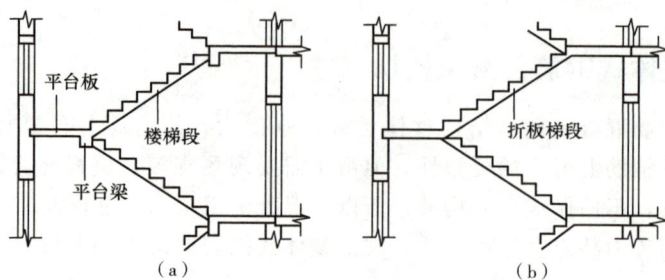

图 7-14　板式楼梯
(a)板式；(b)折板式

梁式楼梯的斜梁一般设置在楼梯段的两侧，由上、下两端平台梁支承，如图 7-15(a)所示。有时为了节省材料，在楼梯段靠承重墙一侧不设斜梁，而由墙体支承踏步板。此时，踏步板一端搁置在斜梁上，另一端搁置在墙上，如图 7-15(b)所示。个别楼梯的斜梁设置在楼梯段的中部，形成踏步板向两侧悬挑的受力形式，如图 7-15(c)所示。

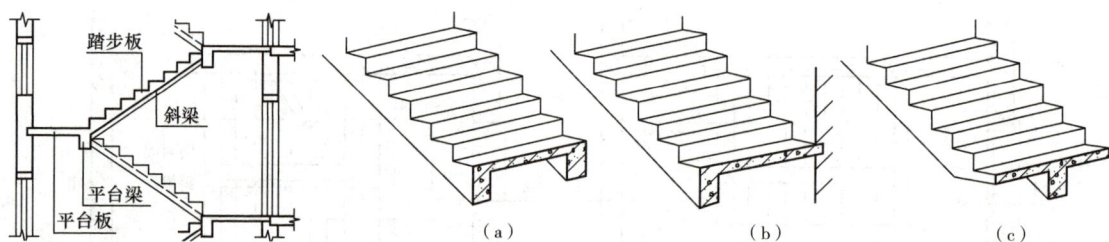

图 7-15　梁式楼梯
(a)楼梯段两侧设斜梁；(b)楼梯段一侧设斜梁；(c)楼梯段中间设斜梁

梁式楼梯的斜梁一般暴露在踏步板的下面，从楼梯段侧面就能够看见踏步，俗称明步楼梯，如图 7-16(a)所示。明步楼梯在楼梯段下部形成梁的暗角容易积灰，楼梯段侧面经常被清洗踏步的脏水污染，影响美观。另一种做法是把斜梁反设到踏步板上面，此时楼梯段下面是平整的斜面，俗称暗步楼梯，如图 7-16(b)所示。暗步楼梯弥补了明步楼梯的缺陷，但为了使斜梁宽度满足结构的要求，导致楼梯段的净宽变小。

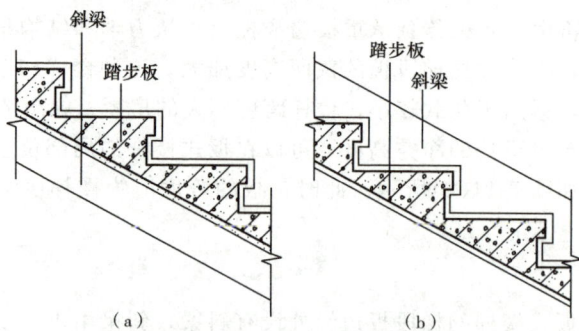

图 7-16　明步楼梯和暗步楼梯
(a)明步楼梯；(b)暗步楼梯

二、预制装配式钢筋混凝土楼梯

预制装配式钢筋混凝土楼梯是将组成楼梯的各个部分分成若干个小构件，在预制厂或现场预制，再到现场组装。装配式钢筋混凝土楼梯能够提高建筑工业化程度，具有施工进度快、受气候影响小、构件由工厂生产、质量容易保证等优点；但施工时需要配套起重设备、投资较多、灵活性差。

(一)小型构件装配式楼梯

小型构件装配式楼梯的主要预制构件是踏步和平台板。

1. 预制踏步

预制踏步的断面形式有三角形、L形和一字形等。三角形踏步有实心和空心两种。L形踏步可将踢板朝上搁置，称为正置；也可将踢板朝下搁置，称为倒置。一字形踢步只有踏板没有踢板，拼装后漏空、轻巧，也可用砖补砌踢板。

2. 预制踏步的支承方式

预制踏步的支承方式主要有梁承式、墙承式和悬挑式三种。

(1)梁承式。梁承式是指预制踏步支承在梯梁上，而梯梁支承在平台梁上。预制踏步梁承式楼梯，在构造设计中应注意两个方面：一方面是踏步在梯梁上的搁置构造；另一方面是梯梁在平台梁上的搁置构造。

踏步在梯梁上的搁置构造，主要涉及踏步和梯梁的形式。三角形踏步应搁置在矩形梯梁上，当楼梯为暗步时，可采用L形梯梁。L形和一字形踢步应搁置在锯齿形梯梁上。

梯梁在平台梁上的搁置构造与平台处上、下行楼梯段的踏步相对位置有关。平台处上、下行楼梯段的踏步的相对位置一般有三种：一是上、下行楼梯段同步，搁置构造如图7-17(a)所示；二是上、下行楼梯段错开一步，搁置构造如图7-17(b)所示；三是上、下行楼梯段错开多步，搁置构造如图7-17(c)所示。平台梁可采用等截面的L形梁，也可采用两端带缺口的矩形梁，如图7-18所示。

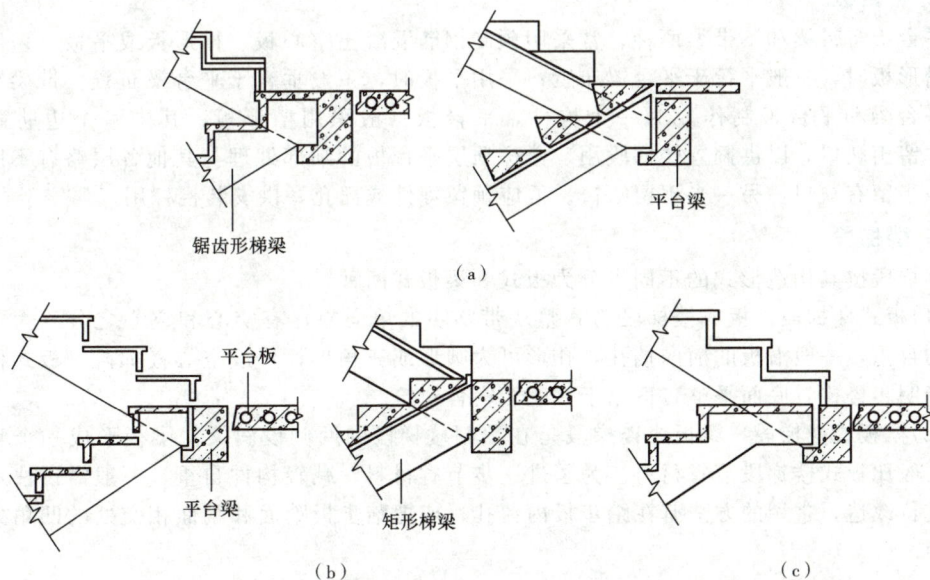

图 7-17　梯梁在平台梁上的搁置构造
(a)上、下行楼梯段同步；(b)上、下行楼梯段错开一步；(c)上、下行楼梯段错开多步

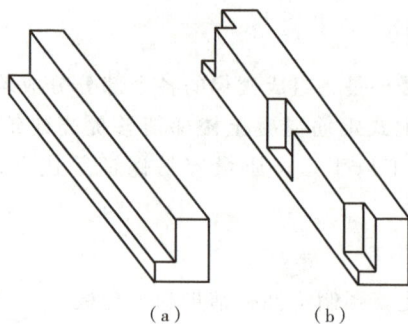

图 7-18　平台梁

(a)L 形梁；(b)矩形梁

(2)墙承式。墙承式预制踏步的两端支承在墙上。预制踏步墙承式楼梯不需要设梯梁和平台梁，预制构件只有踏步和平台板，踏步可采用 L 形或一字形。对于双跑平行楼梯，应在楼梯间中部设墙。

(3)悬挑式。悬挑式预制踏步的一端固定在墙上，另一端悬挑。楼梯间两侧墙体的厚度不应小于 240 mm，悬挑长度一般不超过 15～30 mm，预制踏步可采用 L 形或一字形。

3. 预制平台板

常用预制钢筋混凝土空心板、实心平板或槽形板，板通常支承在楼梯间的横墙上，对于梁承式楼梯，板也可支承在平台梁和楼梯间的纵墙上。

(二)中型及大型构件装配式楼梯

中型构件装配式楼梯一般由楼梯段、平台梁、中间平台板几个构件组合而成。大型构件装配式楼梯是将楼梯段与中间平台板一起组成一个构件，从而可以减少预制构件的种类和数量，简化施工过程，减轻劳动强度，加快施工速度，但施工时需用中型及大型吊装设备。大型构件装配式楼梯主要用于装配工业化建筑。

1. 平台板

平台板有带梁和不带梁两种，常采用预制钢筋混凝土空心板、槽形板或平板。采用空心板或槽形板时，一般平行于平台梁布置；采用平板时，一般垂直于平台梁布置。带梁平台板是把平台梁和平台板制作成为一个构件。平台板一般采用槽形板，其中一个边肋截面加大，并留出缺口，以供搁置楼梯段用。楼梯顶层平台板的细部处理与其他各层略有不同，边肋的一半留有缺口，另一半不留缺口。但应预留埋件或插孔，供安装栏杆用。

2. 楼梯段

楼梯段按其构造形式的不同可分为板式和梁板式两种。

(1)板式楼梯段。板式楼梯段为一整块带踏步的单向板，有实心和空心之分。为了减轻楼梯的自重，一般沿板的横向抽孔，孔形可为圆形或三角形，形成空心楼梯段。板式楼梯段相当于明步楼梯，底面平整，适用于住宅、宿舍建筑。

(2)梁板式楼梯段。梁板式楼梯段是在预制楼梯段的两侧设斜梁，梁板形成一个整体构件，一般比板式楼梯段节省材料。为了进一步节省材料，减轻构件自重，一般需设法对踏步截面进行改造，常用的方法有在踏步板内留孔，或把踏步板踏面和踢面相交处的凹角处理成小斜面。

3. 踏步板与梯斜梁连接

一般在梯斜梁支承踏步板处用水泥砂浆坐浆连接。如需加强，可在梯斜梁上预埋钢筋，与踏步板支承端预留孔插接，用高强度水泥砂浆填实，如图 7-19 所示。

4. 楼梯段与平台梁的连接

楼梯段与平台梁的连接通常采用先坐浆并将楼梯段与平台梁内的预埋钢板焊接，以保证接缝处密实牢固。也可采用承插式连接，将平台或平台梁上的预埋钢筋插入楼梯段的预留孔内，然后再灌浆，如图 7-20 所示。

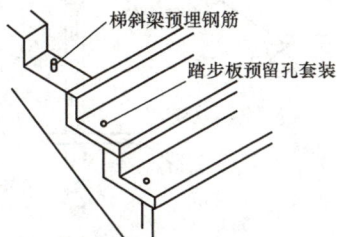

图 7-19　踏步板与梯斜梁连接

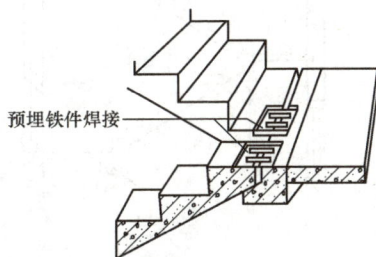

图 7-20　楼梯段与平台梁的连接

5. 楼梯段与楼梯基础的连接

房屋底层第一梯段的下部应设基础，其基础的形式一般为条形基础，可采用砖石砌筑或浇筑混凝土，也可采用平台梁代替，如图 7-21 所示。

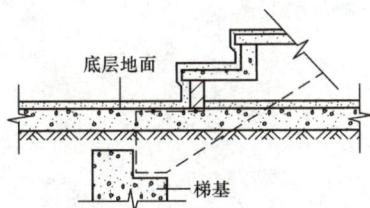

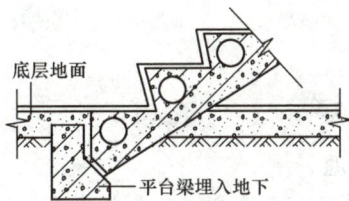

图 7-21　楼梯段与楼梯基础的连接

三、钢筋混凝土楼梯起止步的处理

为了节省楼梯所占空间，上行和下行楼梯段最好在同一位置起步和止步。由于现浇钢筋混凝土楼梯是在现场绑扎钢筋的，因此可以顺利地做到这一点，如图 7-22(a)所示。预制装配式楼梯为了减少构件的类型，往往要求上行和下行楼梯段应在同一高度进入平台梁，这容易形成上、下楼梯段错开一步或半步起止步的局面，如图 7-22(b)所示，这对节省面积不利。为了解决这个问题，可以把平台梁降低，如图 7-22(c)所示；或把斜梁做成折线形，如图 7-22(d)所示。在处理此处构造时，应根据工程实际选择合适的方案，并与结构专业配合好。

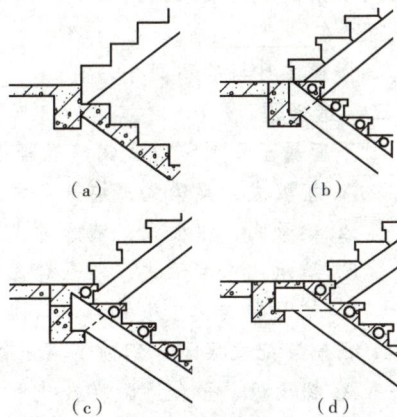

(a)　　　　　(b)

(c)　　　　　(d)

图 7-22　钢筋混凝土楼梯起止步的处理

(a)现浇楼梯可以同时起止步；(b)踏步错开一步；
(c)平台梁位置降低；(d)斜梁做成折线形

仿真实训

给出不同形式的钢筋混凝土楼梯，判别其形式并说明其特点（图7-23）。

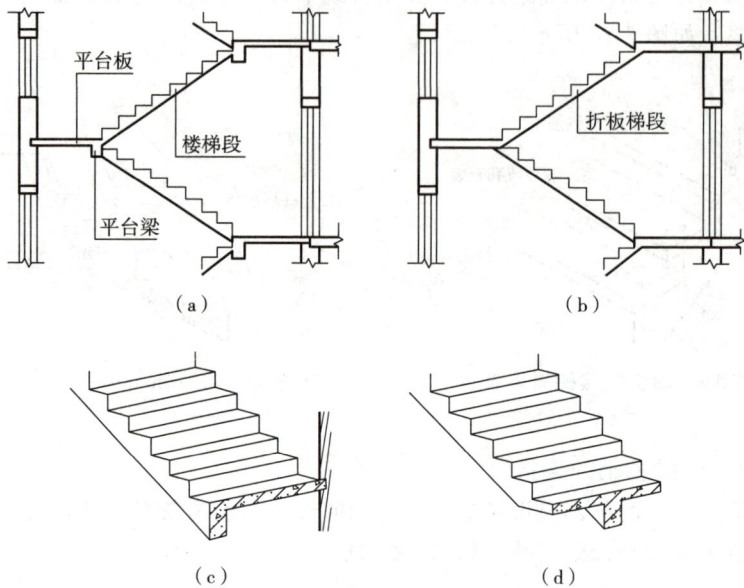

图 7-23　楼梯

技能测试

一、填空题

1. 钢筋混凝土楼梯按施工方式不同，主要有_____和_____两类。

2. 现浇钢筋混凝土楼梯按梯段的结构形式不同，有_____和_____两种。

3. 钢筋混凝土预制踏步的断面形式有_____、_____和_____三种。

4. 在预制踏步梁承式楼梯中，三角形踏步一般搁置在等截面梯斜梁上，L形和一字形踏步应搁置在_____梯梁上。

5. 楼梯按材料的不同分，有_____、_____、_____等。

二、选择题

1. 下面属于预制装配式钢筋混凝土楼梯的有（　　）。

　　A. 扭板式、梁承式、墙悬臂式

　　B. 梁承式、扭板式、墙悬臂式

　　C. 墙承式、梁承式、墙悬臂式

　　D. 墙悬臂式、扭板式、墙承式

2. 预制装配式梁承式钢筋混凝土楼梯的预制构件可分为（　　）。

　　A. 梯段板、平台梁、栏杆扶手

　　B. 平台板、平台梁、栏杆扶手

　　C. 踏步板、平台梁、平台板

　　D. 梯段板、平台梁、平台板

3. 预制楼梯踏步板的断面形式有（　　）。

    A. 一字形、L 形、倒 L 形、三角形

    B. 矩形、L 形、倒 L 形、三角形

    C. L 形、矩形、三角形、一字形

    D. 倒 L 形、三角形、一字形、矩形

4. 在预制钢筋混凝土楼梯的梯段与平台梁节点处理中，就平台梁与梯段之间的关系而言，有（　　）方式。

    A. 埋步、错步   B. 不埋步、不错步

    C. 错步、不错步   D. 埋步、不埋步

5. 下面属于现浇钢筋混凝土楼梯的是（　　）。

    A. 梁承式、墙悬臂式、扭板式   B. 梁承式、梁悬臂式、扭板式

    C. 墙承式、梁悬臂式、扭板式   D. 墙承式、墙悬臂式、扭板式

任务工单

1. 识读图 7-24 楼梯平面图、剖面图并填空。

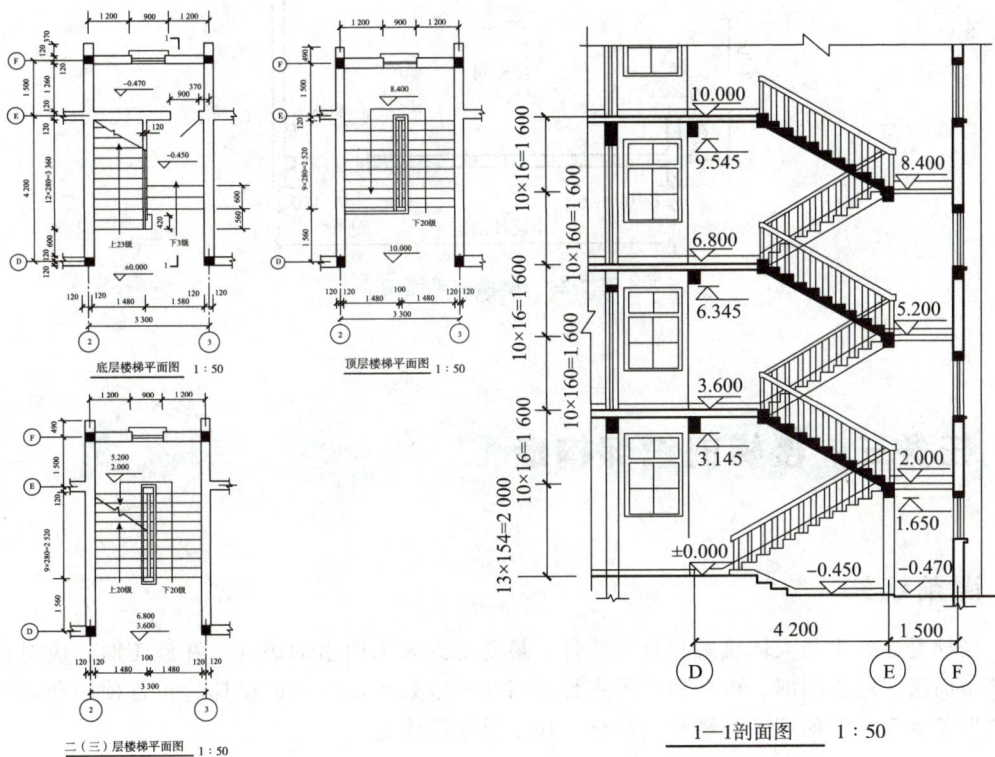

图 7-24　楼梯平面图、剖面图

(1) 楼梯的梯段宽度为 _____。

(2) 楼梯梯井宽度为 _____。

(3) 室内外高差是 _____。

(4) 建筑层高是 _____。

(5) 楼梯间窗宽度为 _____。

159

(6)中间层平面中，可见楼梯踏步数为_____。

(7)楼梯净空高度为_____。

(8)休息平台宽度为_____。

(9)底层楼梯平面与其他层楼梯平面最大的区别在于_____。

(10)楼梯间开间是_____。

2.某三层住宅的层高为2.80 m，室内外地面高差为0.60 m，住宅的共用楼梯采用双跑平行楼梯，楼梯底层中间平台下设通道，楼梯间平面如图7-25所示，试绘出该楼梯的剖面图。

要求详细标注以下尺寸和标高：

(1)楼梯间的进深；

(2)各梯段的踏步尺寸、踏步数量以及相应的梯段长度和梯段高度；

(3)中间平台和楼层平台深度；

(4)室内外地面、平台面和楼面标高。

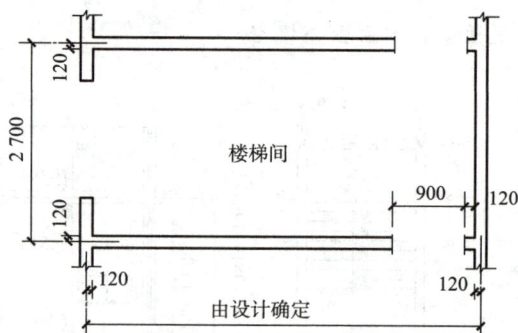

图7-25　楼梯间平面图

任务三　楼梯的细部构造

课前认知

楼梯是建筑中与人体接触频繁的构件，最易受到人为因素的破坏。在施工时，应对楼梯的踏步面层、踏步细部、栏杆和扶手进行适当的构造处理，以保证楼梯的正常使用和保持建筑的形象美观。课前请了解楼梯的栏杆、扶手等细部构造。

理论学习

一、踏步表面处理

(一)踏步面层构造

踏步面层的构造做法与楼地面相同，可整体现抹，也可用块材铺贴。面层材料应根据建筑装修标准选择，当标准较高时，可用大理石板或预制彩色水磨石板铺贴；当采用一般标准时可做普通水磨石面层；当标准较低时，可用水泥砂浆面层。缸砖面层一般用于较高标准的室外楼梯面层。

(二)踏步凸缘构造

当踏步宽度取值较小时，前缘可挑出形成凸缘，以增加踏步的实际使用宽度，踏步凸缘的构造做法与踏步面层的做法有关。整体现抹的地面，可直接抹成凸缘，凸缘宽度一般为20～40 mm，如图7-25所示。

(三)踏面防滑处理

防滑处理的方法通常有两种：一种是设防滑条，可采用金刚砂、橡胶、塑料、马赛克和金属等材料，其位置应设在距踏步前缘40～50 mm处，踏步两端接近栏杆或墙处可不设防滑条，防滑条长度一般按踏步长度每边减去150 mm；另一种是设防滑包口，即用带槽的金属等材料将踏步前缘包住，其既防滑又起保护作用。踏步面层、凸缘和防滑构造如图7-26所示。

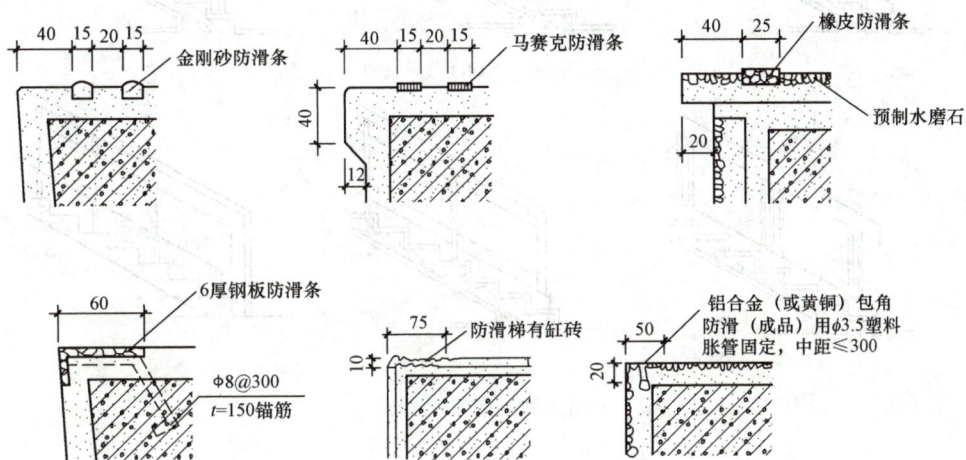

图7-26　踏步面层、凸缘和防滑构造

二、栏杆和扶手构造

(一)栏杆的形式和材料

栏杆的形式通常有空花式、栏板式和组合式三种，如图7-27所示。栏杆一般采用金属材料制成，如圆钢、方钢、扁钢和钢管等。

栏板式栏杆构造简单，效果简洁舒展。栏板材料可采用钢筋混凝土、木材、砖、钢丝网水泥板、胶合板、各种塑料贴面复合板、玻璃、玻璃钢、轻合金板材等。不同材料的质感不同，各有特色，可因地制宜加以选择。栏杆构造如图7-28所示。

(二)扶手的材料和断面形式

扶手常用硬木、塑料和金属材料制作。硬木扶手和塑料扶手目前应用较广泛；金属扶手，如钢管扶手、铝合金扶手一般用于装修标准较高时。扶手断面的形式很多，可根据扶手的材料、功能和外观需要选择。为便于手握抓牢，扶手顶面宽度宜为60～80 mm。图7-29所示为扶手断面形式、尺寸以及与栏杆的连接构造。

（a）

（b）

（c）

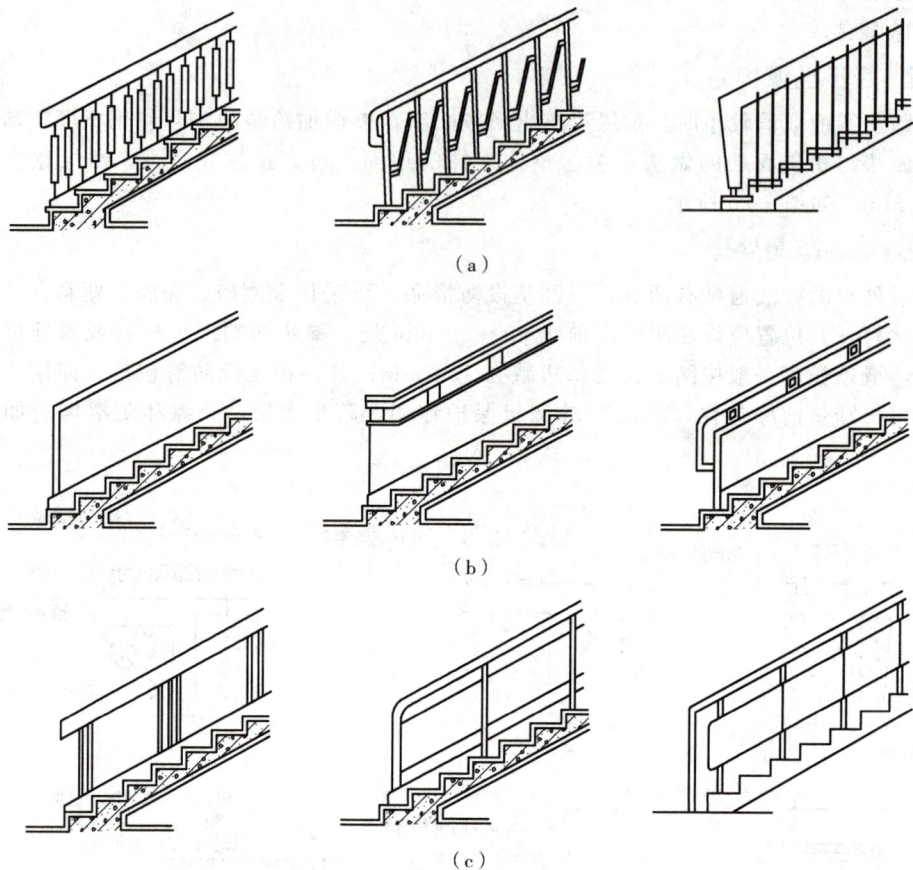

图 7-27　栏杆的形式

（a)空花式；（b)栏板式；（c)组合式

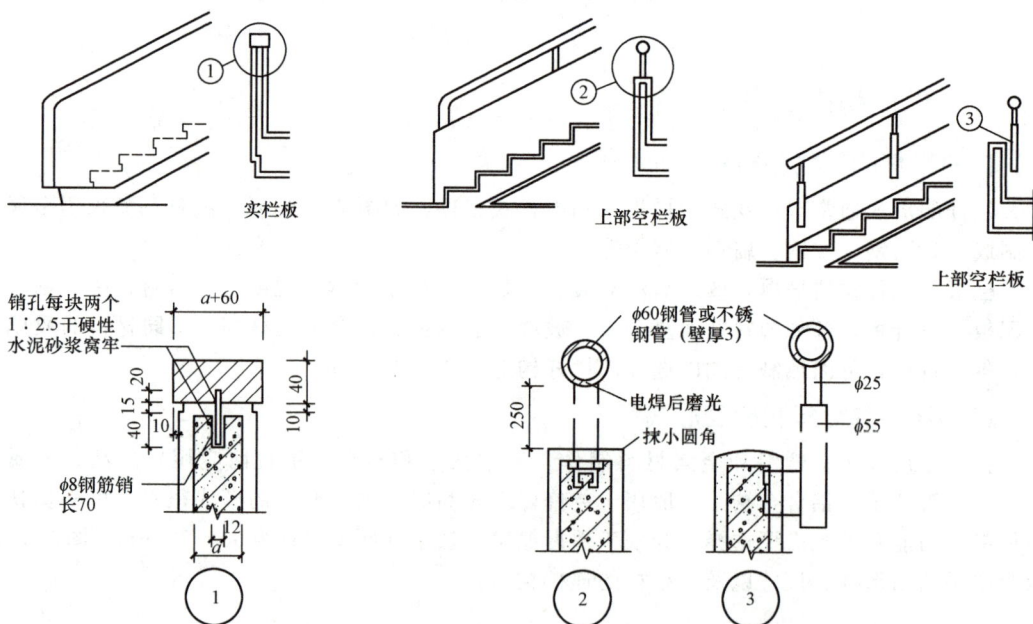

实栏板

上部空栏板

上部空栏板

销孔每块两个
1：2.5干硬性
水泥砂浆窝牢

$a+60$

$\phi 8$钢筋销
长70

$\phi 60$钢管或不锈
钢管（壁厚3）

电焊后磨光

抹小圆角

$\phi 25$

$\phi 55$

250

① ② ③

图 7-28　栏杆构造

（a）

（b）

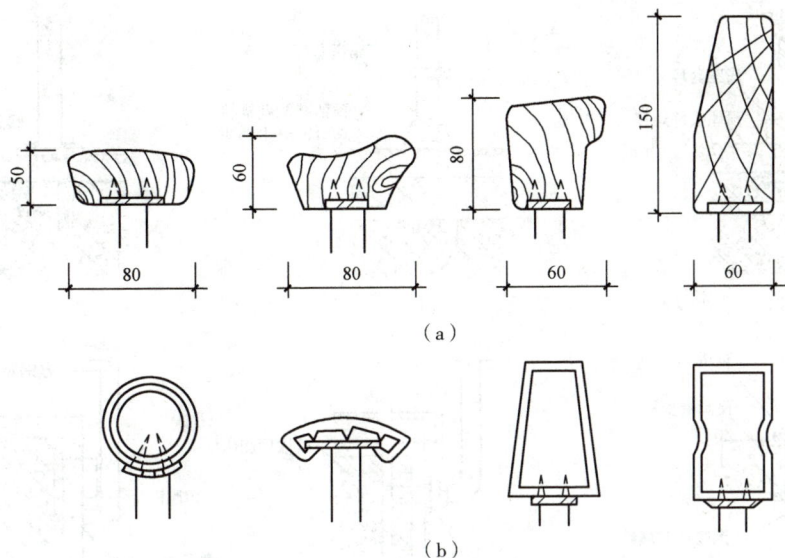

图 7-29　扶手断面形式、尺寸及与栏杆的连接构造

（三）栏杆和扶手的节点构造

1. 栏杆与扶手连接

当采用金属栏杆与金属扶手时，一般采用焊接或铆接的方法；当采用金属栏杆，扶手为木材或硬塑料时，一般是在栏杆顶部设通长扁铁与扶手底面或侧面槽口榫接，用木螺钉固定。

2. 栏杆与楼梯段及平台的连接

木扶手

栏杆与楼梯段、平台的连接一般在楼梯段和平台上预埋钢板焊接或预留孔插接。为了保护栏杆免受锈蚀和增强美观，常在竖杆下部装设套环，覆盖住栏杆与楼梯段或平台的接头处，如图 7-30 所示。

（四）扶手与墙面连接

当直接在墙上装设扶手时，扶手应与墙面保持 100 mm 左右的距离。一般在砖墙上留洞，将扶手连接杆件伸入洞内，用细石混凝土嵌固。当扶手与钢筋混凝土墙或柱连接时，一般采取预埋钢板焊接。在扶手结束处与墙、柱面相交，也应有可靠连接，如图 7-31 所示。

（五）楼梯转弯处扶手高差的处理

上行和下行楼梯段的扶手在平台转弯处往往存在高差，应进行调整和处理。当上行和下行楼梯段在同一位置起止步时，可以将楼梯井处的横向扶手倾斜设置，并连接上、下两段扶手，如图 7-32(a) 所示。如果把平台处栏杆外伸约 1/2 踏步或将上、下楼梯段错开一个踏步，就可以使扶手顺利连接，如图 7-32(b)、(c) 所示。但这种做法中栏杆占用平台尺寸较多，楼梯的占用面积也要增加。

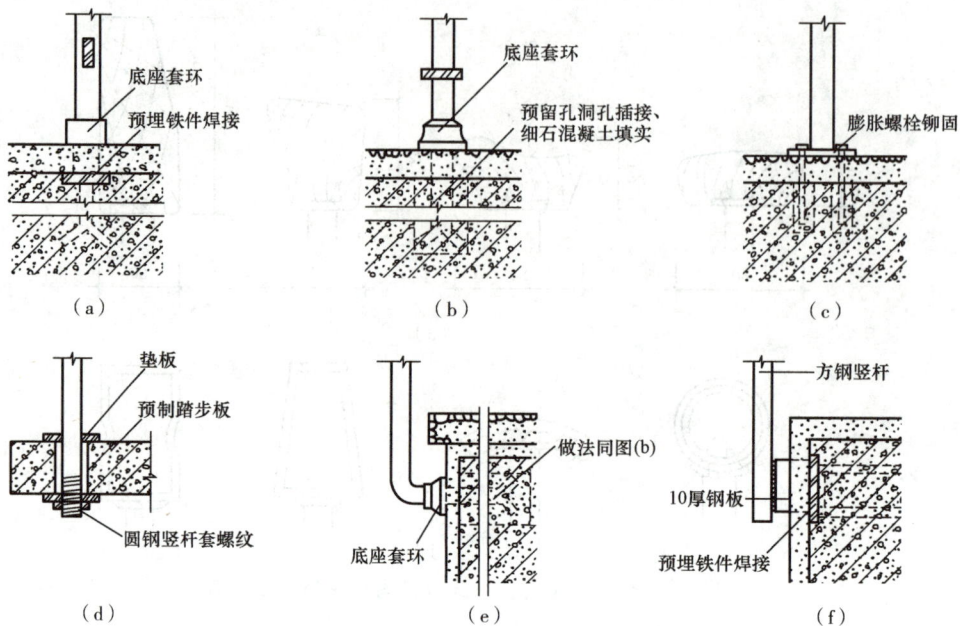

図 7-30　栏杆与楼梯段、平台的连接

(a)楼梯段内预埋铁件；(b)、(e)楼梯段预留孔洞以砂浆固定；
(c)预留孔螺栓固定；(d)踏步两侧预留孔洞；(f)踏步两侧预埋铁件

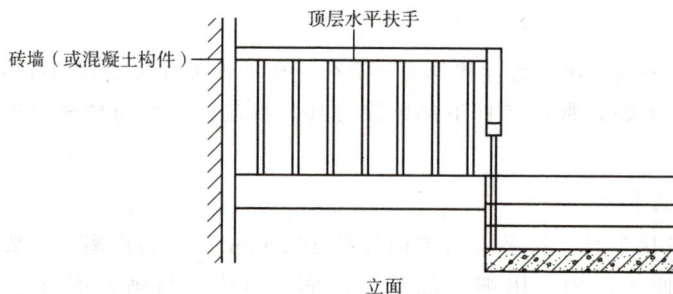

实木踏板

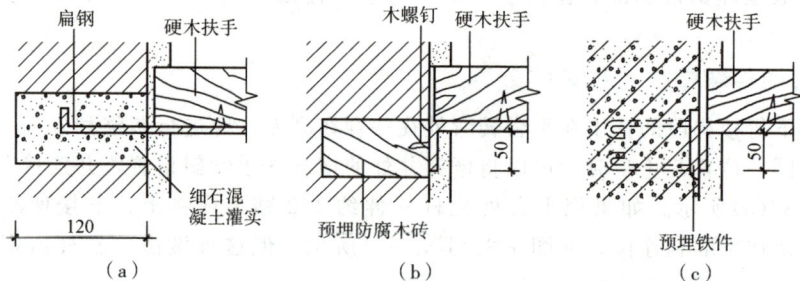

图 7-31　扶手端部与墙(柱)的连接

(a)预留孔洞插接；(b)预埋防腐木砖用木螺钉连接；(c)预埋铁件焊接

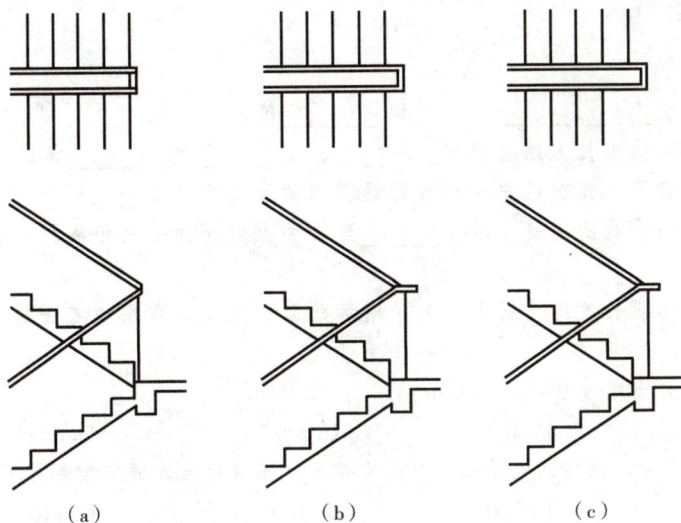

图 7-32　楼梯转弯处扶手高差的处理

(a)设横向倾斜扶手；(b)栏杆外伸；(c)上、下楼梯段错开一个踏步

仿真实训

对比图 7-33 所示防滑条处理形式，并指出优点及缺点。

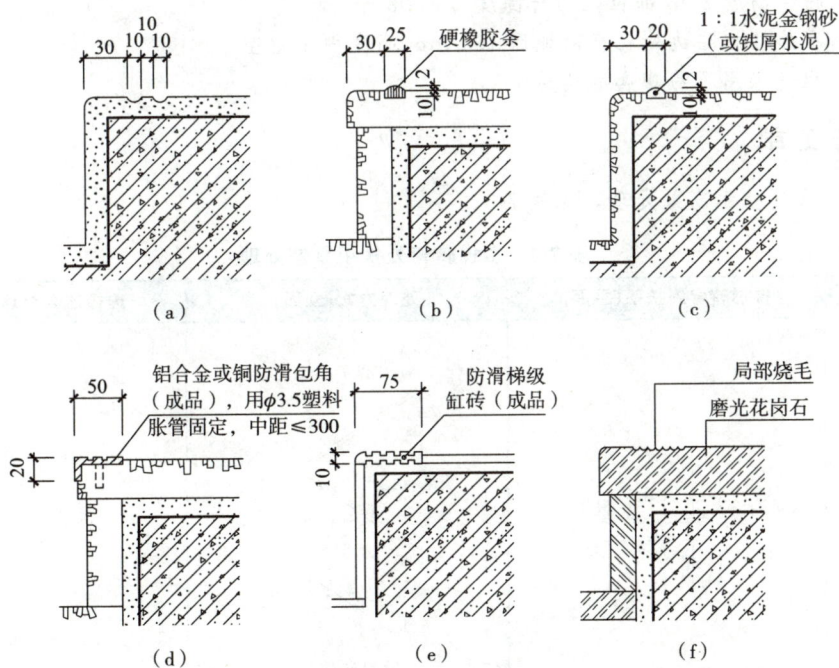

图 7-33　防滑条处理形式

(a)水泥砂浆踏步留防滑槽；(b)橡胶防滑条；(c)水泥金刚砂防滑条；

(d)铝合金或铜防滑包角；(e)缸砖面踏步防滑砖；(f)花岗石踏步烧毛防滑条

技能测试

一、填空题

1. 楼梯栏杆有＿＿＿＿＿＿、＿＿＿＿＿＿和＿＿＿＿＿＿等。

2. 栏杆与梯段的连接方法主要有＿＿＿＿＿＿、＿＿＿＿＿＿和＿＿＿＿＿＿等。

3. 栏杆扶手在平行楼梯的平台转弯处最常用的处理方法是＿＿＿＿＿＿。

4. 楼梯栏杆扶手的高度是指从＿＿＿＿＿＿至扶手上表面的垂直距离，一般室内楼梯的栏杆扶手高度不应小于＿＿＿＿＿＿。

5. 在不增加梯段长度的情况下，为了增加踏面的宽度，常用的方法是＿＿＿＿＿＿。

二、选择题

1. 防滑条应突出踏步面（　　）mm。

    A. 1～2　　　　　　B. 5　　　　　　　C. 3～5　　　　　　　D. 2～3

2. 考虑安全原因，住宅的空花式栏杆的空花尺寸不宜过大，通常控制其不大于（　　）mm。

    A. 120　　　　　　B. 100　　　　　　C. 150　　　　　　　D. 110

3. 混合式栏杆的竖杆和栏板分别起的作用主要是（　　）。

    A. 装饰、保护　　　　　　　　　　B. 节约材料、稳定

    C. 节约材料、保护　　　　　　　　D. 抗侧力、保护和美观装饰

4. 当直接在墙上装设扶手时，扶手与墙面保持（　　）mm左右的距离。

    A. 250　　　　　　B. 100　　　　　　C. 50　　　　　　　D. 300

5. 下列楼梯栏杆的做法，错误的是（　　）。

    A. 栏杆垂直杆件间的净距为 100 mm

    B. 临空高度 25m 部位，栏杆高度为 1.05 m

    C. 室外楼梯临边处栏杆离地面 100 mm 高度内不留空

    D. 栏杆采用不易攀爬的构造

任务工单

楼梯转弯处扶手高差处理，见表 7-5。

表 7-5　楼梯转弯处扶手高差处理

序号	楼梯转弯处扶手(平面)	处理方式(立面)	选择这么处理的原因
1		设斜向扶手	

序号	楼梯转弯处扶手（平面）	处理方式（立面）	选择这么处理的原因
2	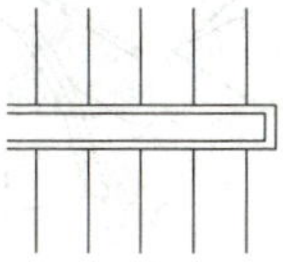	栏杆外伸 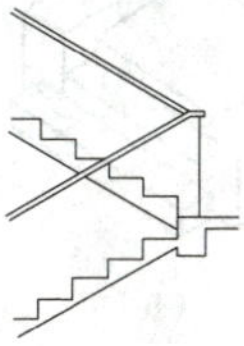 	
3	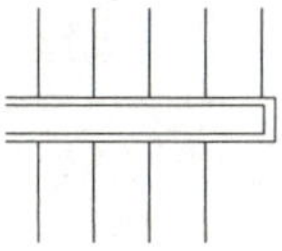	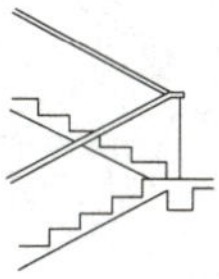 上下梯段错开一个踏步	

任务四　室外台阶与坡道

课前认知

在建筑入口处设置台阶和坡道是解决建筑室内外地坪高差的过渡构造措施。一般多采用台阶；当有车辆、残疾人或是内外地面高差较小时，可设置坡道，有时台阶和坡道合并在一起使用。台阶和坡道在建筑入口对建筑物的里面具有一定的装饰作用，设计时要考虑使用和美观要求。课前请了解室外台阶与坡道的形式。

理论学习

一、台阶与坡道的形式

为了防止雨水灌入，保持室内干燥，建筑首层室内地面与室外地面均设有高差。民用房屋室内地面通常高于室外地面 300 mm 以上，单层工业厂房室内地面通常高于室外地面 150 mm。因此，在房屋出入口处，应设置台阶或坡道，以满足室内外交通联系方便等要求，如图 7-34 所示。

大部分台阶和坡道设在室外，是建筑入口与室外地面的过渡。设置台阶是为人们进出建筑提供方便，坡道是为车辆及残疾人而设置的，一般情况下，台阶的踏步数不多，坡道长度不大。有些建筑由于使用功能或心理功能的需要，设有较大的室内外高差，此时就需要大型的台阶和坡道与其配合。

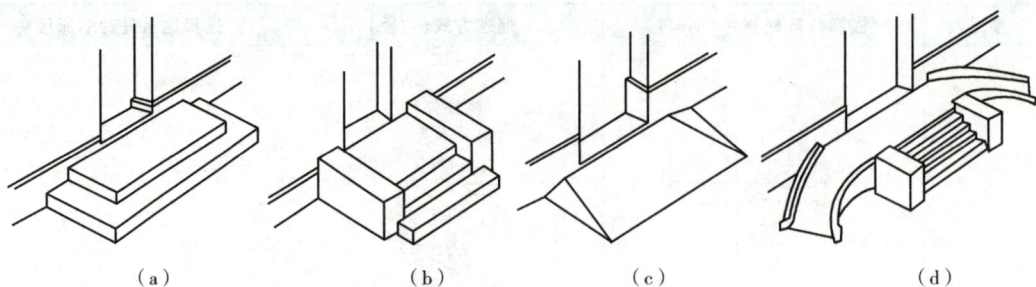

图 7-34 台阶与坡道

(a)三面踏步式；(b)单面踏步式；(c)坡道式；(d)踏步坡道结合式

二、室外台阶

(一)室外台阶的设置

1. 室外台阶的设置要求

为使台阶能满足交通和疏散的需要，台阶的设置应满足以下要求：

(1)室外台阶踏步数不应少于两步。

(2)当人流密集场所台阶的高度超过 1.0 m 时，宜有护栏设施。

(3)影剧院、体育馆观众厅疏散出口门内外 1.40 m 范围内不得设台阶踏步。

(4)台阶和踏步应充分考虑雨、雪天气时的通行安全，宜用防滑性能好的面层材料。

2. 室外台阶的设置形式

室外台阶由平台和踏步两部分组成。其平面形式多种多样，可根据建筑功能及周围地基的情况进行选择。较常见的台阶形式有单面踏步、两面踏步、三面踏步、单面踏步带花池(花台)等。有的台阶附带花池和方形石、栏杆等。部分大型公共建筑经常把行车坡道与台阶合并成为一个构件，还强调了建筑入口的重要性。

室外台阶的宽度应大于所连通的门洞口宽度，一般至少每边应宽出 500 mm。室外台阶的深度不应小于 1.0 m。由于室外台阶受雨、雪的影响较大，因此坡度宜平缓些，踏步的踏面宽度不应小于 300 mm，踢面高度不应大于 150 mm。

(二)室外台阶的构造

室外台阶按材料的不同，有混凝土台阶、天然石台阶和钢筋混凝土台阶等。混凝土台阶由面层、混凝土结构层、垫层和基层组成，是目前应用较普遍的一种做法，如图 7-35 所示。

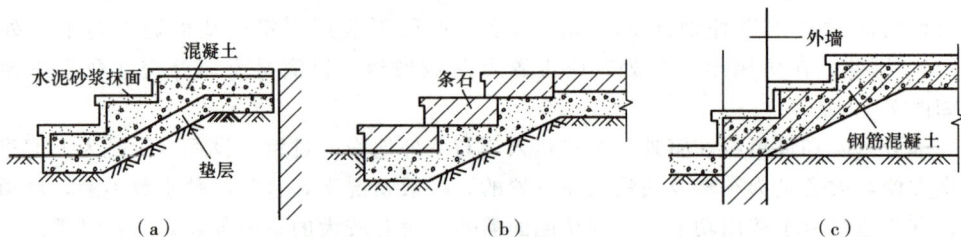

图 7-35 室外台阶构造类型

(a)混凝土台阶；(b)天然石台阶；(c)钢筋混凝土台阶

室外台阶可分为实铺和架空两种构造形式，大多数台阶采用实铺。室外台阶应在建筑物主体工程完成后再进行施工，并与主体结构之间留出约 10 mm 的沉降缝。

1. 实铺台阶

实铺台阶的构造与室内地坪的构造差不多，包括基层、垫层和面层，如图 7-36(a)所示。基层是夯实土；垫层多为混凝土、碎砖混凝土或砌砖；面层有整体和铺贴两大类，如水泥砂浆、水磨石、剁斧石、缸砖、天然石材等。在严寒地区，为保证台阶不受土壤冻胀的影响，应把台阶下部一定深度范围内的原土换掉，改设砂垫层，如图 7-36(b)所示。

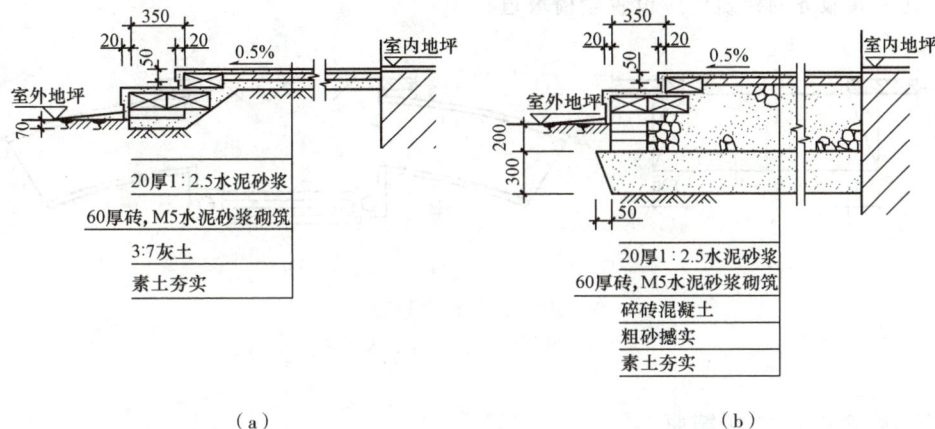

图 7-36　实铺台阶
(a)不考虑冻胀影响的台阶；(b)考虑冻胀影响的台阶

2. 架空台阶

当台阶尺度较大或土壤冻胀严重时，为保证台阶不开裂、不隆起或塌陷，往往选用架空台阶。架空台阶的平台板和踏步板均为预制混凝土板，分别搁置在梁上或砖砌地垄墙上。设有砖砌地垄墙的架空台阶构造如图 7-37 所示。

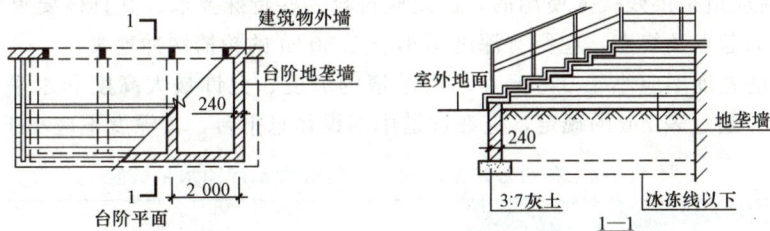

图 7-37　设有砖砌地垄墙的架空台阶构造

由于台阶与建筑主体在自重、承载及构造方面差异较大，因此，大多数台阶在结构上和建筑主体是分开的。台阶与建筑主体之间要注意解决好两个问题。首先，应处理好台阶与建筑之间的沉降缝，常见的做法是在接缝处嵌入一根厚度为 10 mm 的防腐木条；其次，为防止台阶上的积水向室内流淌，台阶应向外侧做 0.5%～1% 找坡，且台阶面层标高应比首层室内地面标高低 10 mm 左右。

三、坡道

(一)坡道的分类

坡道按其用途的不同，可分为行车坡道和轮椅坡道两类。行车坡道分为普通行车坡道与回车坡道两种，如图7-38所示。普通行车坡道布置在有车辆进出的建筑入口处，如车库、库房等。回车坡道与台阶踏步组合在一起，可以减少使用者的行走距离。回车坡道一般布置在某些大型公共建筑的入口处，如重要办公楼、旅馆、医院等。轮椅坡道是专供残疾人使用的坡道，在公共服务的建筑中应设置轮椅坡道。

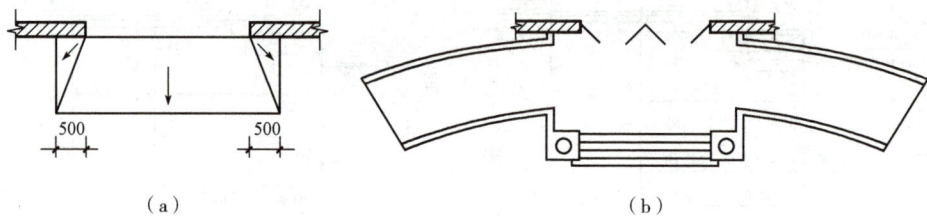

（a）　　　　　　　　　　　　　　　（b）

图 7-38　行车坡道

(a)普通行车坡道；(b)回车坡道

(二)坡道的尺寸和坡度

1. 行车坡道

普通行车坡道的宽度应大于所连通的门洞口的宽度，每边至少宽出500 mm以上。坡道的坡度与建筑的室内外高差及坡道的面层处理方法有关。光滑材料面层坡道的坡度不大于1：12；粗糙材料面层的坡道(包括设置防滑条的坡道)的坡度不大于1：6；带防滑齿坡道的坡度不大于1：4。回车坡道的宽度与坡道的半径及通行车辆的规格有关，一般坡道的坡度不大于1：10。

2. 轮椅坡道

由于轮椅坡道是供残疾人使用的，因此应符合一些特殊要求。其具体要求如下：

(1)坡道的起点及终点，应留有深度不小于1.50 m的轮椅缓冲地带。

(2)坡道的宽度不应小于0.9 m。每段坡道的坡度、允许最大高度和水平长度，应符合表7-6的规定。超过表7-6的规定，应在坡道中部设休息平台，其深度不应小于1.20 m。

表 7-6　每段坡道的坡度、允许最大高度和水平长度

坡道的坡度(高/长)	1/8*	1/10*	1/12
每段坡道的允许最大高度/m	0.35	0.60	0.75
每段坡道的允许水平长度/m	2.80	6.00	9.00

注：加"＊"者只适用于场地受限的改建、扩建的建筑物

（3）坡道在转弯处应设休息平台，休息平台的深度不应小于1.50 m。

（4）坡道两侧应在0.9 m高度处设扶手，两段坡道之间的扶手应保持连贯，如图7-39所示。坡道的起点及终点处的扶手，应水平延伸0.3 m以上。

（5）当坡道两侧凌空时，在栏杆下端宜设高度不小于50 mm的安全挡台，如图7-39所示。

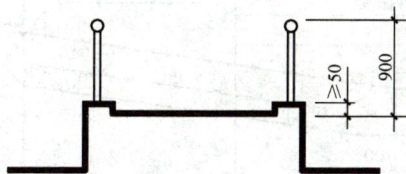

图7-39 坡道的扶手和安全挡台

(三)坡道的构造

坡道一般均采用实铺，其构造要求与台阶基本相同。垫层的强度和厚度应根据坡道长度及上部荷载的大小进行选择，严寒地区的坡道同样需要在垫层下部设置砂垫层。各种坡道的构造如图7-40所示。

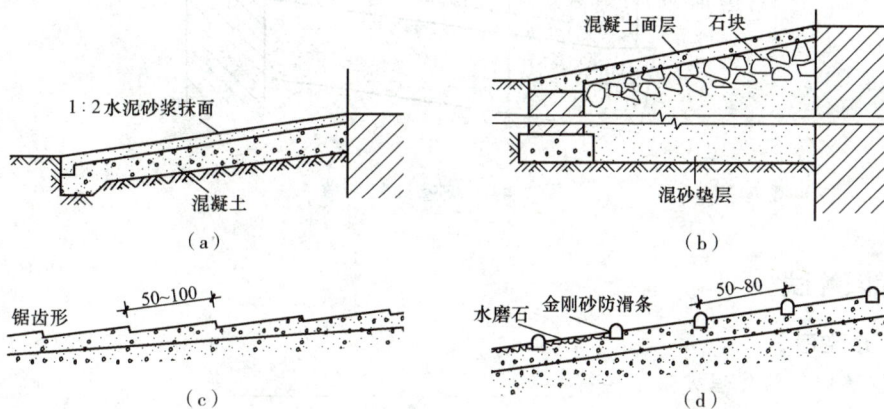

图7-40 坡道构造

(a)混凝土坡道；(b)块石坡道；(c)防滑锯齿槽坡道；(d)防滑条坡道

绘制坡道细部构造(图 7-41)。

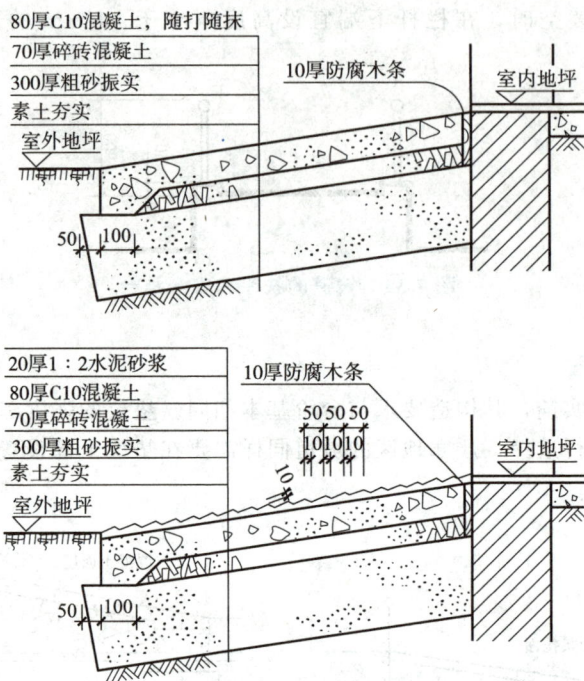

图 7-41 坡道细部构造

技能测试

一、填空题

1. 坡道的防滑处理方法主要有＿＿＿＿＿＿＿＿、＿＿＿＿＿＿＿＿等。

2. 坡道的坡度一般为＿＿＿＿＿。面层光洁的坡道,坡度不宜大于＿＿＿＿＿,粗糙材料和设防滑条的坡道,坡道不应大于＿＿＿＿＿。

二、选择题

1. 室外台阶的踏步高一般在(   )mm。

    A. 150   B. 180   C. 120   D. 100～150

2. 室外台阶踏步宽为(   )mm。

    A. 300～400   B. 250   C. 250～300   D. 220

3. 台阶与建筑出入口之间的平台一般不应小于(   )mm 且平台需做 3％的排水坡度。

    A. 800   B. 1 500   C. 2 500   D. 1 000

4. [多选]下列关于坡道与台阶说法正确的有(   )。

    A. 当坡道坡度大于 1∶8 时,坡道表面需做防滑处理

    B. 残疾人通行坡道坡度不大于 1∶12,每节坡道斜长不大于 9 m

    C. 公共出入口踏步宽度不应少于 2 级,当高差不足 2 级时,应按坡道设置

    D. 自行车坡道不宜大于 1∶8

    E. 室外台阶的踏步高一般不大于 150 mm

5. [多选]关于台阶与坡道构造，下列叙述正确的是(   )。

   A. 室内地面高出室外地面 150 mm 以上

   B. 平台向外作 1%～2% 的坡度

   C. 台阶踏步高 100～150 mm，踏面宽 300～400 mm

   D. 坡度一般为 1∶6～1∶12，适宜坡度为 1∶10

   E. 坡度大于 1∶8 时，需做防滑处理

任务工单

常见台阶形式判别见表 7-7。

表 7-7　台阶形式

序号	台阶图例	台阶形式
1	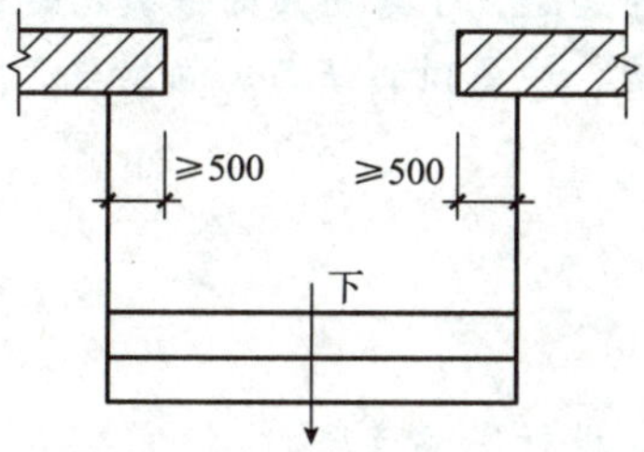	
2	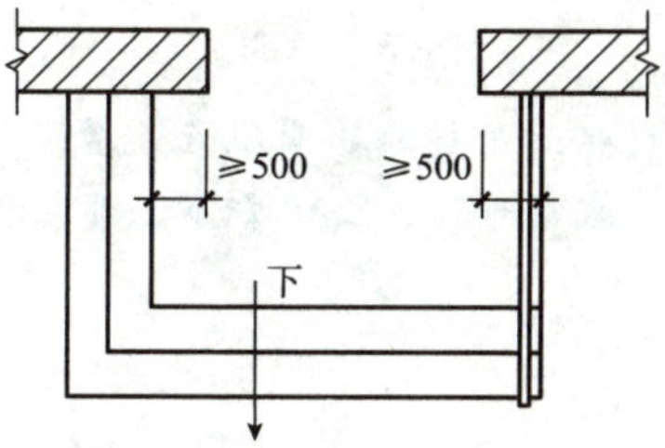	
3	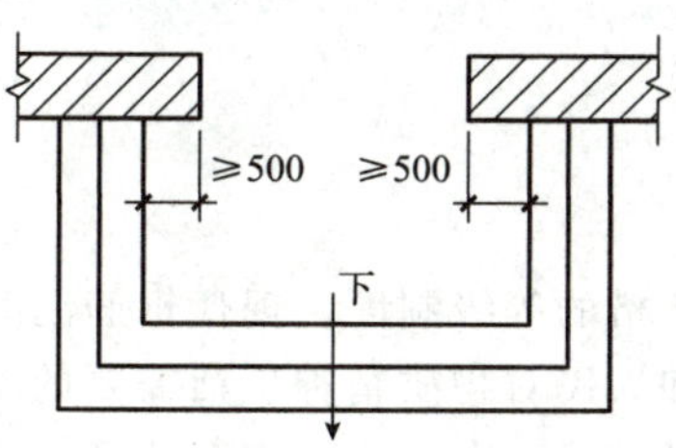	

项目八　屋顶构造

任务一　屋顶概述

课前认知

我国传统的建筑屋顶形式很多，且具有严格的等级制度，现代钢筋混凝土结构采用了大量的平屋顶形式，随着科学技术的不断发展和人民对物质精神生活需要的不断提高，城市建造了一大批大跨度建筑，如展览馆、飞机场候机楼、火车站、体育馆等，传统的屋顶形式已经不能满足结构受力的要求，人们创造出了很多新型的建筑结构形式，由此产生了与之相应的新型屋顶，如折板结构、网架结构等。课前请了解各种类型的屋顶。

理论学习

一、屋顶的作用和组成

屋顶是房屋最上层水平围护结构，能抵御风霜雨雪、太阳辐射、昼夜气温变化等自然因素的影响。屋顶还是承重构件，承受屋面传来的荷载和屋顶自重，另外，屋顶形式对建筑造型有重要影响。屋顶由屋面防水层、支承结构和顶棚组成。由于使用要求和建筑所处地域环境的不同，还设有保温、隔热、隔声、防火等各种层次。

二、屋顶的设计要求和坡度

(一)屋顶的设计要求

防水可靠、排水迅速是屋顶首先应当具备的功能，也是屋顶构造设计的重点。屋顶防水和排水，一般采用"阻"和"导"两种办法。

(1)阻：用防水材料满铺整个屋顶，防水材料间的缝隙处理好，阻止雨水渗漏。

(2)导：利用屋面坡度，使雨水、雪水迅速排除。

(二)屋顶的坡度

为了预防屋顶渗漏水，常将屋面做成一定坡度，利用屋顶的坡度，以最短而直接的途径排除屋面的雨水，减少渗漏的可能。屋顶的坡度首先取决于建筑物所在地区的降水量大小。我国南方地区年降水量较大，屋面坡度较大；北方地区年降水量较小，屋面平缓些。屋面坡度的大小也取决于屋面防水材料的性能，即采用防水性能好、单块面积大、拼缝少的材料。如采用防水卷材、金属钢板、钢筋混凝土板等材料，屋面坡度就可小些；如采用小青瓦、平瓦、琉璃瓦等小块面层材料，则接缝多，屋面坡度就应大些。

屋顶坡度通常采用高度与长度之比来表示，如 1∶2、1∶4 等。坡度较大的屋面常采用角度法表示，如 15°、30° 和 45° 等。坡度较小的屋面则采用百分比表示，如 $i=1\%$，$i=2\%\sim3\%$ 等，如图 8-1 所示。

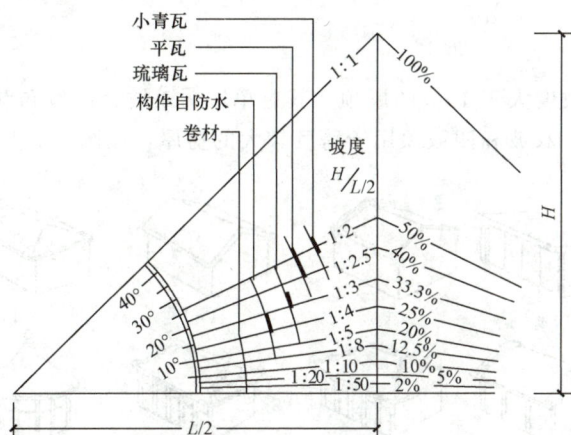

图 8-1　屋顶坡度
注：粗线段为常用坡度

三、屋顶的类型

根据外形和坡度，屋顶一般可分为平屋顶、坡屋顶和其他屋顶等，如图 8-2 所示。

(一)平屋顶

平屋顶是指屋面坡度不大于 10％ 的屋顶，常用的坡度范围为 2％～5％。如图 8-3 所示为最常见的平屋顶形式。

平屋顶上部空间可做成露台、屋顶花园、屋顶游泳池、屋面种植、养殖等加以利用。

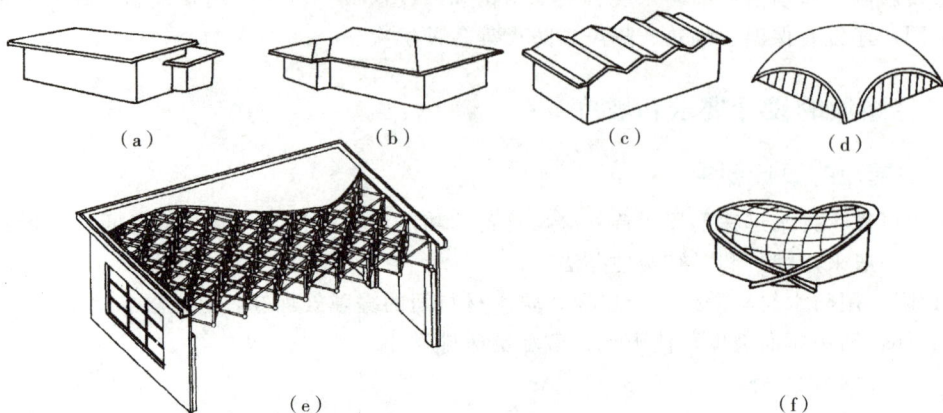

图 8-2　屋顶形式
(a)平屋顶；(b)坡屋顶；(c)折板屋顶；(d)壳体屋顶；(e)网架屋顶；(f)悬索屋顶

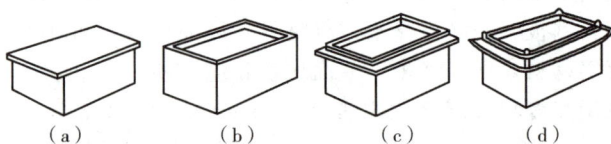

图 8-3　平屋顶的形式
(a)挑檐；(b)女儿墙；(c)挑檐女儿墙；(d)盝(盒)顶

(二)坡屋顶

坡屋顶是指屋面坡度大于10%的屋顶。其有单坡、双坡、四坡和歇山等多种形式。单坡顶用于小跨度的房屋；双坡和四坡顶用于跨度较大的房屋，如图8-4所示。

图 8-4　坡屋顶的形式
(a)单坡顶；(b)硬山两坡顶；(c)悬山两坡顶；(d)四坡顶；
(e)卷棚顶；(f)庑殿顶；(g)歇山顶；(h)圆攒尖顶

(三)其他形式的屋顶(曲面屋顶)

曲面屋顶是由各种薄壳结构、悬索结构、拱结构和网架结构作为屋顶承重结构的屋顶，如双曲拱屋顶、球形网壳屋顶、扁壳屋顶、鞍形悬索屋顶等，如图8-5所示。

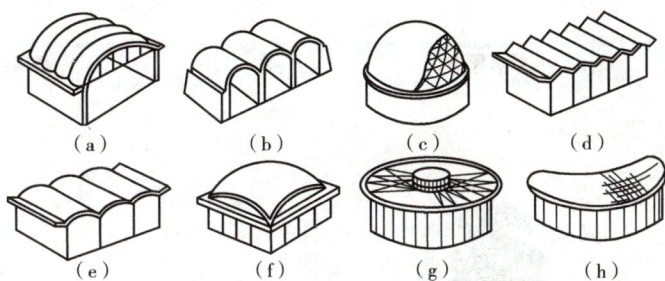

图 8-5 其他形式的屋顶

(a)双曲拱屋顶；(b)砖石拱屋顶；(c)球形网壳屋顶；(d)V形网壳屋顶；
(e)筒壳屋顶；(f)扁壳屋顶；(g)车轮形悬索屋顶；(h)鞍形悬索屋顶

仿真实训

根据所学屋顶的类型分组制作屋顶模型，展示并说明你所做的屋顶属于什么类型，不限于书本内容，制作模型材料自定。

技能测试

一、填空题

1. 屋顶由_____、_____和_____组成。

2. _____、_____是屋顶首先应当具备的功能，也是屋顶构造设计的重点。

二、选择题

1. 平屋顶的排水坡度一般不超过 5%，最常用的坡度是(   )。

A. 5%   B. 1%   C. 4%   D. 2%～5%

2. (   )用于小跨度的房屋。

A. 单坡顶   B. 双坡顶   C. 四坡顶   D. 歇山顶

任务工单

阐释表 8-1 中屋顶的类型。

表 8-1 屋顶类型

序号	屋顶图例	屋顶类型
1		
2		

序号	屋顶图例	屋顶类型
3		
4		

》》》任务二 平屋顶构造

📖 课前认知

南方某高层商品房住宅，现浇钢筋混凝土平屋面，采用 SBS 沥青防水卷材和聚氨酯涂膜复合防水，请思考防水的构造是怎样的。

📖 理论学习

一、平屋顶的组成

平屋顶造价低、施工方便、节省空间，目前常采用钢筋混凝土平屋顶。

平屋顶构造设计中主要解决防水、排水问题。平屋顶的基本组成是防水层和结构层，结构层在下，防水层在上，其他层次位置，如保温、隔热等层次的位置，视具体情况而定。

（一）平屋顶的结构层

平屋顶的承重结构层，一般采用钢筋混凝土梁板，要求具有足够的强度和刚度，以减少板的挠度和形变。

（二）平屋顶的防水层

屋顶通过面层材料的防水性能达到防水的目的。由于平屋顶的坡度较平缓，为 3% 左右，因此屋顶防水应以"阻"为主，这就需要一整片的防水覆盖层才能起到屋面防水作用。目前在北方地区，则多采用改性沥青防水卷材或高分子防水卷材等柔性防水材料做屋面的防水层，称为柔性防水屋面；而在南方地区常采用细石混凝土浇筑的防水层，称为刚性防水屋面，如图8-6所示。

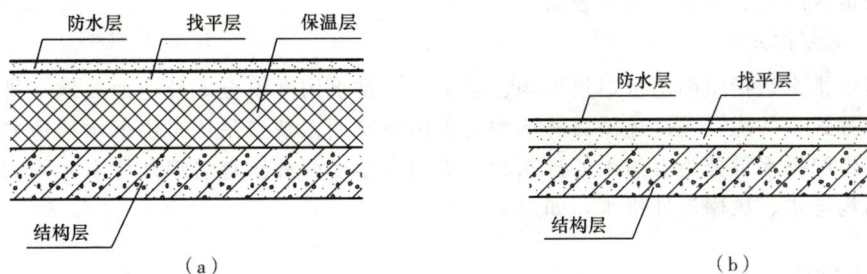

图8-6　平屋顶的组成
(a)带保温层的平屋顶；(b)不带保温层的平屋顶

二、平屋顶的排水构造

(一)屋顶排水坡度的形成

屋顶的排水坡度可通过构造找坡和结构找坡来实现，如图8-7所示。

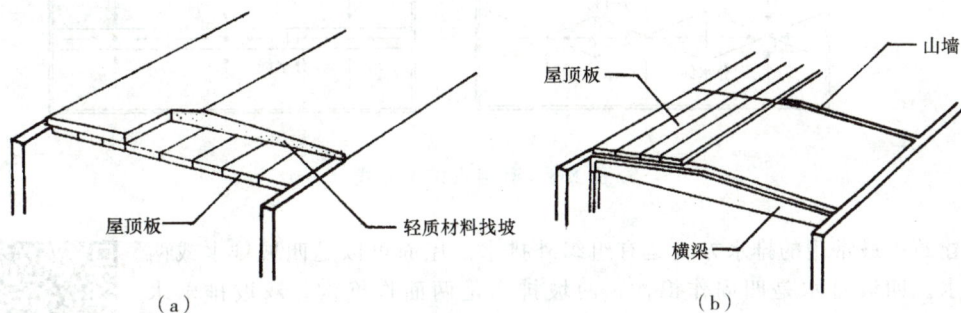

图8-7　屋顶排水坡度的形成
(a)材料找坡；(b)结构找坡

1. 构造找坡(又称垫置坡度)

屋面钢筋混凝土板的铺设可以与楼板一样水平搁置，在板上用轻质材料如水泥焦渣、石灰炉渣等来垫置屋顶排水坡度，垫置坡度不宜过大，否则会增加屋顶结构荷载，适用于排水坡度为5%以内的平屋顶。其优点是室内顶棚平整。

2. 结构找坡(又称搁置坡度)

将屋面板倾斜搁置，利用结构本身起坡至所需坡度，不在屋面上另加找坡材料。其优点是省工、省料、构造简单；缺点是室内顶棚是倾斜的。其适用于对室内美观要求不高或设有吊顶的建筑，故跨度较大的平屋顶，只能采用结构找坡。

(二)屋顶排水方式的选择

平屋顶坡度较小，排水较困难，为将雨水尽快排除，减少积留时间，需要组织好屋面的排水系统，而屋面的排水系统又与排水方式及檐口做法有关，需要统一考虑。屋面排水方式可分为无组织排水和有组织排水两大类。

1. 无组织排水（又称自由落水）

无组织排水是指屋面伸出外墙，形成挑檐，使屋面的雨水经挑檐自由滴落至室外地面。其优点是构造简单、造价低、不易漏雨和堵塞；缺点是屋面雨水自由落下会污染墙面。其适用于少雨地区或低层建筑、次要建筑。

2. 有组织排水

有组织排水是指屋面雨水通过天沟、雨水管等排水构件引至室外地面或地下排水系统的一种排水方式。其优点是避免檐口落下的雨水污染墙面；缺点是比自由落水构造复杂，造价较高。有组织排水可分为有组织外排水和有组织内排水两种。有组织外排水常用的方式是女儿墙内檐沟排水、挑檐沟外排水，如图 8-8 所示。

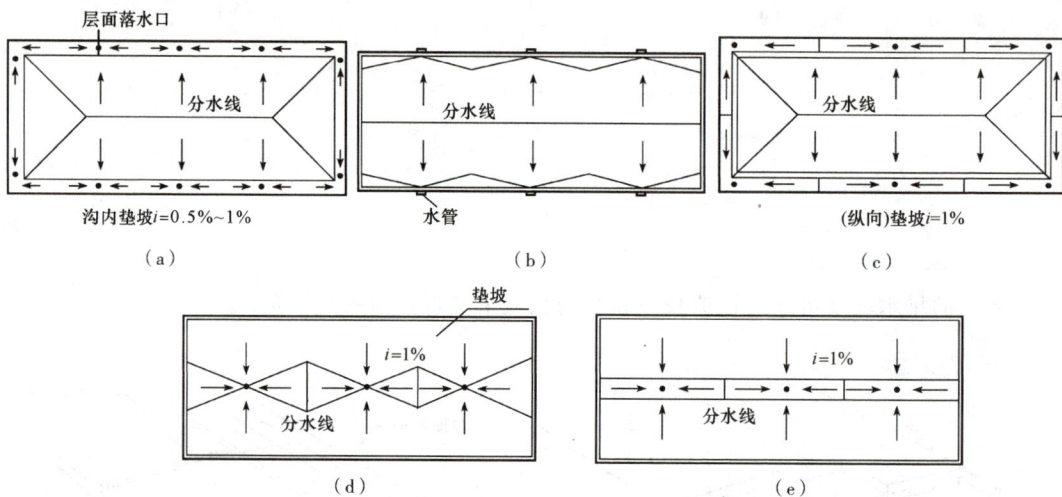

图 8-8　有组织排水方式

建筑中最常用的排水方式是有组织外排水。屋面可以是四坡排水或两坡排水。四坡排水是四周作檐沟；两坡排水是两面作檐沟。双坡排雨水时，为防止雨水外溢，也可以设檐沟或采用山墙出顶形成女儿墙等处理方法，如图 8-9 所示。

外檐沟

当屋面宽度较小时，可做成单坡排水；当屋面宽度较大时，如 12 m 以上，宜采用双坡排水。檐沟或天沟应做纵向坡度，纵坡一般为 0.5% ～ 1%；檐沟净宽不小于 200 mm。

（1）檐沟外排水（平屋顶挑檐结构形式）。如图 8-10 所示。

（2）女儿墙内天沟排水。当房屋周围的外墙升高超过屋面时，形成封檐口，此段墙称为女儿墙。在女儿墙与屋面交接处应做成纵向坡度，用垫坡材料做成坡度 0.5% ～ 1%，形成自然天沟，如图 8-11 所示。

（三）确定落水管规格及间距

女儿墙压顶

（1）落水管材料有铸铁、镀锌薄钢板、塑料、PVC、石棉水泥和陶土等，目前多采用铸铁和塑料落水管。

（2）落水管直径有 50 mm、75 mm、100 mm、125 mm、150 mm、200 mm 几种规格，一般民用建筑最常用的落水管直径为 100 mm，面积较小的露台或阳台可采用 50 mm 或 75 mm 的落水管。

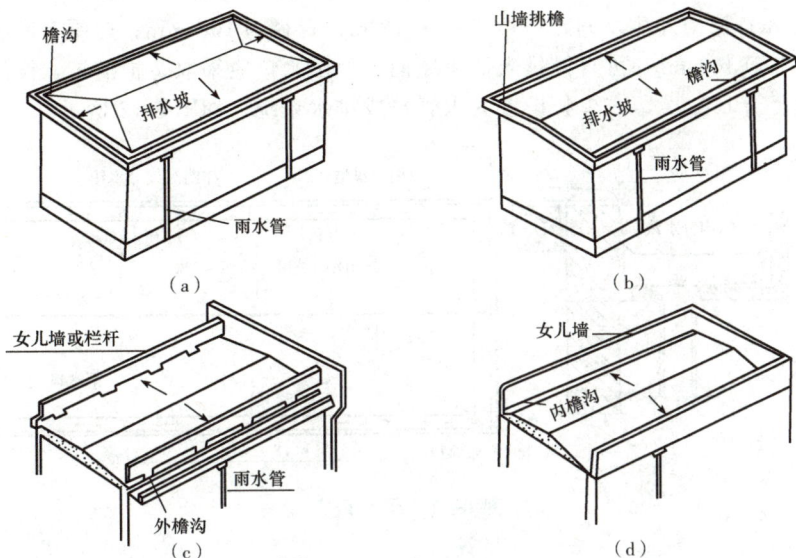

图 8-9　平屋顶有组织外排水

(a)沿屋面四周设檐沟；(b)沿纵墙设檐沟；(c)女儿墙外设檐沟；(d)女儿墙内设檐沟

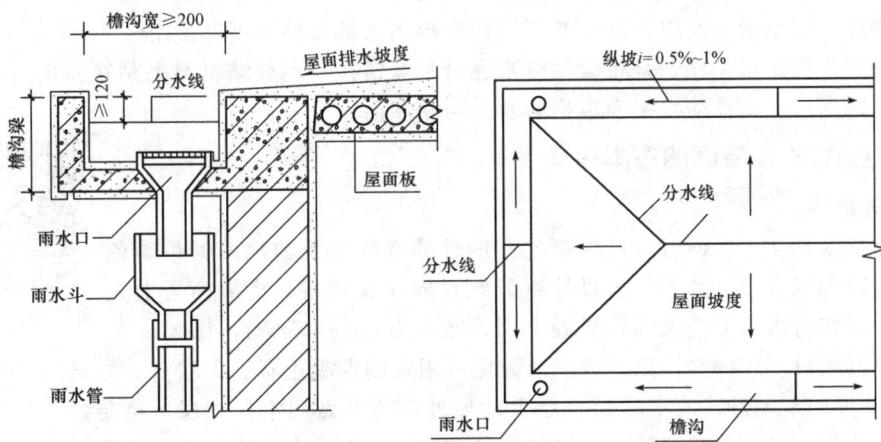

图 8-10　檐沟外排水

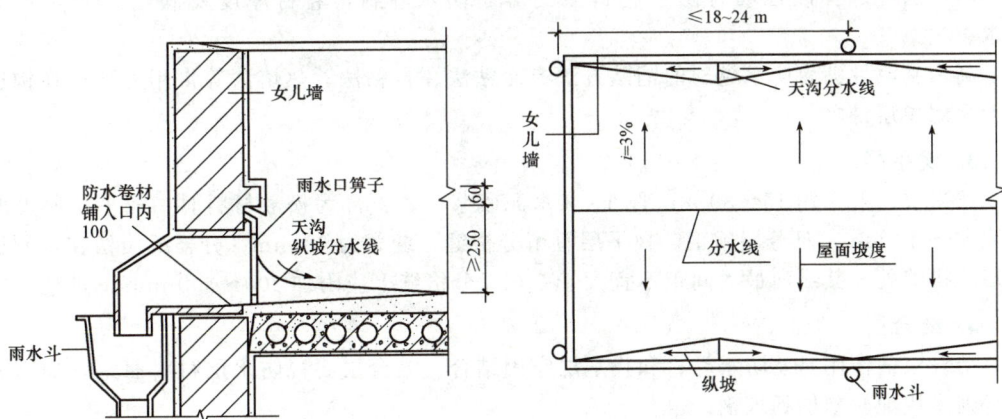

图 8-11　女儿墙外排水

（3）落水管的位置应设置在实墙面处，雨水口间距为 10～18 m。如女儿墙外排水间距一般不大于 15 m；檐沟外排水间距一般不大于 18 m，管径为 100 mm；房屋有高差时，高处屋面集水面积小于 100 m²，可直接排入低跨屋面，但出水口应采取防护措施，设滴水板。高屋面集水面积大于 100 m²，应单独设置落水管自成排水系统，如图 8-12 所示。

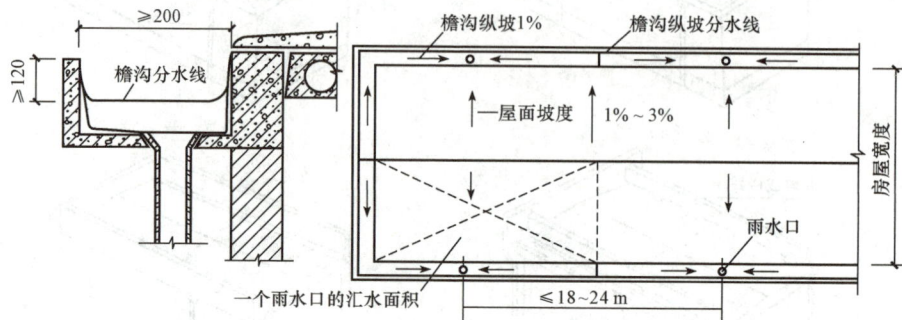

图 8-12 雨水口布置

三、平屋顶柔性防水屋面

柔性防水层采用有一定韧性的防水材料隔绝雨水，防止雨水渗漏到屋面下层。由于柔性材料允许有一定变形，所以在屋面基层结构变形不大的条件下可以使用。

平屋顶柔性防水屋面，是将柔性防水卷材相互搭接，用胶结材料粘贴在屋面基层上形成防水能力的面层。柔性防水屋面也称为卷材防水屋面。

（一）卷材防水屋面的基本构造

1. 保护层

当屋面为不上人屋面时，可根据卷材的性质选择颜色较浅的银色着色剂涂料，或撒绿豆砂、蛭石、云母等颗粒状材料作保护层；当屋面为上人屋面时，可在防水层上浇筑细石混凝土层，厚度为 30～40 mm，每 2 m 留一条变形缝（也称分仓缝），用油膏嵌缝。也可用预制混凝土板、大阶砖、缸砖等做面层，铺在 20 mm 厚的水泥砂浆或干砂结合层上。另外，还可做架空保护层，砌砖墩，用砂浆铺设预制混凝土板，板上勾缝或抹面，保护效果较好，但自重大、造价高，故采用不多。

涂膜防水屋面工程

2. 防水层

防水层应选择改性沥青防水卷材或高分子防水卷材，卷材厚度要满足屋面防水等级要求。

高聚物改性沥青防水卷材的铺贴方法有冷粘法、自粘法、热熔法等常用方法，在构造上一般采用单层铺贴。

3. 找平层

找平层一般采用 15～30 mm 厚 1∶3 水泥砂浆。若下部为松散材料时，找平层厚度要加大到 30～40 mm，且分层施工。找平层宜留分格缝，缝宽为 20 mm；分格缝应留在预制板支承端的拼缝处，其纵向最大间距不宜大于 6 m；分格缝上应附加 200～300 mm 的油毡。

4. 结合层

结合层的作用是使防水卷材和找平层牢固结合。结合层要视防水层材料而定，如高分子卷材则多用配套基层处理剂。

（二）卷材防水屋面的细部构造

卷材防水屋面在檐口、屋面防水层与垂直墙面交接处，以及变形缝、上人孔等处防水层被切断的地方，特别容易产生渗漏，所以应加强这些部位的防水处理。

1. 泛水构造

泛水是指屋面防水层与垂直墙交接处的防水构造。在屋面防水层与女儿墙、上人屋面的楼梯间、凸出屋面的电梯机房、水箱间、高低屋面交接处等都需做泛水。一般须用水泥砂浆或细石混凝土在转角处做成圆弧形或45°斜面，使油毡防水层粘贴严实，泛水高度不小于250 mm。为加强泛水处的防水效果，一般加铺一层油毡。卷材直接粘贴在垂直墙面上，卷材上口易脱离墙面或张口，导致屋面漏水，因此上口要做收口处理。收口一般采用钉木条、压薄钢板、嵌砂浆、嵌配套油膏和盖镀锌钢板等处理方法。常见做法如图8-13所示。

女儿墙泛水

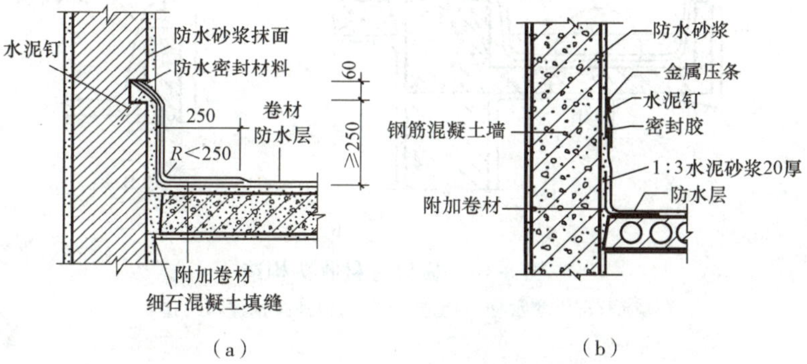

图 8-13　泛水的做法
(a)墙体为砖墙；(b)墙体为钢筋混凝土墙

2. 檐口构造

檐口是屋面防水层的收头构造。卷材防水屋面的檐口，有自由落水、挑檐沟、女儿墙带檐沟、斜板挑檐等。其中，女儿墙檐口做法实质上是泛水的做法。

（1）自由落水檐口的防水层收头，通常采用油膏嵌实，上撒绿豆砂保护层，檐口抹滴水，使雨水迅速垂直落下。因油膏有一定弹性，可适应油毡的温度变化，不可用砂浆等硬性材料。

（2）挑檐沟的油毡收头处理，一般做法是：在檐沟边缘预留钢筋将油毡压住；再用砂浆或油膏盖缝；在檐沟内加铺一层油毡，增强防水性能；沟内转角处水泥砂浆抹成圆弧形，防止油毡折断；抹好檐沟外侧滴水，如图8-14所示。

3. 雨水口

雨水口是屋面雨水排至落水管的连接构件，通常为定型产品，多用铸铁、钢板制作。雨水口可分为直管式和弯管式两大类。直管式用于内排水中间天沟、外排水挑檐等；弯管式只适用于女儿墙外排水天沟，如图8-15所示。

图 8-14 檐口卷材收头构造

(a)自由落水檐口构造；(b)檐沟外排水檐口构造

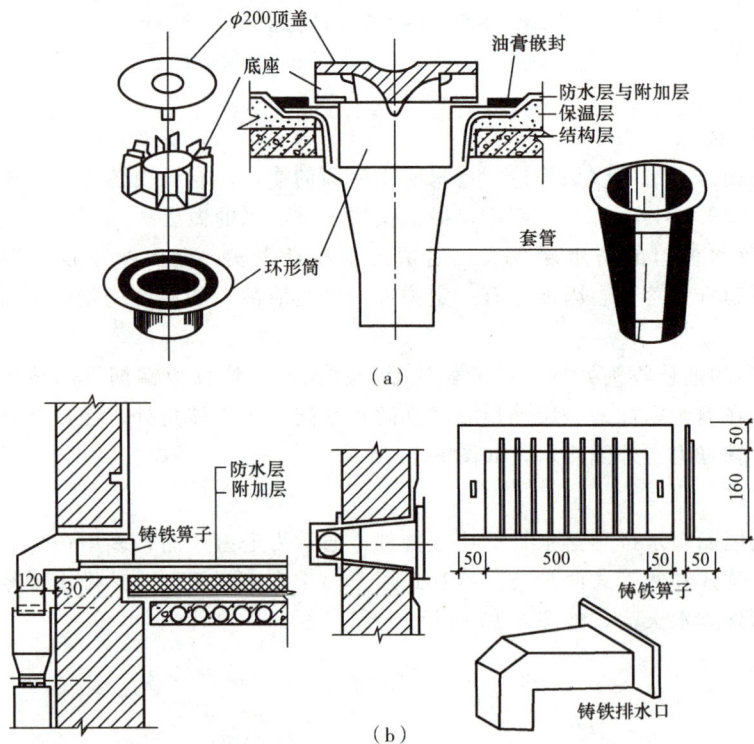

图 8-15 柔性卷材屋面雨水口构造

(a)直管式雨水口；(b)弯管式雨水口

四、平屋顶刚性防水屋面

刚性防水屋面是用刚性防水材料，如防水砂浆、细石混凝土、配筋的细石混凝土等做防水层的屋面，屋面坡度宜为 2‰ ~ 3‰，并应采用结构找坡。这种屋面构造简单，施工方便，造价低廉，但对湿度变化和结构变形较敏感，容易产生裂缝而渗漏。故刚性防水屋面不宜用于湿度变化大，有振动荷载和基础有较大不均匀沉降的建筑。一般用于南方地区的建筑。

(一)刚性防水屋面的基本构造

保护层：缸砖或水泥砂浆抹面
防水层：40厚细石混凝土
　　　　双向配φ4@100~200
隔离层：纸筋灰或干铺油毡或
　　　　低强度等级砂浆，或玛琋脂，薄砂
找平层：20厚1:3水泥砂浆
结构层：钢筋混凝土板

图 8-16　刚性防水屋面的基本构造组成

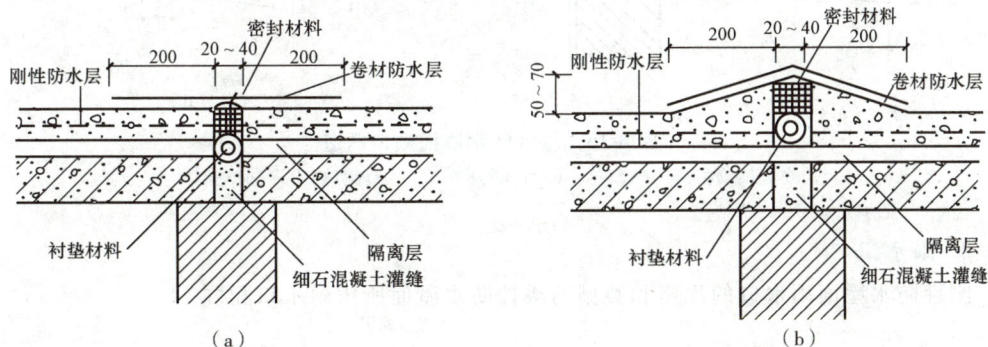

刚性防水屋面由防水层、隔离层、找平层和结构层组成，如图 8-16 所示。

1. 防水层

采用不低于 C20 的细石混凝土整体现浇而成，其厚度≥40 mm，并应配置直径为 4 ~ 6 mm、间距为 100 ~ 200 mm 的双向钢筋网片。

2. 隔离层(又称浮筑层)

位于防水层与结构层之间，其作用是减少因结构变形对防水层的不利影响。可采用铺纸筋灰、低强度等级砂浆，或薄砂层上干铺一层油毡等做法。

3. 找平层

当结构层为预制钢筋混凝土板时，其上应用 1:3 水泥砂浆作找平层，厚度为 20 mm。若屋面板为整体现浇混凝土结构时则可不设找平层。

4. 结构层

屋面结构层一般采用预制或现浇的钢筋混凝土屋面板。

(二)刚性防水屋面的细部构造

刚性防水屋面的节点构造包括分格缝、泛水构造、檐口和雨水口构造。

1. 分格缝

分格缝是为了避免刚性防水层因结构变形、温度变化和混凝土干缩等产生裂缝，所设置的"变形缝"，如图 8-17 所示。

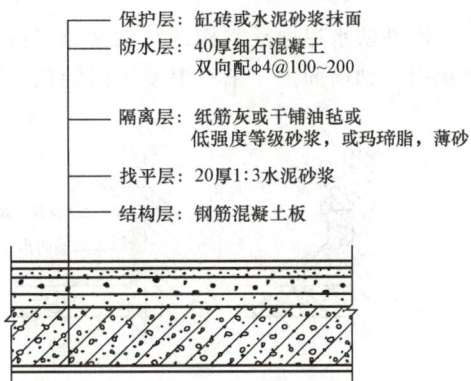

(a)

(b)

图 8-17　分格缝构造
(a)平缝；(b)凸缝

2. 泛水构造

刚性防水屋面泛水构造与柔性防水屋面原理基本相同，一般做法是将细石混凝土防水层直接引申到墙面上，细石混凝土内的钢筋网片也同时上弯，如图 8-18 所示。

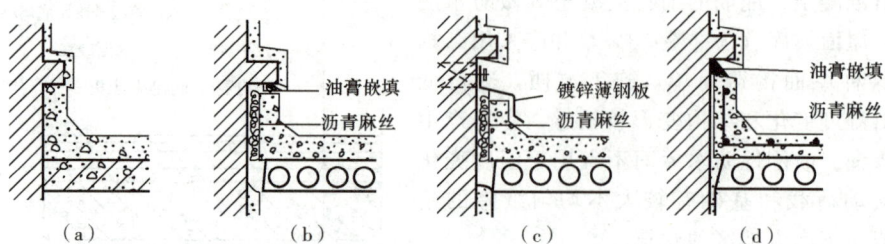

图 8-18　刚性防水屋面泛水构造
(a)挑砖；(b)挑砖嵌油膏；(c)挑砖盖薄钢板；(d)配筋细石混凝土油膏嵌缝

3. 檐口

刚性防水屋面的檐口形式如图 8-19 所示。

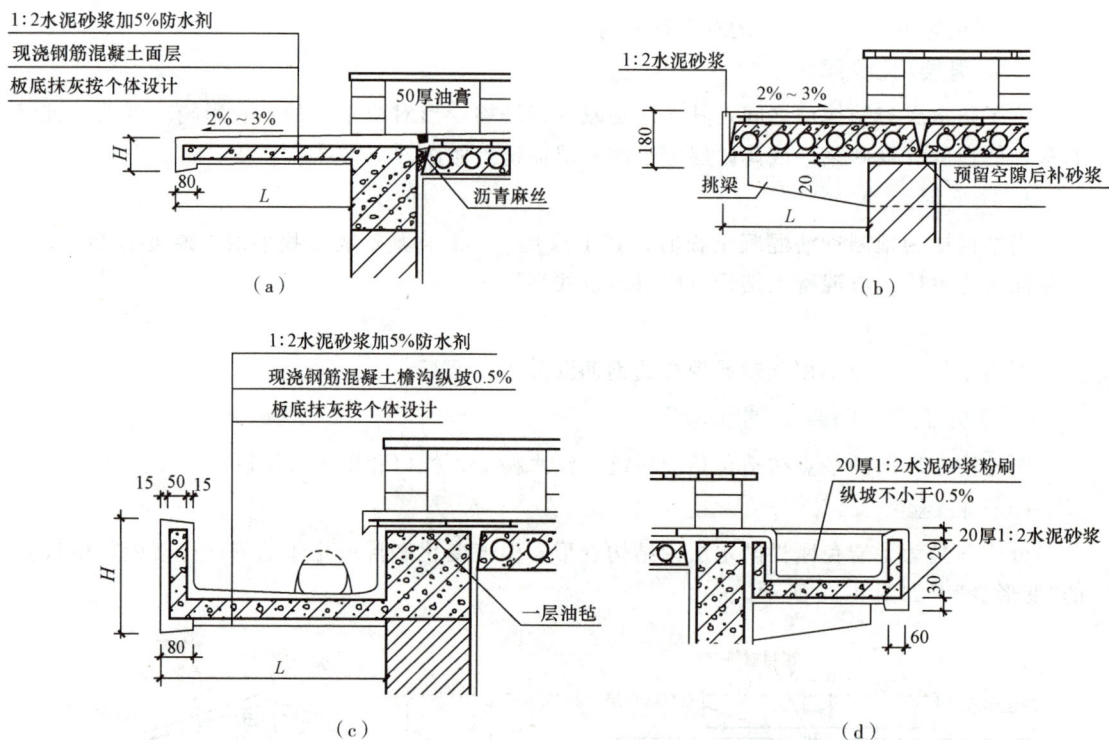

图 8-19　刚性防水屋面檐口构造
(a)现浇钢筋混凝土檐口板；(b)预制板檐口；(c)现浇檐沟；(d)预制檐沟

4. 雨水口

刚性防水屋面雨水口的规格和类型与柔性防水屋面所用雨水口相同。

五、平屋顶的保温与隔热

屋顶作为建筑物最顶部的围护构件，应能够减少外界气候对建筑物室内带来的影响，为此，应在屋顶设置相应的保温隔热层。

(一)平屋顶的保温

保温层的构造方案和材料做法需根据使用要求、气候条件、屋顶的结构形式、防水处理方法等因素来具体考虑确定。

1. 保温材料

屋面保温材料应选用轻质、多孔、导热系数小且有一定强度的材料。按材料的物理特性，保温材料可以分为三大类：一是散料类保温材料，如膨胀珍珠岩、膨胀蛭石、炉渣、矿渣等；二是整浇类保温材料，如水泥膨胀珍珠岩、水泥膨胀蛭石等；三是板块类保温材料，如用加气混凝土、泡沫混凝土、膨胀珍珠岩混凝土、膨胀蛭石混凝土等加工成的保温块材或板材，或聚苯乙烯泡沫塑料保温板。

2. 保温层的位置

根据屋顶结构层、防水层和保温层的相对位置，可归纳为以下几种情况：

(1)保温层设在防水层之下、结构层之上。这种形式构造简单，施工方便，是目前应用最广泛的一种形式，如图8-20(a)所示。当保温层设在结构层之上，并在保温层上直接做防水层时，在保温层下要设置隔汽层。隔汽层的作用是防止室内水蒸气透过结构层，渗入保温层内，使保温材料受潮，影响保温效果。隔汽层的做法通常是在结构层上做找平层，再在其上涂热沥青一道或铺一毡二油。

(2)保温层与结构层结合。保温层与结构层结合的做法有三种：一是保温层设在槽形板的下面，如图8-20(b)所示，但这种做法易使室内的水气进入保温层中从而降低保温效果；二是保温层放在槽形板朝上的槽口内，如图8-20(c)所示；三是将保温层与结构层融为一体，如配筋的加气混凝土屋面板，这种构件既能承重，又有保温效果，简化了屋顶构造层次，施工方便，但屋面板的强度低，耐久性差，如图8-20(d)所示。

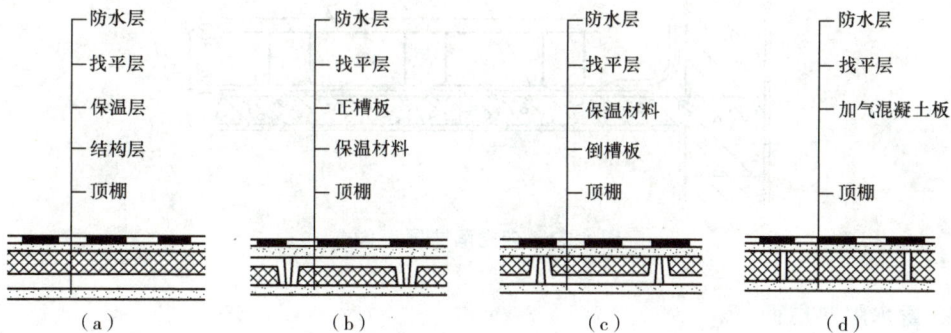

图8-20 保温层位置
(a)在结构层上；(b)嵌入槽板中；(c)嵌入倒槽板中；(d)与结构层合一

(3)保温层设置在防水层之上，又称为倒铺保温层。使用倒铺保温层时，保温材料需选择不吸水、耐气候性强的材料，如聚氨酯或聚苯乙烯泡沫塑料保温板等有机保温材料。其构造层次顺序为保温层、防水层、结构层，如图8-21所示。其优点是防水层被覆盖在保温层之下，不受阳光及气候变化的影响，热温差较小，同时，防水层不易受到来自外界的机械损伤，延长了使用寿命，但容易受到保温材料的限制。有机保温材料上部应用混凝土、卵石、砖等较重的覆盖层压住。

另外，还有一种保温屋面，即在防水层和保温层之间设空气间层，这样，由于空气间层的设置，室内采暖的热量不能直接影响屋面防水层，故把它称为"冷屋顶保温体系"。这种做法的保温屋顶，无论平屋顶或坡屋顶均可采用。

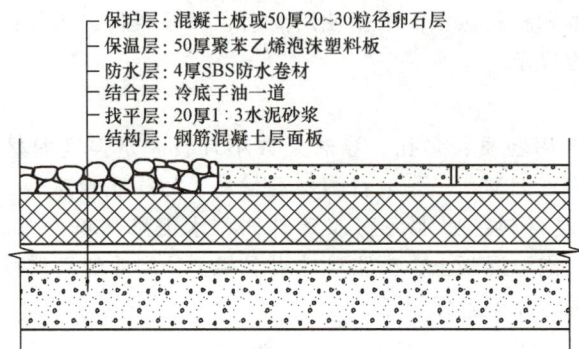

保护层：混凝土板或50厚20~30粒径卵石层
保温层：50厚聚苯乙烯泡沫塑料板
防水层：4厚SBS防水卷材
结合层：冷底子油一道
找平层：20厚1:3水泥砂浆
结构层：钢筋混凝土层面板

图 8-21　倒铺保温油毡屋面

(二)平屋顶的隔热

平屋顶的隔热可采用通风隔热屋面、蓄水隔热屋面、种植隔热屋面和反射降温屋面。

1. 通风隔热屋面

通风隔热屋面是指在屋顶中设置通风间层，使上层起遮挡阳光的作用，利用风压和热压作用把间层中的热空气不断带走，以减少传到室内的热量，从而达到隔热降温的目的。架空隔热屋面是常用的一种通风隔热屋面，架空隔热层的高度宜为 100～300 mm，架空板与女儿墙的距离不宜小于 250 mm，如图 8-22 所示。

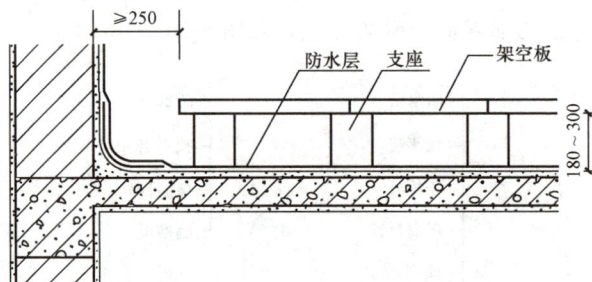

≥250　防水层　支座　架空板　180~300

图 8-22　架空隔热屋面构造

2. 蓄水隔热屋面

蓄水隔热屋面是指在屋顶蓄积一层水，利用水蒸发时需要大量的汽化热，从而大量消耗晒到屋面的太阳辐射热，以减少屋顶吸收的热能，达到降温隔热的目的。蓄水屋面宜采用整体现浇混凝土，其溢水口的上部高度应距离分仓墙顶面 100 mm，过水孔应设在分仓墙底部，排水管应与水落管连通，如图 8-23 所示。

3. 种植隔热屋面

种植隔热屋面是在屋顶上种植植物，利用植被的蒸腾和光合作用，吸收太阳辐射热能，从而达到降温隔热的目的。种植隔热屋面的构造可根据不同的种植介质确定，与刚性防水屋面基本相同，如图 8-24 所示。

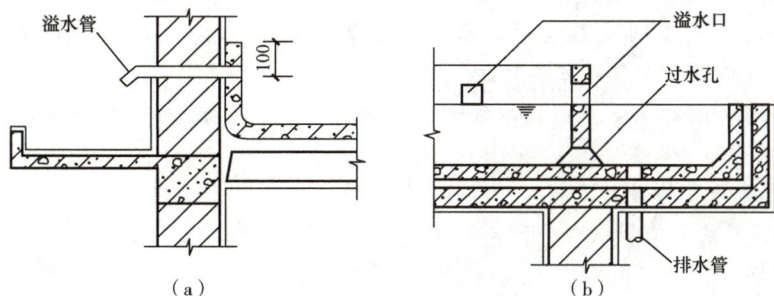

图 8-23　蓄水隔热屋面构造

(a)溢水口构造；(b)排水管、过水孔构造

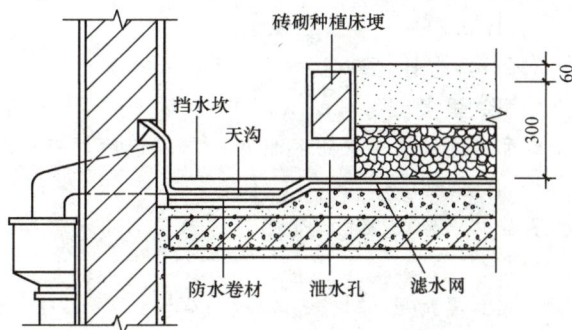

图 8-24　种植隔热屋面构造

4. 反射降温屋面

反射降温屋面是屋面受到太阳辐射后，一部分辐射热量为屋面材料所吸收，另一部分被反射出去。反射的辐射热与入射热量之比称为屋面材料的反射率（用百分数表示）。这一比值的大小取决于屋面表面材料的颜色和粗糙程度，色浅而光滑的表面比色深而粗糙的表面具有更大的反射率。在设计中，应恰当地利用材料的这一特性，例如，采用浅颜色的砾石铺面，或在屋面上涂刷一层白色涂料，对隔热降温均可起到显著作用。

仿真实训

试绘制刚性防水屋面横向分格缝的节点构造。

技能测试

一、填空题

1. 屋顶按采用材料和结构类型的不同可分为_____、_____和_____。

2. 根据建筑物的性质、重要程度、使用功能要求、防水层耐用年限、防水层选用材料和设防要求，将屋面防水分为_____级。

3. 屋顶坡度的表示方法有_____、_____和_____三种。

4. 平屋顶排水坡度的形式方法有_____和_____两种。

5. 屋顶排水方式分为_____和_____两大类。

6. 平屋顶泛水构造中，泛水高度应为_____。

7. 在平屋顶卷材防水构造中，当屋顶坡度_____时，卷材宜平行于屋脊方向铺贴；当屋顶坡度_____或屋面受震动时，卷材可垂直于屋脊方向铺贴；当屋顶坡度_____时，卷材可平行或垂直于屋脊方向铺贴。

8. 选择有组织排水时，每根雨水管可排除大约_____ m²的屋面雨水，其间距控制在_____ m。

9. 平屋顶的保温材料有_____、_____和_____三种类型。

10. 平屋顶保温层的做法有_____和_____两种方法。

二、选择题

1. 屋顶的坡度形成中，材料找坡是指(   )来形成。
   A. 利用预制板的搁置　　　　　　B. 选用轻质材料找坡
   C. 利用油毡的厚度　　　　　　　D. 利用结构层

2. 当采用檐沟外排水时，沟底沿长度方向设置的纵向排水坡度一般应不小于(   )。
   A. 1%　　　　　B. 0.5%　　　　　C. 1.5%　　　　　D. 2%

3. 平屋顶坡度小于3%时，卷材宜沿(   )屋脊方向铺设。
   A. 平行　　　　　B. 垂直　　　　　C. 30°　　　　　D. 45°

4. 混凝土刚性防水屋面的防水层应采用不低于(   )级的细石混凝土整体现浇。
   A. C15　　　　　B. C20　　　　　C. C25　　　　　D. C30

5. 混凝土刚性防水屋面中，为减少结构变形对防水层的不利影响，常在防水层与结构之间设置(   )。
   A. 隔蒸汽层　　　B. 隔离层　　　C. 隔热层　　　D. 隔声层

6. 平瓦屋面挑檐口构造中，当采用屋面板挑檐时，出挑长度不宜大于(   )mm。
   A. 200　　　　　B. 300　　　　　C. 400　　　　　D. 150

7. 平屋顶的排水坡度一般不超过5%，最常用的坡度为(   )。
   A. 5%　　　　　B. 1%　　　　　C. 4%　　　　　D. 2%～3%

8. 平屋顶坡度的形成方式有(   )。
   A. 纵墙起坡、山墙起坡　　　　　B. 山墙起坡
   C. 材料找坡、结构找坡　　　　　D. 结构找坡

9. 屋面水落管距墙面的最小距离是(   )mm。
   A. 150　　　　　B. 75　　　　　C. 20　　　　　D. 30

10. 下列说法中正确的是(   )。
    A. 刚性防水屋面的女儿墙泛水构造与卷材屋面构造是相同的
    B. 刚性防水屋面，女儿墙与防水层之间不应有缝，并加铺附加卷材形成泛水
    C. 泛水应有足够高度，一般不小于250 mm
    D. 刚性防水层内的钢筋在分格缝处应连通，保持防水层的整体性

📑 任务工单

1. 设计条件

(1)图8-25为某小学教学楼平面图和剖面图。该教学楼为四层，教学区层高为3.60 m，办公区层高为3.30 m，教学区与办公区的交界处做错层处理。

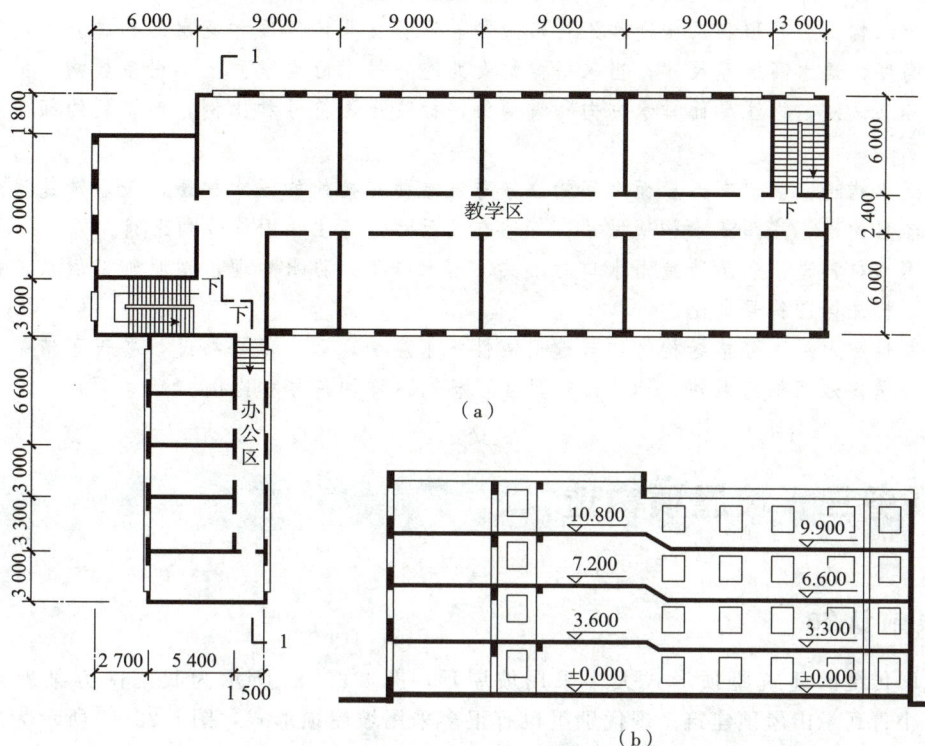

图 8-25　某小学教学楼平面图和剖面图
(a)平面图；(b)1—1 剖面图

(2)结构类型：砖混结构。

(3)屋顶类型：平屋顶。

(4)屋顶排水方式：有组织排水，檐口形式由学生自定。

(5)屋面防水方案：卷材防水或刚性防水。

(6)屋顶有保温或隔热要求。

2. 设计内容及图纸要求

用 A3 图纸一张，按建筑制图标准的规定，绘制该小学教学楼屋顶平面图和屋顶节点详图。

(1)屋顶平面图：比例 1∶200。

①画出各坡面交线、檐沟或女儿墙和天沟、雨水口和屋面上人孔等，刚性防水屋面还应画出纵横分格缝。

②标注屋面和檐沟或天沟内的排水方向和坡度值，标注屋面上人孔等突出屋面部分的有关尺寸，标注屋面标高(结构上表面标高)。

③标注各转角处的定位轴线和编号。

④外部标注两道尺寸(即轴线尺寸和雨水口到邻近轴线的距离或雨水口的间距)。

⑤标注详图索引符号，注写图名和比例。

(2)屋顶节点详图：比例 1∶10 或 1∶20。

①檐口构造：当采用檐沟外排水时，表示清楚檐沟板的形式、屋顶各层构造、檐沟处的防水处理，以及檐沟板与圈梁、墙、屋面板之间的相互关系，标注檐沟尺寸，注明檐沟饰面

层的做法和防水层的收头构造做法；当采用女儿墙外排水或内排水时，表示清楚女儿墙压顶构造、泛水构造、屋顶各层构造和天沟形式等，注明女儿墙压顶和泛水的构造做法，标注女儿墙的高度、泛水高度等尺寸；当采用檐沟女儿墙外排水时要求同上。用多层构造引出线注明屋顶各层做法，标注屋面排水方向和坡度值，标注详图符号和比例，剖切到的部分用材料图例表示。

②泛水构造：画出高低屋面之间的立墙与低屋面交接处的泛水构造，表示清楚泛水构造和屋顶各层构造，注明泛水构造做法，标注有关尺寸，标注详图符号和比例。

③雨水口构造：表示清楚雨水口的形式、雨水口处的防水处理，注明细部做法，标注有关尺寸，标注详图符号和比例。

④刚性防水屋面分格缝构造：若选用刚性防水屋面，则应做分格缝，要表示清楚各部分的构造关系，注明细部做法，标注细部尺寸、标高、详图符号和比例。

》》 任务三　坡屋顶构造

📖 课前认知

我国传统的建筑屋顶形式大多采用坡屋顶，图 8-26（a）所示为我国南方某地区的建筑——小青瓦悬山屋顶建筑。现代别墅也有很多采用坡屋顶形式，图 8-26（b）所示为广州某别墅，采用坡屋顶。请思考：这两种屋顶的构造做法是否相同？

（a）　　　　　　　　　　　　（b）

图 8-26　建筑屋顶形式
(a)小青瓦悬山屋顶建筑；(b)广州某别墅

📖 理论学习

一、坡屋顶的特点及形式

坡屋顶多采用瓦材防水，而瓦材块小、接缝多、易渗漏，故坡屋顶的坡度一般大于10°，通常取30°左右。由于坡度大，故其排水快，防水功能好，但屋顶构造高度大，不仅消耗材料较多，其所受风荷载、地震作用也相应增加，尤其当建筑体型复杂时，其交叉错落处的屋顶结构更难处理。

坡屋顶根据坡面组织的不同，主要有单坡顶、双坡顶及四坡顶等。

1. 单坡顶

当房屋进深不大时，可选用单坡顶。

2. 双坡顶

当房屋进深较大时，可选用双坡。根据檐口和山墙处理的不同，双坡顶又可分为以下两种。

(1)悬山屋顶，即山墙挑檐的双坡屋顶，挑檐可保护墙身，有利于排水，并有一定的遮阳作用，常用于南方多雨地区。

(2)硬山屋顶，即山墙不出檐的双坡屋顶，北方少雨地区采用较广。

3. 四坡顶

四坡顶也称为四落水屋顶，古代宫殿庙宇中的四坡顶称为庑殿顶，四面挑檐利于保护墙身。四坡顶两面形成两个小山尖，古代称为"歇山"，山尖处可设百叶窗，有利于屋顶通风。

二、坡屋顶的承重构件

不同材料和结构可以设计出各种形式的屋顶，同一种形式的屋顶也可采用不同的结构方式。为了满足功能、经济、美观的要求，必须合理地选择支承结构。在坡屋顶中，常采用的支承结构有屋架承重、山墙承重、梁架承重等类型，如图8-27所示。在低层住宅、宿舍等建筑中，由于房间开间较小，常用山墙承重结构。在食堂、学校、俱乐部等建筑中，开间较大的房间可根据具体情况用山墙和屋架承重。

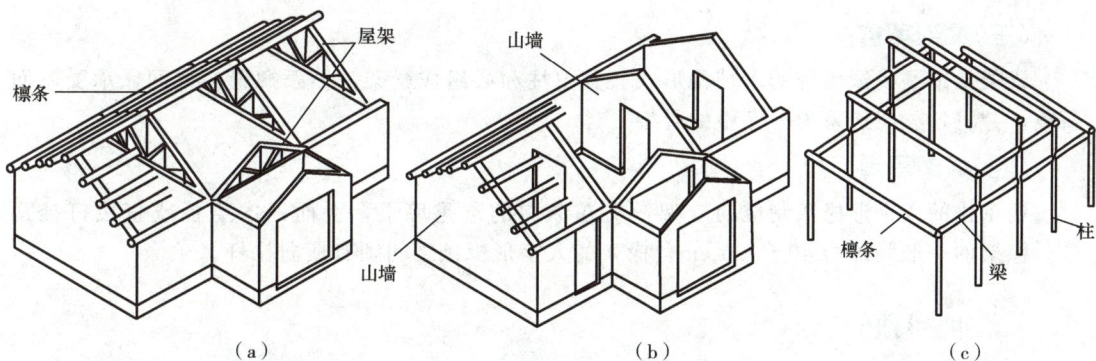

图 8-27 坡屋顶的承重结构
(a)屋架承重；(b)山墙承重；(c)梁架承重

(一)山墙承重

山墙作为屋顶承重结构，多用于房间开间较小的建筑。这种建筑是在山墙上搁檩条，檩条上再铺屋面板；或在山墙上直接搁钢筋混凝土板，然后铺瓦，如图8-28所示。山墙承重结构一般用于小型、较简易的建筑。

(二)屋架承重

屋架承重是指利用建筑物的外纵墙或柱支撑屋架，然后在屋架上搁置檩条来承受屋面质量的一种承重方式。屋架一般按房屋的开间等间距排列，其开间的选择与建筑平面及立面设计都有关系。屋架承重体系的主要优点是建筑物内部可以形成较大的空间，布置灵活，通用性强，如图8-29所示。

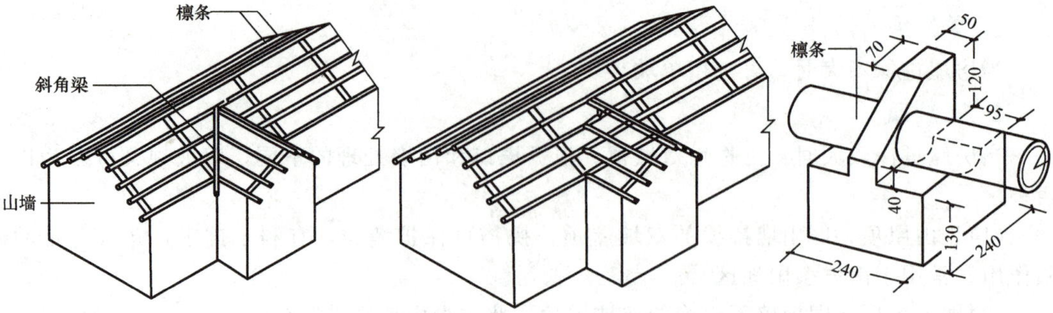

图 8-28　山墙承重的屋顶

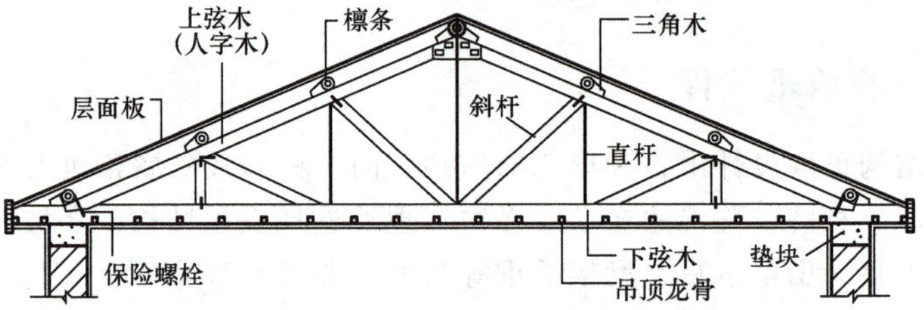

图 8-29　三角形屋架组成

(三)梁架承重

梁架承重是我国传统的木结构形式。其由柱和梁组成梁架，檩条搁置在梁间，承受屋面荷载，并将各梁架连系为一完整的骨架。

(四)椽架承重

用密排的人字形椽条制成的支架，支在纵向的承重墙上，上面铺木望板或直接钉挂瓦条。椽架的一般间距为 40～120 cm，椽架的人字形椽条之间须有横向拉杆。

三、坡屋顶的屋面

坡屋顶屋面由屋面支承构件及防水面层组成。支承构件包括檩条、椽子、屋面板或钢筋混凝土挂瓦板。屋面防水层包括各类瓦，常用的有黏土平瓦、小青瓦、水泥瓦、油毡瓦等铺材。在金属材料中的镀锌钢板彩瓦及彩色镀铝锌压型钢板等多用于大型公共建筑中耐久性及防水要求高、建筑物自重要求轻的房屋中。在大量民用建筑中的坡屋顶以水泥瓦采用较多，当屋顶坡度较小时，对房屋质量要求减轻且防火要求高时常用石棉瓦等。

坡屋顶屋面铺材决定了屋面防水层的构造，屋面防水层包括平瓦屋面、波形瓦屋面、小青瓦屋面、钢筋混凝土大瓦屋面、钢筋混凝土板基层平瓦屋面、玻璃纤维油毡瓦屋面、钢板彩瓦屋面、彩色镀锌压型钢板屋面。

(一)平瓦屋面

平瓦屋面适用于防水等级为 Ⅱ 级、Ⅲ 级、Ⅳ 级的屋面防水，如图8-30(a)所示。

(1)冷摊瓦屋面。平瓦屋面最简单的做法是冷摊瓦，在不保温的房屋

木结构坡屋面

194

及简易房屋中常采用，是在椽子上直接钉 25 mm×30 mm 挂瓦条挂瓦的做法。其缺点是雨水可能从瓦缝中渗入室内，且屋顶隔热、保温效果差。但价格比较低，如图 8-30(b)所示。

（2）木屋面板平瓦屋面。木屋面板平瓦屋面是在檩条或椽子上钉木屋面板（15～25 mm厚），板上平行屋脊方向铺一层油毡，上钉顺水条（又称压毡条），作为第二道防水层，再钉挂瓦条挂瓦，如图 8-30(c)、(d)所示。

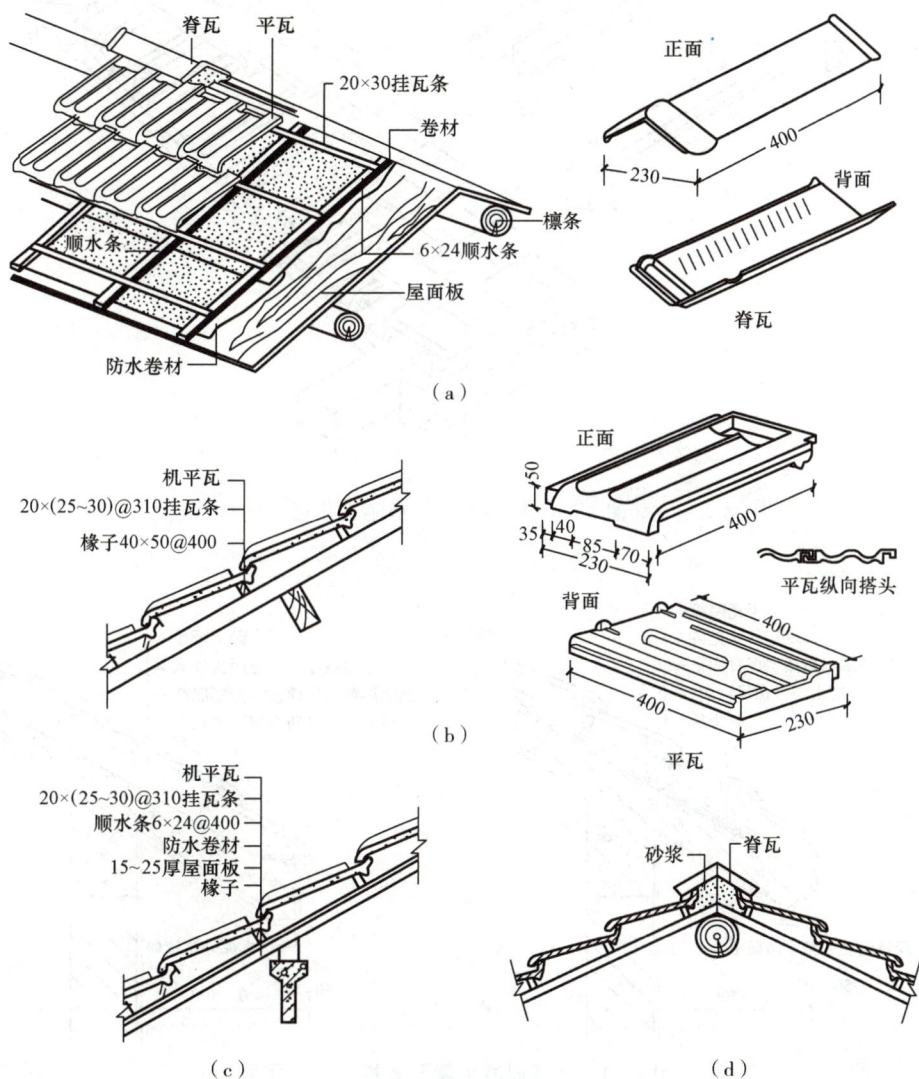

图 8-30　平瓦屋面构造

(a)屋面构造示意；(b)冷摊瓦；(c)屋面板卷材防水；(d)屋脊构造

（3）钢筋混凝土挂瓦板平瓦屋面。用钢筋混凝土挂瓦板，代替一般平瓦屋面的檩条、屋面板和挂瓦条的功能，并能得到平整的底平面，钢筋混凝土屋面板上铺防水卷材、保温层，再做水泥砂浆卧瓦层，最薄处为 20 mm，内配 $\Phi6@500$ mm×500 mm 钢筋网，再铺瓦，如图 8-31、图 8-32 所示。

图 8-31 钢筋混凝土板平瓦屋面

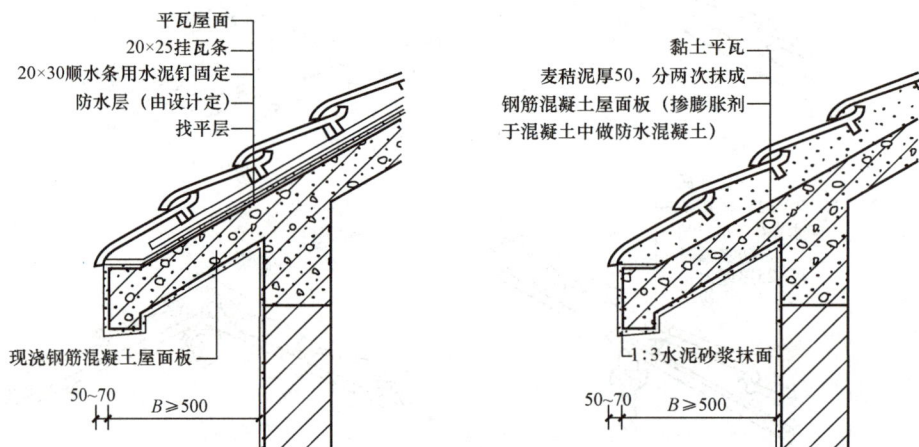

图 8-32 钢筋混凝土屋面板基层平瓦屋面

(二)波形瓦屋面

波形瓦屋面常用的有石棉水泥波形瓦、钢丝网水泥波形瓦、彩色玻璃钢波形瓦、镀锌瓦垄铁、铝合金波形瓦，以及经过表面着色和防腐处理的木质纤维波形瓦等。波形瓦质量小，外观和防水性能好，各类波形瓦覆盖方法相近。例如，石棉水泥波形瓦通常用镀锌铁螺钉或铁钩直接钉在或钩在檩条上，檩条间距一般为900～1 200 mm。瓦与瓦之间须上下左右搭盖，左右搭盖方向应顺着主导风向。为防止上下左右四块瓦的拼接处高低不平，常用切角铺法。

(三)小青瓦屋面

在我国旧民居建筑中常用小青瓦(板瓦、蝴蝶瓦)做屋面,如图8-33所示。

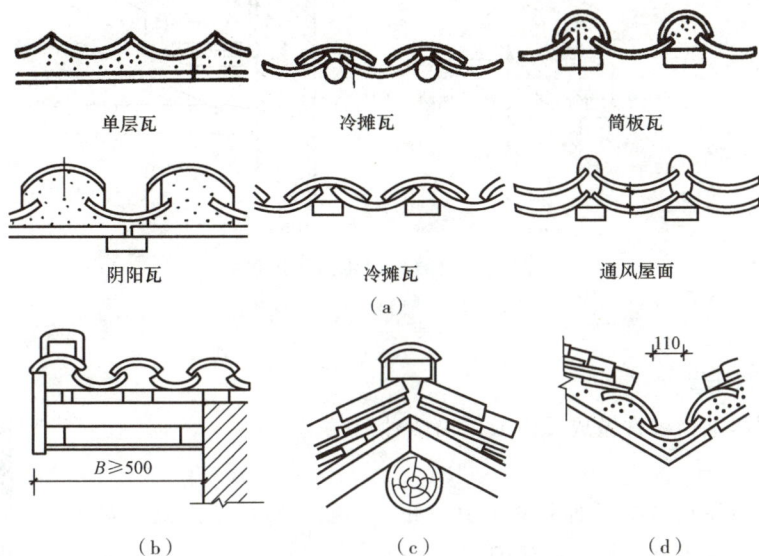

单层瓦　　　　　冷摊瓦　　　　　筒板瓦

阴阳瓦　　　　　冷摊瓦　　　　　通风屋面

(a)

(b)　　　　　　　(c)　　　　　　　(d)

图8-33　小青瓦屋面构造

(a)小青瓦屋面;(b)悬山;(c)屋脊;(d)天沟

(四)钢筋混凝土屋面

用钢筋混凝土技术可塑造坡屋面的任何形式效果,可作直斜面、曲斜面或多折斜面,尤其现浇钢筋混凝土屋面对建筑的整体性、防渗漏、抗震害和防火耐久性等都有明显的优势。目前,钢筋混凝土坡屋顶已广泛用于住宅、别墅、仿古建筑和高层建筑中。

四、坡屋顶的细部构造

(一)檐口构造

建筑物屋顶在檐墙的顶部称为檐口,它对墙身起保护作用,也是建筑物中主要装饰部分。坡屋顶的檐口常做成包檐(北方称为封护檐)与挑檐两种不同形式。前者将檐口与墙齐平或用女儿墙将檐口封住;后者是将檐口挑出在墙外,做成露檐头或封檐头等形式,如图8-34、图8-35所示。

挑檐木挑檐

(a)　　　　　　　(b)　　　　　　　(c)　　　　　　　(d)

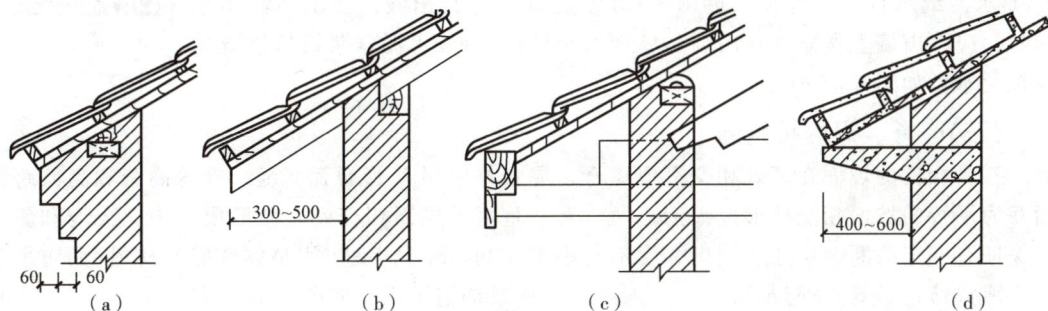

图8-34　无组织排水纵墙挑檐

(a)砖挑檐;(b)椽木挑檐;(c)挑梁挑檐;(d)钢筋混凝土上挑板挑檐

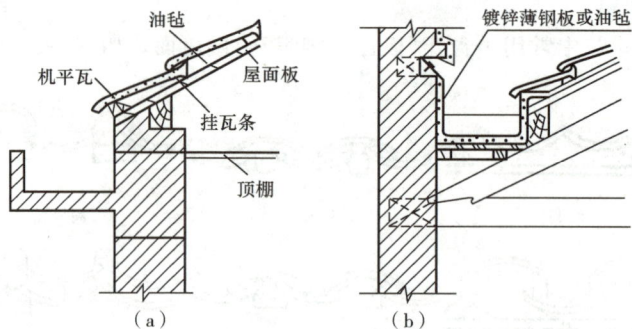

图 8-35　有组织排水纵墙挑檐
(a)钢筋混凝土挑檐；(b)女儿墙封檐构造

(二)山墙构造

两坡屋顶尽端山墙常做成悬山或硬山两种形式。

1. 悬山

悬山是两坡屋顶尽端屋面出挑在山墙处，一般常用檩条出挑，有挂瓦板屋面则用挂瓦板出挑的形式，如图 8-36 所示。

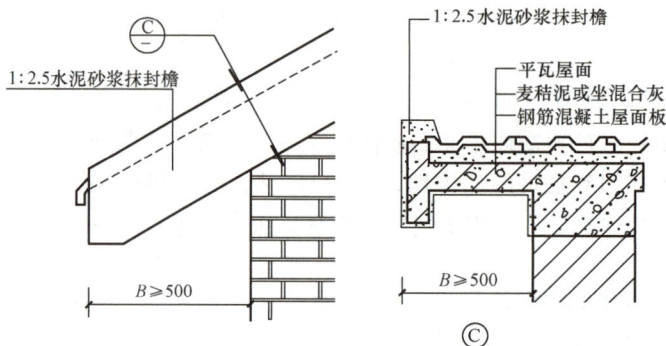

图 8-36　悬山檐口构造

2. 硬山

硬山是山墙与屋面砌平或高出屋面的形式。一般山墙砌至屋面高度时，顺屋面铺瓦的斜坡方向砌筑。铺瓦时将瓦片盖过山墙，然后用 1：1：6 水泥纸筋石灰浆窝瓦，再用 1：3 水泥砂浆抹瓦出线。当山墙高出屋面时，应在山墙上做压顶，山墙与屋面相交处抹 1：3 水泥砂浆或钉镀锌薄钢板泛水，如图 8-37 所示。

(三)屋脊、天沟和斜沟

互为相反的坡面在高处相交形成屋脊，屋脊处应用 V 形脊瓦盖缝。在等高跨和高低跨屋面互为平行的坡面相交处形成天沟；两个互相垂直的屋面相交处，会形成斜沟。天沟和斜沟应保证有一定的断面尺寸，上口宽度不宜小于 500 mm，沟底应用整体性好的材料(如防水卷材、镀锌薄钢板等)做防水层，并压入屋面瓦材或油毡下面，如图 8-38 所示。

198

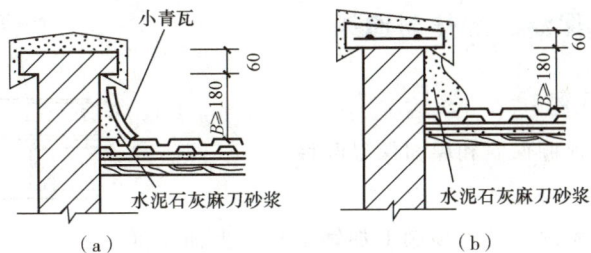

图 8-37　硬山檐口构造

(a)小青瓦泛水；(b)砂浆泛水

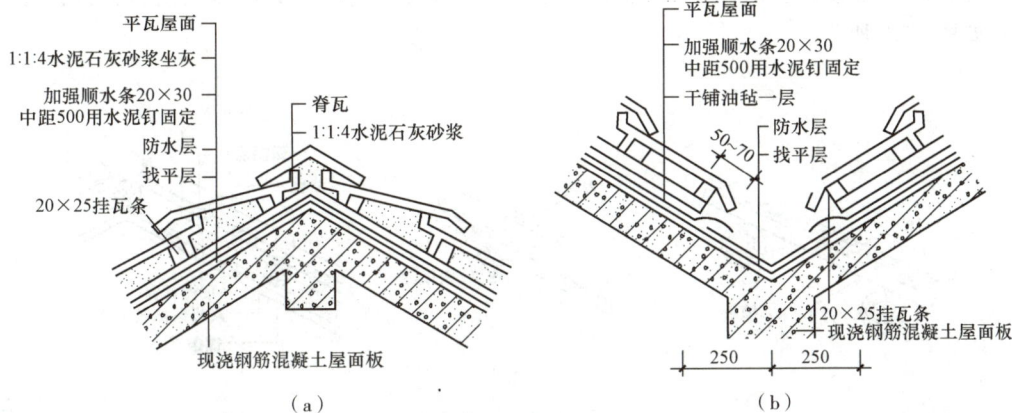

图 8-38　屋脊、天沟和斜沟构造

(a)屋脊；(b)天沟和斜沟

(四)烟囱泛水构造

屋面与烟囱四周交接处，构造上应注意防水与防火。为了使屋面雨水不会从烟囱四周渗漏，在交接处应做泛水处理，一般用水泥石灰麻刀灰抹面及镀锌薄钢板或不锈钢钢板等金属材料制作；当屋面木基层与烟囱直接接触时，容易引起火灾，按防火要求，木基层与烟囱内壁的距离不小于 370 mm 或距离烟囱外壁 50 mm 内不能有易燃材料。

(五)檐沟和雨水管

1. 檐沟

坡屋顶在屋檐处设置檐沟，常用 24 号或 26 号镀锌薄钢板制成，外涂防锈剂与油漆。也有采用石棉制品，但易破裂，耐久性不及镀锌薄钢板好。在采用挂瓦板的屋面中有用挂瓦板或预制钢筋混凝土檐沟者。

2. 落水管与水斗

可用镀锌薄钢板或铸铁制成。采用内排水时用铸铁制品；采用外排水时一般用 24 号镀锌薄钢板制品。断面呈长方形或圆形。落水管用(2~3)×20 mm 铁箍固定在墙上，距离墙面约为 20 mm，铁箍间距为 1 200 mm。水管上端连接在檐沟上，或装置水斗，下端向墙外倾斜离地 200 mm 通达墙外明沟上部。水斗的作用是防止檐沟因水流不畅产生外溢。落水管间距一般不超过 15 m。

五、坡屋顶的保温、隔热与通风

(一)坡屋顶的保温

坡屋顶的保温有顶棚保温和屋面保温两种。

1. 顶棚保温

顶棚保温是在坡屋顶的悬吊顶棚上加铺木板,上面干铺一层油毡做隔汽层,然后在油毡上面铺设轻质保温材料,如图 8-39 所示。

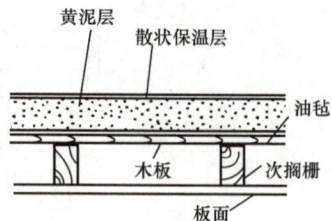

图 8-39　顶棚保温

2. 屋面保温

传统的屋面保温是在屋面铺麦秸,将屋面做成麦秸泥青灰顶,或将保温材料设在檩条之间,如图 8-40 所示。

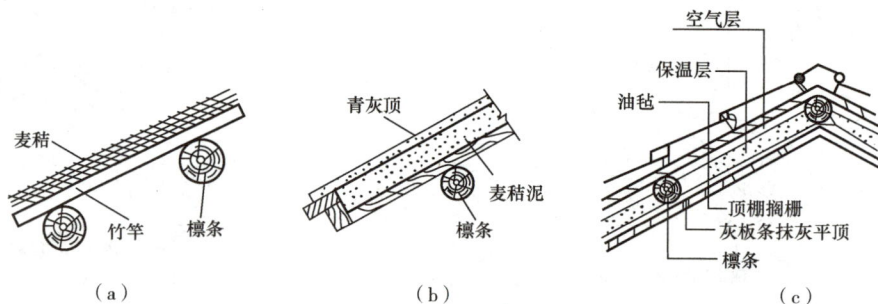

(a)　　　　　　　　　(b)　　　　　　　　　(c)

图 8-40　屋面保温

(a)、(b)保温层在屋面层中;(c)保温层在檩条之间

(二)坡屋顶的隔热与通风

设置通风构造的主要目的是降低辐射热对室内的影响,保护屋顶材料。一般设进气口和排气口,利用屋顶内外的热压和迎、背风面的压力差来加大空气对流作用,组织屋顶内外自然通风,使屋顶内外空气进行更换,减少由屋顶传入的辐射热对室内的影响。屋顶通风有以下两种方式。

1. 屋面通风

将屋面做成双层,在檐口设进风口,屋脊设出风口,利用空气流动带走间层的热量,以降低屋顶的温度,如图 8-41 所示。

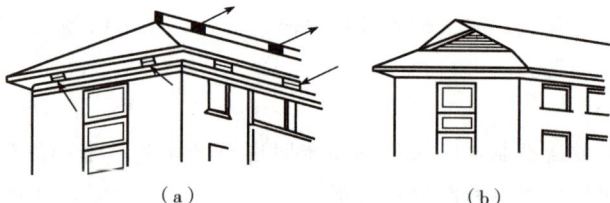

(a)　　　　　　　　　(b)

图 8-41　坡屋顶的隔热与通风

(a)檐口和屋脊通风;(b)歇山通风百叶窗

2. 吊顶棚通风

利用吊顶棚与坡屋面之间的空间作为通风层，在坡屋顶的歇山、山墙或屋面等位置设进风口。如图 8-42 所示，根据通风口位置不同，有以下两种做法。

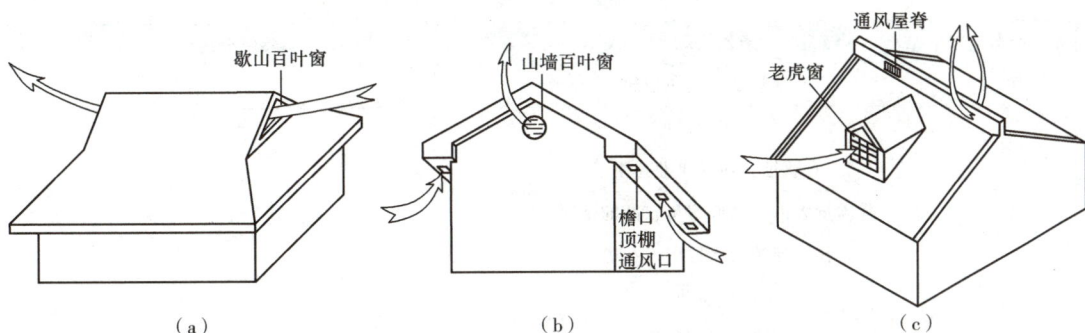

(a)　　　　　　　　　(b)　　　　　　　　　(c)

图 8-42　吊顶棚通风

(a)歇山百叶窗；(b)山墙百叶窗和檐口顶棚通风口；(c)老虎窗与通风屋脊

(1)采用气窗、老虎窗通风。气窗常设于屋脊处，单面或双面开窗，上盖小屋面。小屋面下不做顶棚，窗扇多用百叶窗，如兼作采光用时则安装可开启的玻璃窗扇。小屋面支承在屋顶的支承结构屋架或檩条上。

(2)山墙上百叶通风窗是在房屋尽端山墙的山尖部分设置。歇山屋顶的山花处也常设百叶通风窗，在百叶后面钉窗纱以防止昆虫飞入。也有用砖砌成花格或用预制混凝土花格装于山墙顶部作通风窗的。

木老虎窗

马头墙

仿真实训

绘制架空隔热屋面构造。

技能测试

一、填空题

1. 坡屋顶的承重结构有_____、_____和_____三种。

2. 坡屋顶的平瓦屋面的纵墙檐口根据造型要求可做成_____和_____两种。

二、选择题

1. 在有檩体系中，瓦通常铺设在(　　　)组成的基层上。

　　A. 檩条、屋面板、挂瓦条　　　　　　B. 各类钢筋混凝土板

　　C. 木望板和檩条　　　　　　　　　　D. 钢筋混凝土板、檩条和挂瓦条

2. 钢筋混凝土板瓦屋面的面层通常可用(　　　)。

　　A. 面砖　　　　　　　　　　　　　　B. 木板

　　C. 平瓦　　　　　　　　　　　　　　D. 平瓦、陶瓷面砖

3. 屋顶的设计应满足(　　　)、结构和建筑艺术三方面的要求。

　　A. 经济　　　　　　　　　　　　　　B. 材料

　　C. 功能　　　　　　　　　　　　　　D. 安全

🗂 任务工单

判断表 8-2 中哪种情况适合做坡屋顶，哪种情况适合做平屋顶。

表 8-2　屋顶形式判断

序号	条件情况	屋顶形式
1	高度较低的简单建筑	
2	积灰多的屋面	
3	有腐蚀介质的工业建筑	
4	降雨量大的地区或房屋较高的情况	
5	临街建筑雨水排向人行道	
6	厂房屋顶	
7	超高层建筑屋顶	

项目九　门与窗构造

任务一　门窗的类型及组成

课前认知

某住宅采用平开木门，如图 9-1 所示。请谈一谈木门由哪些组成。

理论学习

一、门的分类及组成

（一）门的分类

1. 按门在建筑物中所处的位置分类

按门在建筑物中所处的位置，门可分为内门和外门两种。内门位于内墙上，应满足分隔要求，如隔声、隔视线等；外门位于外墙上，应满足围护要求，如保温、隔热、防风沙、耐腐蚀等。

图 9-1　某住宅平开木门

2. 按门所用的材料分类

按门所用的材料不同，门可以分为木门、钢门、铝合金门、塑料门及塑钢门等。木门制作加工方便，价格低廉，应用广泛，但防火能力较差。钢门强度高，防火性能好，在建筑上应用很广，但钢门保温性较差，易锈蚀。铝合金门美观，有良好的装饰性和密闭性，但成本高，保温性差。塑料门同时具有木材的保温性和铝材的装饰性，是近年来为节约木材和有色金属发展起来的新品种，但其刚度和耐久性还有待进一步提高。

另外，还有一种全玻璃门，主要用于标准较高的公共建筑中的出入口，它具有简洁、美观、视线无阻挡及构造简单等特点。

3. 按门的使用功能分类

按门的使用功能，门可以分为一般门和特殊门两种。特殊门具有特殊的功能，构造复杂，一般用于对门有特别的使用要求的情况，如保温门、防盗门、防火门、防射线门等。

4. 按门扇的开启方式分类

按门扇的开启方式，门可以分为平开门、弹簧门、推拉门、折叠门、转门、上翻门、升降门及卷帘门等类型。

(1)平开门。如图 9-2(a)所示，平开门是水平方向开启的门，门扇与门框用铰链连接并绕在侧边安装的铰链转动，分单扇、双扇、内开和外开等形式。其具有构造简单、开启灵活、制作安装和维修方便等特点，所以在建筑物中使用最为广泛。

(2)弹簧门。如图 9-2(b)所示，弹簧门的门扇与门框用弹簧铰链连接。门扇水平开启，分为单向弹簧门和双向弹簧门。其最大优点是门扇能够自动关闭。单向弹簧门常用于有自闭要求的房间，一般为单扇，如卫生间的门、纱门等。双向弹簧门多用于人流出入频繁或有自动关闭要求的公共场所，多为双扇门，如建筑物出入口的门、商场/商店的门等。双向弹簧门的门扇上一般要安装玻璃，以避免出入人流相互碰撞。

(3)推拉门。如图 9-2(c)所示，推拉门的门扇开启时沿上、下设置的轨道左、右滑行，有单扇和双扇之分。开启后，门扇可隐藏在墙体的夹层中或贴在墙面上。推拉门占用面积小，受力合理，不易变形，但构造较复杂，多用于分隔室内空间的轻便门和仓库、车间的大门。

(4)折叠门。如图 9-2(d)所示，折叠门的门扇由一组宽度约为 600 mm 的窄门扇组成，窄门扇之间用铰链连接。开启后，门扇可折叠在一起推移到洞口的一侧或两侧，占用空间少。简单的折叠门，可以只在侧边安装铰链，复杂的还要在门的上边或下边装导轨及转动五金配件。其构造较复杂，适用于宽度较大的门。

(5)转门。如图 9-2(e)所示，转门由三扇或四扇门扇通过中间的竖轴组合起来，在两侧的弧形门套内水平旋转来实现启闭。转门无论是否有人通行，均有门扇隔断室内外，有利于室内隔视线、保温、隔热和防风沙，并且对建筑立面有较强的装饰性，适用于室内环境等级较高的公共建筑的大门。但其通行能力差，不能用作公共建筑的疏散门。

(6)上翻门。如图 9-2(f)所示，上翻门的特点是充分利用上部空间，门扇不占面积，五金及安装要求高。它适用于不经常开关的门。

(7)升降门。如图 9-2(g)所示，升降门的特点是开启时门扇沿轨道上升，它不占使用面积，常用于空间较高的民用建筑与工业建筑。

(8)卷帘门。如图 9-2(h)所示，卷帘门的门扇由金属叶片相互连接而成，在门洞的上方设转轴，通过转轴的转动来控制叶片的启闭。其特点是开启时不占使用空间，但其因加工制作复杂，造价较高，故常用于不经常启闭的商业建筑大门。

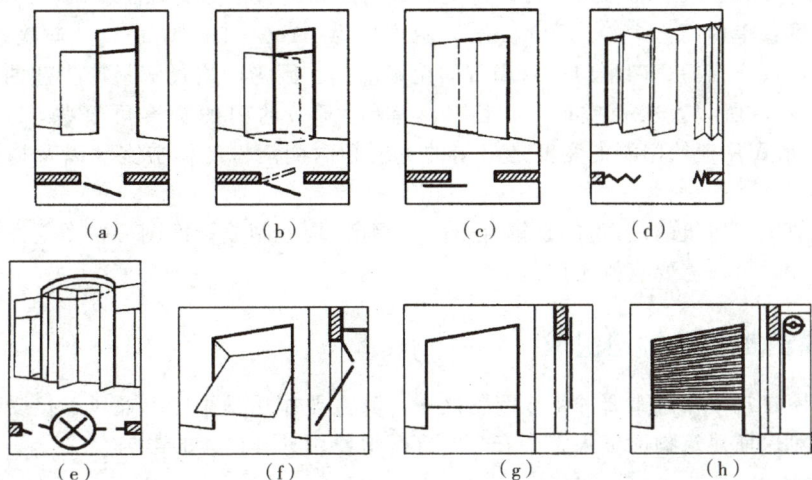

图 9-2　门的类型

(a)平开门；(b)弹簧门；(c)推拉门；(d)折叠门；(e)转门；(f)上翻门；(g)升降门；(h)卷帘门

(二)门的组成

门一般由门框、门扇、亮子、五金零件及附件组成，如图9-3所示。门框又称为门樘，是门与墙体的连接部分，由上框、边框、中横框和中竖框组成。门扇一般由上冒头、中冒头、下冒头和边梃组成骨架，中间固定门芯板，为了通风采光，可在门的上部设亮子，有固定、平开及上悬、中悬、下悬等形式，其构造同窗扇。门框与墙间的缝隙常用木条盖缝，称门头线(俗称"贴脸")。门上常用的五金零件有铰链、插销、门锁、拉手等。

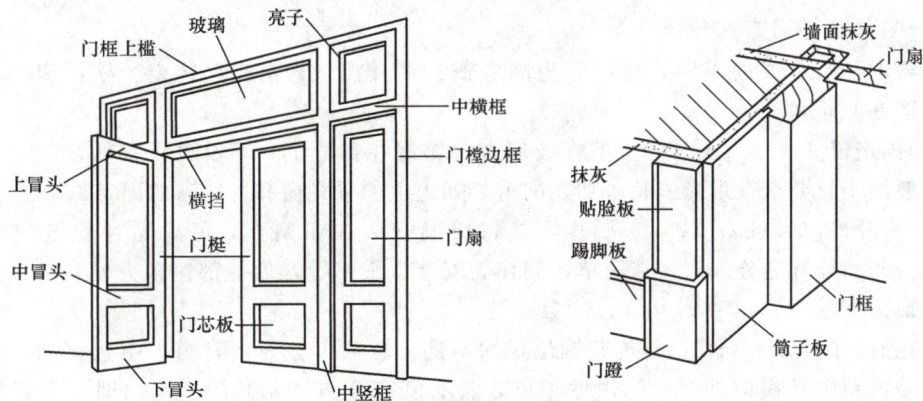

图 9-3　门的组成

(三)门的尺寸

门的尺寸通常是指门洞的高度、宽度。门作为交通疏散通道，其洞口尺寸根据通行、搬运及与建筑物的比例关系确定，并应符合现行《建筑模数协调标准》(GB/T 50002—2013)的规定。

一般民用建筑门洞的高度不宜小于2 100 mm。如门设有亮子，亮子的高度一般为300～600 mm，门洞高度则为门扇高加亮子高，再加门框及门框与墙之间的构造缝隙尺寸，即门洞高度一般为 2 400～3 000 mm。公共建筑的大门的高度可根据美观需求适当提高。

门的宽度：单扇门为 700～1 000 mm，双扇门为 1 200～1 800 mm。当宽度在 2 100 mm 以上时，可设成三扇门、四扇门或双扇带固定扇的门。因为门扇过宽易产生翘曲变形，同时也不利于开启，所以，次要空间（如浴厕、储藏室等）的门的宽度可窄些，一般为 700～800 mm。一般民用建筑门洞的宽度是门扇的宽度和两侧门框的构造宽度以及构造缝隙尺寸之和。

现在一般民用建筑的门（木门、铝合金门、钢门）均编制成标准图，在图上注明类型和相关尺寸，设计时可按需要直接选用。

二、窗的类型及构造组成

窗是房屋建筑中非常重要的组成配件之一，其主要作用是采光、通风、接受日照和供人眺望等，它对保证建筑物能够正常、安全、舒适地使用具有很大的影响。

(一)窗的分类

1. 按窗的框料材质分类

按窗所用的框架材料不同，窗可分为木窗、钢窗、铝合金窗和塑料窗等单一材料的窗，以及塑钢窗、铝塑窗等复合材料的窗。其中，铝合金窗和塑钢窗外观精美、造价适中、装配化程度高，铝合金窗的耐久性好，塑钢窗的密封、保温性能优良，所以，其在建筑工程中应用广泛；木窗由于消耗木材量大，耐火性、耐久性和密闭性差，其应用已受到限制。

2. 按窗的层数分类

按窗的层数窗可分为单层窗和双层窗两种。其中，单层窗构造简单，造价低，多用于一般建筑；双层窗的保温、隔声、防尘效果好，多用于对窗有较高功能要求的建筑；双层窗和双层中空玻璃窗的保温、隔声性能优良，是节能型窗的理想类型。

3. 按窗的开启方式分类

按窗的开启方式的不同，窗可分为固定窗、平开窗、悬窗、立转窗、推拉窗、百叶窗等，如图 9-4 所示。

(1)固定窗[9-4(a)]。固定窗是将玻璃直接镶嵌在窗框上，不设可活动的窗扇，不能开启，一般用于只要求有采光、眺望功能的窗，如走道的采光窗和一般窗的固定部分。

(2)平开窗[9-4(b)]、(c)]。平开窗是将玻璃安装在窗扇上，窗扇通过铰链与窗框连接，有内开和外开之分。它构造简单，制作、安装、维修、开启等都比较方便，在一般建筑中应用最为广泛。

(3)悬窗[9-4(d)～(f)]。按旋转轴位置的不同，悬窗可分为上悬窗、中悬窗和下悬窗三种。上悬窗和中悬窗向外开，防雨效果好，且有利于通风，尤其用于高窗时，开启较为方便，常用作门上的亮子和不方便手动开启的高侧窗。下悬窗防雨性能较差，且开启时占据较多的室内空间，多用于有特殊要求的房间。

(4)立转窗[9-4(g)]。立转窗的窗扇可以沿竖轴转动，竖轴可设在窗扇中心，也可以略偏于窗扇一侧。立转窗的通风效果好，但密闭性能较差，不宜用于寒冷和多风沙的地区。

(5)推拉窗[9-4(h)]。推拉窗是窗扇沿着导轨或滑槽推拉开启的窗。根据推拉方向的不同，推拉窗可分为水平推拉窗和垂直推拉窗两种。水平推拉窗需要在窗扇上、下设轨槽；垂直推拉窗要有滑轮及平衡措施。推拉窗开启时不占据室内外空间，窗扇和玻璃的尺寸可以较大，但它不能全部开启。窗扇的受力状态好，适宜安装大玻璃，但通风面积受到限制。

(6)百叶窗[9-4(i)]。百叶窗的窗扇一般用塑料、金属或木材等制成小板材，与两侧框料相连接，有固定式和活动式两种。百叶窗的采光效率低，主要用于遮阳、防雨及通风。

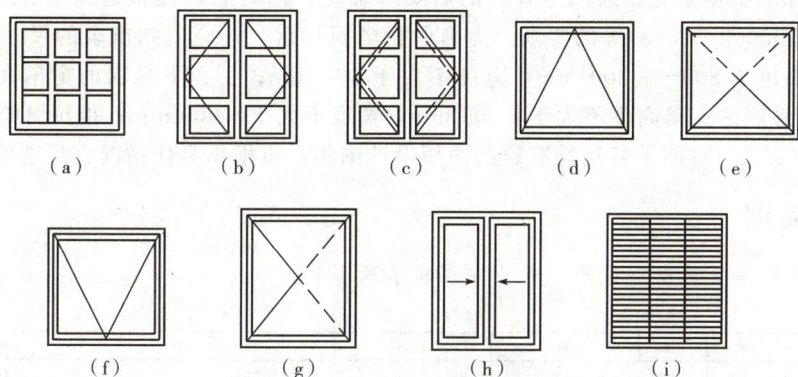

图 9-4 按窗的开启方式分类

(a)固定窗；(b)平开窗(单层外开)；(c)平开窗(双层内外开)；(d)上悬窗；
(e)中悬窗；(f)下悬窗；(g)立转窗；(h)左右推拉窗；(i)百叶窗

另外，根据窗扇所镶嵌的透光材料的不同，窗还可分为玻璃窗、百叶窗和纱窗等类型。

(二)窗的组成与尺寸

1. 窗的组成

窗一般由窗框、窗扇和五金零件三部分组成，如图 9-5 所示。窗框又称为窗樘，是窗与墙体的连接部分，由上框、下框、边框、中横框和中竖框组成。窗扇是窗的主体部分，可分为活动扇和固定扇两种。一般由上冒头、下冒头、边梃和窗芯(又叫窗棂)组成骨架，中间固定玻璃、窗纱或百叶。窗扇与窗框多用五金零件连接，常用的五金零件包括铰链、插销、风钩及拉手等。当建筑的室内装修标准较高时，窗洞口周围可增设贴脸、筒子板、压条、窗台板及窗帘盒等附件。

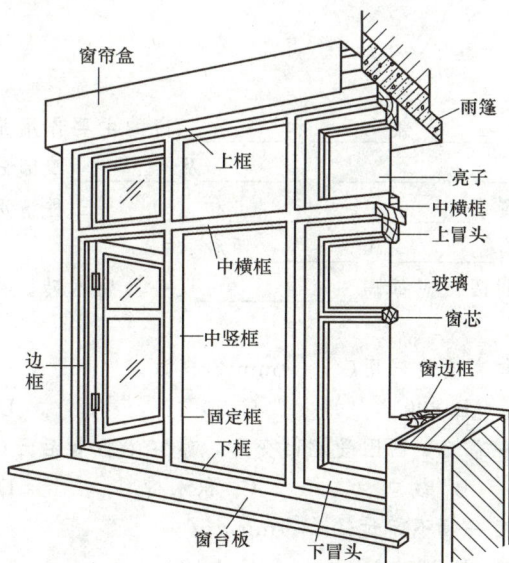

图 9-5 窗的组成

2. 窗的尺寸

窗的尺寸应根据采光、通风与日照的需要来确定，同时兼顾建筑造型和《建筑模数协调标准》(GB/T 50002—2013)等的要求。为确保窗坚固、耐久，应限制窗扇的尺寸，一般平开木窗的窗扇高度为 800～1 200 mm，宽度不大于 500 mm；上、下悬窗的窗扇高度为 300～600 mm；中悬窗的窗扇高度不大于 1 200 mm，宽度不大于 1 000 mm；推拉窗的高、宽均不宜大于 1 500 mm。目前，各地均有窗的通用设计图集，可根据具体情况直接选用。

仿真实训

图 9-6 中有多少种窗？试着用专业方法表示窗编号。

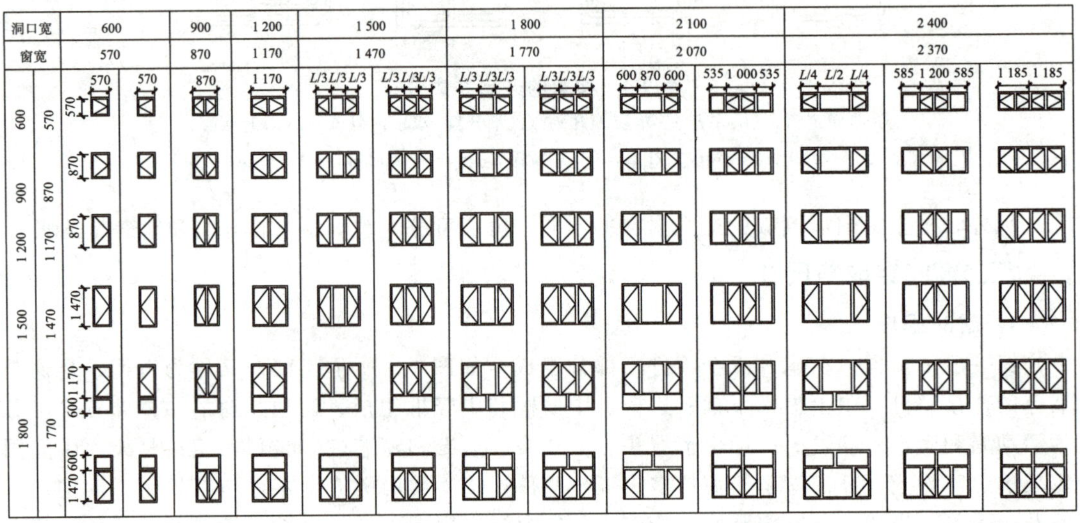

图 9-6　仿真实训

技能测试

一、填空题

1. 门的主要作用是＿＿＿＿＿＿，兼＿＿＿＿＿＿和＿＿＿＿＿＿。窗的主要作用是＿＿＿＿＿＿和＿＿＿＿＿＿。

2. 木窗主要由＿＿＿＿＿＿、＿＿＿＿＿＿、＿＿＿＿＿＿及＿＿＿＿＿＿四部分组成。

3. 窗框在墙中的位置有＿＿＿＿＿＿、＿＿＿＿＿＿和＿＿＿＿＿＿三种情况。

4. 窗框的安装方法有＿＿＿＿＿＿和＿＿＿＿＿＿两种。

5. 窗框安装时，窗洞两侧应每隔＿＿＿＿＿＿＿＿＿＿＿设一防腐木砖。

二、选择题

1. 木窗洞口的宽度和高度均采用(　　)mm 的模数。

　　A. 100　　　　　　B. 300　　　　　　C. 50　　　　　　D. 600

2. 为了减少木窗框料靠墙一面因受潮而变形，常在木框背后开(　　)。

　　A. 1 背槽　　　　B. 裁口　　　　　C. 积水槽　　　　D. 回风槽

3. 平开木门扇的宽度一般不超过(　　)mm。

　　A. 600　　　　　　B. 900　　　　　　C. 1 100　　　　　D. 1 200

4. 钢门窗、铝合金门窗和塑钢门窗的安装均应采用(　　)。

　　A. 立口　　　　　B. 塞口　　　　　C. 立口和塞口均可

5. 推拉门当门扇高度大于 4 m 时，应采用（　　）构造方式。

    A. 上挂式推拉门　　　　　　　　B. 下滑式推拉门

    C. 轻便式推拉门　　　　　　　　D. 立转式推拉门

6. 住宅入户门、防烟楼梯间门、寒冷地区公共建筑外门应分别采用（　　）开启方式。

    A. 平开门、平开门、转门

    B. 推拉门、弹簧门、折叠门

    C. 平开门、弹簧门、转门

    D. 平开门、转门、转门

7. 卧室的窗、车间的高侧窗、门上的亮子分别宜采用（　　）开启方式。

    A. 平开窗、立转窗、固定窗

    B. 推拉窗（或平开窗）、悬窗、固定窗

    C. 平开窗、固定窗、立转窗

    D. 推拉窗、平开窗、中悬窗

8. 木窗的窗扇是由（　　）组成。

    A. 上、下冒头、窗芯、玻璃

    B. 边框、上下框、玻璃

    C. 边框、五金零件、玻璃

    D. 亮子、上冒头、下冒头、玻璃

9. （　　）开启时不占室内空间，但擦窗及维修不便；（　　）擦窗安全方便，但影响家具布置和使用。

    A. 内开窗、固定窗　　　　　　　　B. 内开窗、外开窗

    C. 立转窗、外开窗　　　　　　　　D. 外开窗、内开窗

10. 一般住宅的主门、厨房、阳台门及卫生间门的最小宽度分别是（　　）mm。

    A. 800、800、700　　　　　　　　B. 800、900、700

    C. 900、800、700　　　　　　　　D. 900、800、800

任务工单

在图 9-7 中填写各部分名称。

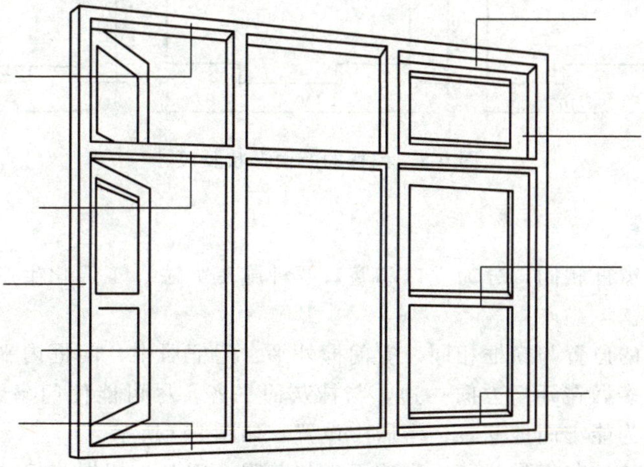

图 9-7　窗的组成

任务二 门窗的构造

课前认知

我国南方温暖、炎热，为了通风的需要，窗扇经常处于开启状态，所以通常采用平开窗。北方的建筑通常设双层窗户，冬季来临，就要封窗；进入春季，就要开窗。因此，在门窗设计上只要求符合一般自然采光要求，注重实用，大型带状窗比较少见。课前请了解南北方窗的类型。

理论学习

一、平开木门的构造

(一)门框

1. 门框的断面形状与尺寸

门框的断面形状与尺寸取决于门扇的开启方式和门扇的层数，由于门框要承受各种撞击荷载和门扇的重量作用，应有足够的强度和刚度，故其断面尺寸较大，如图9-8所示。

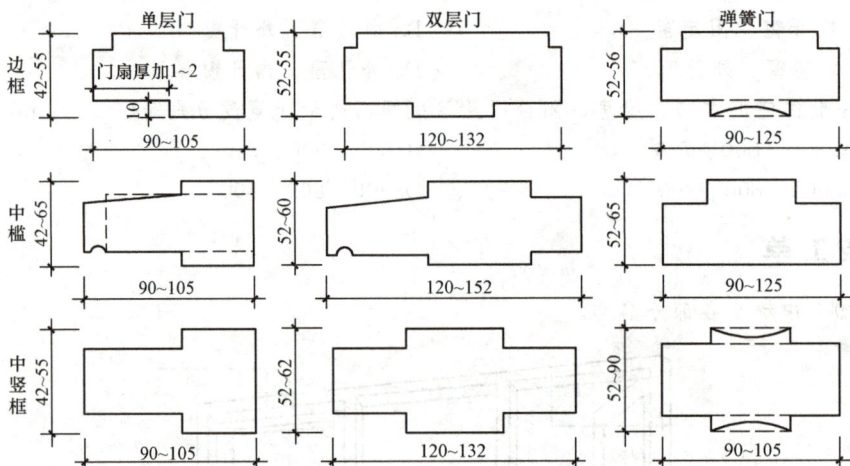

图 9-8 门框的断面形状及尺寸

2. 门框的安装

门框的安装与窗框相同，分为立口和塞口两种施工方法。工厂化生产的成品门，其安装多采用塞口法施工。

门框在墙洞中的位置与窗框相同，有门框外平、门框居中、门框内平和门框内外平四种情况。一般情况下多做在开门方向一边，与抹灰面平齐，尽可能使门扇开启后能贴近墙面。对较大尺寸的门，为能牢固地安装，多居中设置，如图9-9所示。

由于门框周围的抹灰极易脱落，影响卫生与美观，因此，门框与墙体的接缝处应用木压条盖缝，当装修标准较高时，还可加设筒子板和贴脸(简称"门套")。

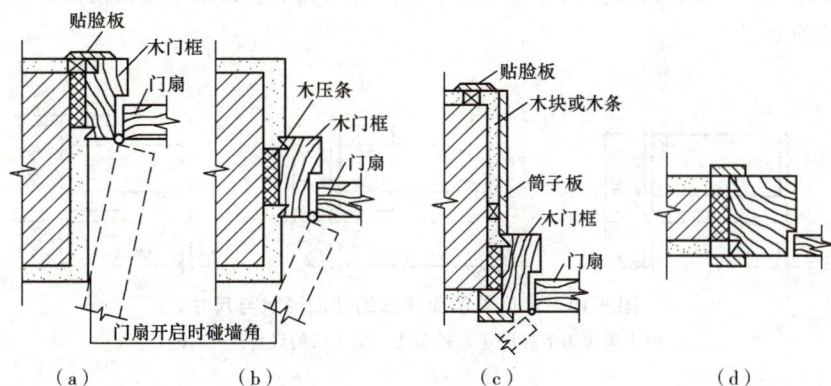

图 9-9　门框在墙洞中的位置
(a)外平；(b)居中；(c)内平；(d)内外平

(二)门扇

根据门扇的不同构造形式，在民用建筑中常见的门有镶板门、拼板门、夹板门等。

1. 镶板门

镶板门门扇由骨架和门芯板组成。骨架一般由上冒头、下冒头及边梃组成，有时中间还有中冒头或竖向中梃。门芯板可采用木板、胶合板、硬质纤维板及塑料板等，有时门芯板可部分或全部采用玻璃，称为半玻璃(镶板)门或全玻璃(镶板)门。

木制门芯板一般用厚度为 10～15 mm 的木板拼装成整块，镶入边梃和冒头中，板缝应结合紧密。在实际工程中，常用的接缝形式为高低缝和企口缝。门芯板在边梃和冒头中的镶嵌方式有暗槽、单面槽及双边压条三种，工程中用得较多的是暗槽，其他两种方法多用于玻璃门、纱门及百叶门。

镶板门门扇骨架的厚度一般为 40～45 mm。上冒头、中间冒头和边梃的宽度一般为 75～120 mm，下冒头的宽度习惯上同踢脚高度，一般为 200 mm 左右。中冒头为了便于开槽装锁，其宽度可适当增加，以弥补开槽对中冒头材料的削弱。

2. 拼板门

拼板门的构造与镶板门相同，由骨架和拼板组成，只是拼板门的拼板用厚度为35～45 mm 的木板拼接而成，因而自重较大，但坚固耐久，多用于库房、车间的外门。

3. 夹板门

夹板门门扇由骨架和面板组成，骨架通常采用(32～35)mm×(34～36)mm 的木料制作，内部用小木料做成格形纵横肋条，肋距一般为 300 mm 左右。在骨架的两面可铺钉胶合板、硬质纤维板或塑料板等，门的四周可用厚度为 15～20 mm 的木条镶边，以取得整齐美观的效果。根据功能的需要，夹板门上也可以局部加玻璃或百叶，一般在装玻璃或百叶处做一个木框，用压条镶嵌。夹板门构造简单，自重轻，外形简洁，但不耐潮湿与日晒，多用于干燥环境中的内门。

二、木窗的构造

(一)木窗的断面形状与尺寸

木窗窗框的断面形状与尺寸主要由窗扇的层数、窗扇厚度、开启方式、窗洞口尺寸及当地风力大小来确定，一般多为经验尺寸，可根据具体情况确定。常见单层窗窗框的断面形状及尺寸如图 9-10 所示。

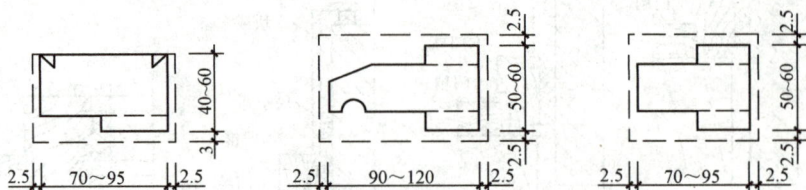

图 9-10 常见单层窗窗框的断面形状与尺寸
注：图中虚线为毛料尺寸，粗实线为刨光后的设计尺寸(净尺寸)

中横框若加披水或滴水槽，其宽度还需增加 20～30 mm。

窗扇的厚度为 35～42 mm，上、下冒头和边梃的宽度为 50～60 mm，下冒头若加披水板，应比上冒头加宽 10～25 mm。窗芯宽度一般为 27～40 mm。为镶嵌玻璃，在窗扇外侧要做裁口，其深度为 8～12 mm，但不应超过窗扇厚度的 1/3。其构造如图 9-11 所示。窗料的内侧常做装饰性线脚，既少挡光又美观。两窗扇之间的接缝处，常做高低缝的盖口，也可以一面或两面加钉盖缝条，以提高其防风挡雨能力。

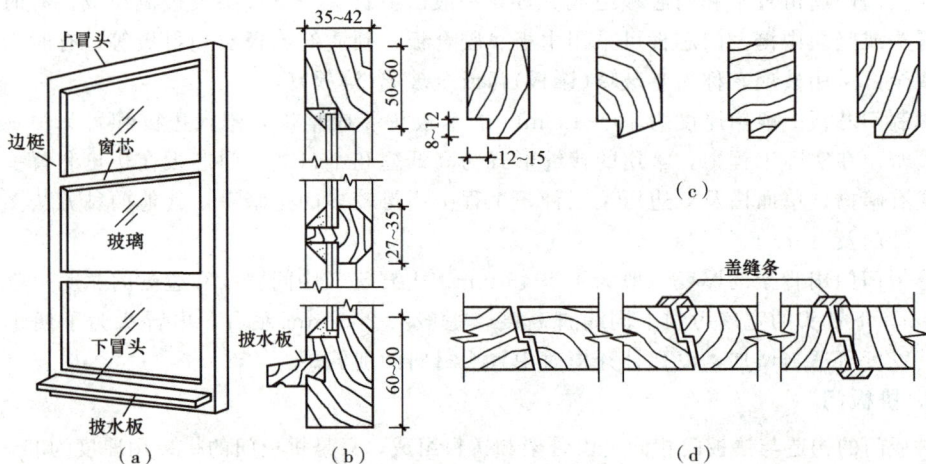

图 9-11 窗扇的构造
(a)窗扇立面；(b)窗扇剖面；(c)线脚示例；(d)盖缝处理

(二)双层窗

为了满足保温、隔声等要求，可设置双层窗。双层窗按其窗扇和窗框的构造以及开启方向的不同，可分为以下几种。

1. 子母扇窗

子母扇窗是单框双层窗扇的一种形式，双层窗的特点是省料，透光面积大，有一定的密闭保温效果。

(1)母扇内开窗。如图 9-12(a)所示，子扇略小于母扇，但玻璃的尺寸相同，窗扇以铰链与窗框相连，子扇与母扇相连，两扇都内开的为子母扇内开窗。

(2)子母扇内外开窗。子母扇内外开窗是在一个窗框上内外双裁口，一扇外开，另一扇内开，是单框双层窗扇，如图 9-12(b)所示。这种窗的内外扇的形式、尺寸完全相同，构造简单，内扇可以改换成纱扇。

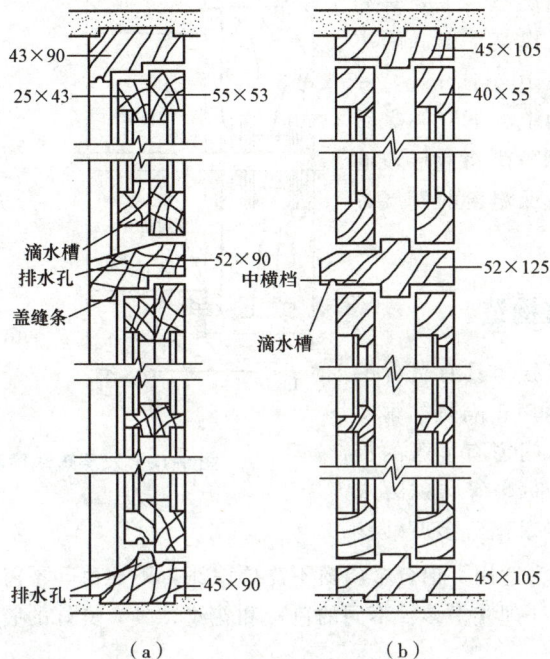

43×90
25×43
55×53
滴水槽
排水孔
盖缝条
52×90
排水孔
45×90

45×105
40×55
中横档
滴水槽
52×125
45×105

（a）　　　　　　（b）

图 9-12　子母扇窗

(a)子母扇内开窗；(b)子母扇内外开窗

2. 分框双层窗

分框双层窗的窗扇可以内外开，内外扇通常都内开。寒冷地区的墙体较厚，宜采用这种双层窗，内外窗扇净距一般在 100 mm 左右，如图 9-13 所示。

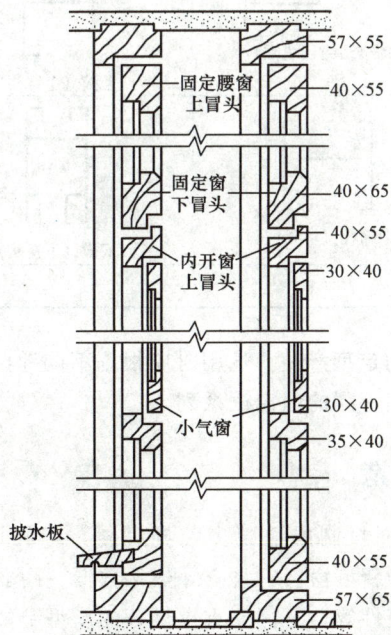

57×55
固定腰窗
上冒头
40×55
固定窗
下冒头
40×65
40×55
内开窗
上冒头
30×40
小气窗
30×40
35×40
披水板
40×55
57×65

图 9-13　分框双层窗

3. 双层玻璃窗和中空玻璃窗

双层玻璃窗，即在一个窗扇上安装两层玻璃，增加玻璃的层数，主要是利用玻璃间的空气间层来提高保温和隔声能力。其间层宜控制在 10～15 mm，一般不宜封闭，在窗扇的上、下冒头需做透气孔，如图 9-14 所示。可将双层玻璃窗改用中空玻璃，它是保温窗的发展方向之一，但成本较高。

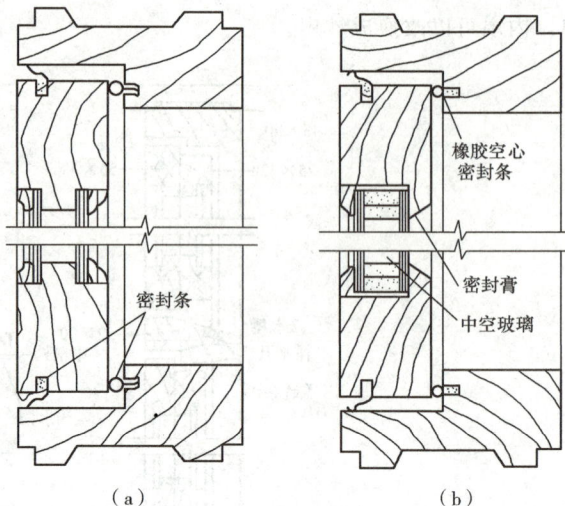

三、铝合金门窗构造

铝合金门窗轻质高强，具有良好的气密性和水密性。其隔声、隔热、耐腐蚀性能都较普通钢、木门窗有显著的提高，对有隔声、隔热、防尘等特殊要求的建筑以及多风沙、多暴雨、多腐蚀性

（a）   （b）

图 9-14　双层玻璃窗和中空玻璃窗

气体环境地区的建筑尤为适用。铝合金门窗不需要涂漆，不褪色，不需要经常维修保护，还可以通过表面着色和涂抹处理获得多种不同的色彩和花纹，具有良好的装饰效果，从而在世界范围内得到了广泛的应用。

常用铝合金门窗按开启方式可分为推拉门窗、平开门窗、固定门窗、滑撑窗、悬挂窗、百叶窗、弹簧门、卷帘门等；按截面高度可分为 38 系列、55 系列、60 系列、70 系列、100 系列等。表 9-1 列举了常用铝合金门窗断面形式。

表 9-1　常用铝合金门窗断面形式

| 上滑道（上框） | 窗框边封（边框） | 上横（上冒头） | 窗扇连框（边梃） |
| 下滑道（下框） | 中饰柱（中竖框） | 下横（下冒头） | 带钩边框（带钩边梃） |

注：括号内为相当于木窗名称。

铝合金门窗设计通常采用定型产品，选用时应根据不同地区、不同气候、不同环境、不同建筑物的不同使用要求，选用不同的门窗框系列。

四、塑钢结构门窗构造

塑钢窗是以 PVC 为主要原料制成空腹多腔异型材，中间设置薄壁加强型钢（简称"加强筋"），经加热焊接而成的一种新型窗。它具有导热系数低、耐弱酸碱、无须油漆等优点，并有良好的气密性、水密性、隔声性等，是国家重点推荐的新型节能产品，目前已在建筑中被广泛推广采用。

常用塑钢门窗按开启方式有推拉门窗、平开门窗、固定门窗等；塑钢门窗按其型材的截面高度分为45系列、53系列、60系列、85系列等。表9-2列举了常用塑钢门窗断面形式。

表 9-2　常用塑钢门窗断面形式

五、其他形式门窗构造

(一)塑料窗

塑料窗是采用 PVC 工程塑料为原料，经专用挤压机具挤压形成空心型材，并用该型材作为窗的框料。其主要特性是刚性强，耐冲击、耐腐蚀性能好，使用寿命长，且具有很好的气密性、水密性和电绝缘性。

塑料窗按其型材尺寸分为 50 系列、60 系列、80 系列、90 系列和 100 系列。各系列的号码为型材断面的标志宽度。窗扇面积越大，所需型材的断面尺寸也越大；塑料窗按开启方式分为平开窗、推拉窗、旋转窗及固定窗；塑料窗按窗扇结构方式分为单玻、双玻、三玻、百叶窗和气窗。

(二)钢窗

钢窗与木窗相比，具有强度高，刚度大，耐久、耐火性能好，外形美观以及便于工厂化生产等特点。钢窗的透光系数较大，与同样大小洞口的木窗相比，其透光面积增加 15% 左右，但钢窗易受酸碱和有害气体的腐蚀，其加工精度和观感稍差，目前较少在民用建筑中使用。

根据钢窗使用材料形式的不同，钢窗可以分为实腹式和空腹式两种。

1. 实腹式钢窗

实腹式钢窗采用的热轧型钢有 25 mm、32 mm、40 mm 三种系列，肋厚为 2.5～4.5 mm，适用于风荷载不超过 0.7 kN/m² 的地区。民用建筑中窗料多用 25 mm 和 32 mm 两种系列。部分实腹式钢窗材料的料型与规格如图 9-15 所示。

2. 空腹式钢窗

空腹式钢窗材料是采用低碳钢经冷轧、焊接而成的异形管状薄壁钢材，其壁厚为 1.2～2.5 mm。目前，在我国主要有沪式和京式两种类型，如图 9-16 所示。

空腹式钢窗壁薄，质量轻，节约钢材，但不耐锈蚀，应注意保护和维修。一般在成型后，其内、外表面均需作防锈处理，以提高防锈蚀的能力。

215

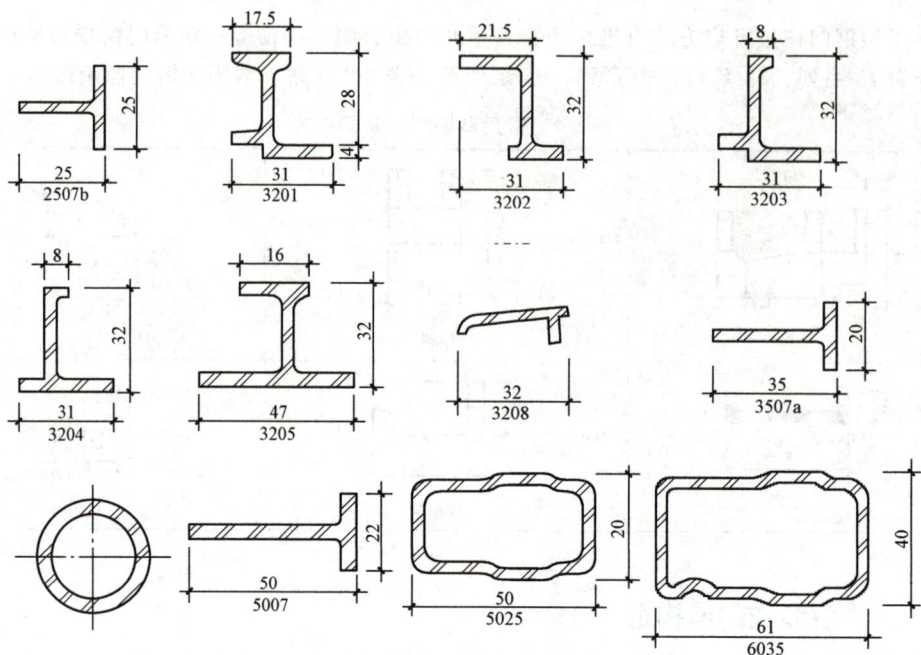

图 9-15 实腹式钢窗材料的料型与规格

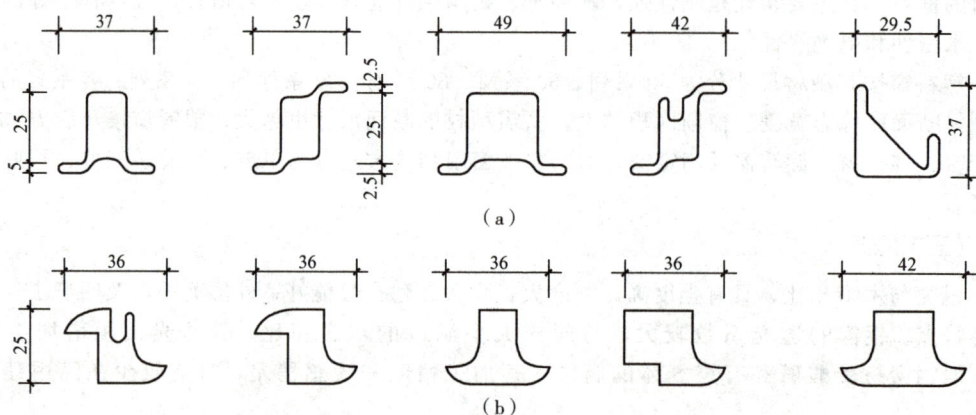

（a）

（b）

图 9-16 空腹式钢窗材料的料型与规格
（a）沪式；（b）京式

（三）建筑节能门窗

建筑节能门窗是集门窗形式、型材、玻璃、五金配件、密封条为一体的综合体，只有做到良好的构造连接，才能很好地达到节能的效果，实现应有的功能和作用。

1. 建筑节能门窗的尺寸与开启方式

建筑节能门窗的最大外形尺寸和立面应在满足建筑节能传热系数、气密性能和遮阳系数、采光和隔声等要求的同时，还要考虑门窗的力学性能要求、型材断面结构尺寸要求、洞口安装的具体要求。门窗开启扇的最大尺寸，应根据门窗框料的抗压强度计算结果、窗扇的自重、选用五金件的承载力和五金件与门窗框扇的连接强度确定。建筑节能窗的形式主要有推拉窗、平开窗、固定窗、悬窗、提拉窗；建筑节能门常用的形式有平开门、推拉门、折叠门。从节能角度应优先选用固定窗和平开窗。固定窗、平开窗、悬窗的窗扇与窗框之间应使用橡胶密封压条(固定窗无窗扇，玻璃直接安装在窗框上)，窗扇关闭后压紧橡胶密封压条，使窗扇与窗框间没有空隙，令其难以形成对流，以保证窗户气密性良好。

2. 建筑节能门窗的构造组成

室内热量透过窗户损失，主要是通过玻璃(以辐射的形式)、窗框(以传导的形式)、窗框与玻璃之间的密封条(以空气渗透的形式)传递到室外的。直接影响门窗节能的构造主要包括框体部分、采光部分、密封连接部分。

(1)框体部分。节能门窗用型材是门窗中的主要构造组成部分，它关系到窗户的抗风压性能和窗户的气密性、水密性、保温性等。窗框占外窗洞口面积的 15%～25%，是建筑外围护中能量流失的薄弱环节。目前，常用的门窗用型材有断桥铝合金型材、塑钢型材、玻璃钢型材、铝塑复合型材、铝木型材。建筑节能门窗的框体型材各具特点。

(2)采光部分。窗户玻璃占整个窗户面积的 75%～80%，通过玻璃的辐射热损失占窗户总损失的 2/3 左右。在节能门窗中降低玻璃的导热系数是节能的前提。目前，应用的门窗的玻璃类型有热反射镀膜玻璃、吸热玻璃、低辐射玻璃。按层数的不同可分为单层、双层、三层玻璃。双层玻璃有中空玻璃和经济型双玻。目前，节能门窗中广泛采用双层中空玻璃。中空玻璃采用不同的玻璃和组成构造时，节能效果有明显差异。

选择和使用节能玻璃时，应注意在不同的环境条件下做到扬长避短，使玻璃的热工性能发挥到最佳状态。如热反射玻璃的节能作用体现在阻挡太阳能进入室内，可以降低空调制冷负荷，在冬季或日照量偏少的地区反而会增加取暖的负荷，要综合考虑其热工性能的地区差异与季节差异来决定。

(3)密封连接部分。节能门窗的密封条在用途上分为密封胶条(又称为玻璃胶条)和密封毛条两类。胶条、毛条都起着密封、隔声、防尘、保温的作用，其质量的好坏直接影响门窗的气密性和长期使用的节能效果。密封胶条和密封毛条都应具有足够的拉伸强度、良好的弹性、良好的耐温耐老化性，其断面尺寸应与窗户型材匹配，有效地杜绝窗框与玻璃之间的空气渗透。

(四)特殊要求的门窗

1. 防火门窗

防火门窗多用于加工易燃品的车间或仓库。门窗框应与墙体固定牢固、垂直通角，通常用电焊或射钉枪将门窗框固定。甲级、乙级防火门框上缠有防烟条槽。当门框固定后，在油漆前再用圆钉和树脂胶镶嵌固定好防烟条。

根据车间对防火门耐火等级的要求，门扇可以采用钢板、木板外贴石棉板再包以镀锌薄钢板或木板外直接包镀锌薄钢板等构造措施，并在门扇上设泄气孔。防火门的开启方向必须面向易于人员疏散的地方。防火门常采用自重下滑关闭门，当火灾发生时，易熔合金片被熔断后，重锤落地，门扇就会依靠自重下滑关闭。当洞口尺寸较大时，可做成两个门扇相对下滑。

2. 隔声门

隔声门的隔声效果与门扇的材料及门缝的密闭有关。隔声门常采用多层复合结构，即在两层面板之间填吸声材料，如玻璃棉、玻璃纤维板等。

一般隔声门的面板常采用整体板材(如五层胶合板、硬质木纤维板等)。通常在门缝内粘贴填缝材料，如橡胶管、海绵橡胶条、泡沫塑料条等以提高隔声效果，并选择合理的裁口形式，如斜面裁口比较容易关闭紧密。

🔲 仿真实训

说出图 9-17 中门的种类及开启方式。

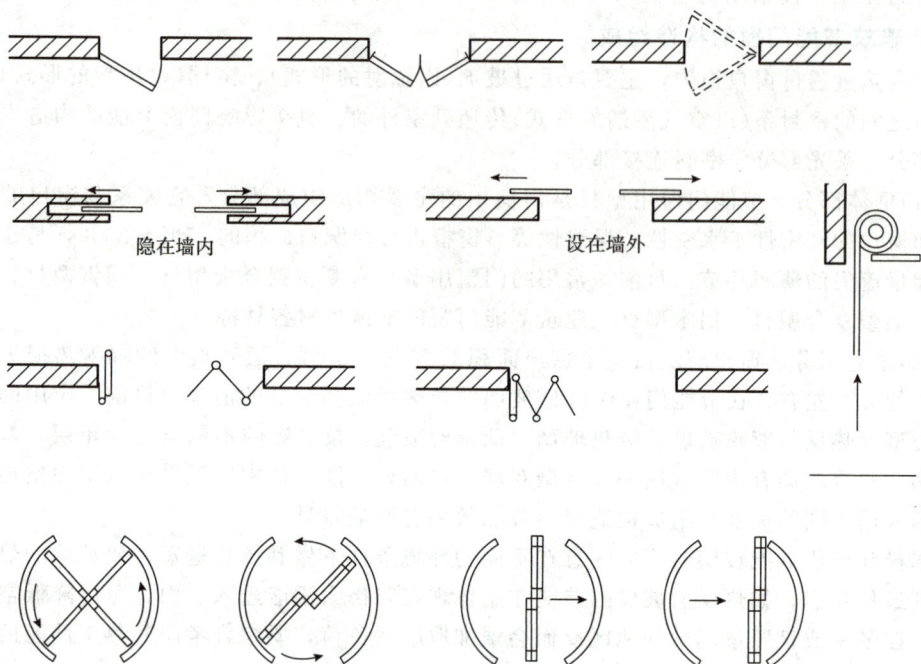

隐在墙内　　　　　　　　设在墙外

图 9-17　门的种类及开启方式

🔲 技能测试

一、填空题

1. 为了使窗框与窗扇关闭紧密，通常在窗框上做_____，深约_____。

2. 窗框的断面尺寸是指净尺寸，当一面刨光时，应将毛料厚度减去_____；两面刨光时，将毛料厚度_____。

3. 门的尺度应根据交通运输和_____要求设计。

4. 钢门窗料有_____和_____两种，钢门窗的安装应采用_____。

5. 实腹式钢门窗料常用断面系列_____、_____和_____几种。

6. 铝合金门窗的安装应采用_____法。

7. 遮阳板的基本形式有_____、_____、_____和_____几种。

8. 木门框与墙之间的缝隙处理有_____、_____、_____三种方法。

二、选择题

1. 组合式钢门窗是由（　　）组合而成的。

　　A. 基本窗和窗扇

　　B. 基本窗和基本窗

　　C. 基本窗和拼料

　　D. 基本窗和横拼料

2. 彩板钢门窗的特点是(   )。

    A. 易锈蚀，需经常进行表面油漆维护

    B. 密闭性能较差，不能用于有洁净、防尘要求的房间

    C. 质量轻、硬度高、采光面积大

    D. 断面形式简单，安装快速方便

3. 带副框的彩板钢门窗适用于(   )。

    A. 外墙装修为普通粉刷时

    B. 外墙面是花岗石、大理石等贴面材料时

    C. 窗的尺寸较大时

    D. 采用立口的安装方法时

4. 下列(   )是对铝合金门窗的特点的描述。

    A. 表面氧化层易被腐蚀，需经常维修

    B. 色泽单一，一般只有银白和古铜两种

    C. 气密性、隔热性较好

    D. 框料较重，因而能承受较大的风荷载

5. 下列描述中，正确的是(   )。

    A. 铝合金窗因其优越的性能，常被应用为高层甚至超高层建筑的外窗

    B. 50 系列铝合金平开门，是指其门框厚度构造尺寸为 50 mm

    C. 铝合金窗在安装时，外框应与墙体连接牢固，最好直接埋入墙中

    D. 铝合金框材表面的氧化层易褪色，容易出现"花脸"现象

6. 从水密、气密性能考虑，铝合金窗玻璃的镶嵌应优先选择(   )。

    A. 干式装配   B. 湿式装配   C. 混合装配   D. 无所谓

7. 下列选项中错误的一项是(   )。

    A. 塑料门窗有良好的隔热性和密封性

    B. 塑料门窗变形大，刚度差，在大风地区应慎用

    C. 塑料门窗耐腐蚀，不用涂涂料

    D. 以上都不对

8. 按进光的途径不同，天窗分为顶部进光的天窗和侧面进光的天窗。前者主要用于(   )。

    A. 气候或阴天较多的地区

    B. 炎热地区

    C. 大型公共建筑中的中庭

    D. 进深或跨度大的建筑物

9. 钢窗采用组合窗的优点是(   )。

    A. 耐腐蚀   B. 美观

    C. 便于生产和运输   D. 经济

10. 下列陈述正确的是(   )。

    A. 转门可作为寒冷地区公共建筑的外门

    B. 推拉门是建筑中最常见、使用最广泛的门

    C. 转门可向两个方向旋转，故可作为双向疏散门

    D. 车间大门因其尺寸较大，故不宜采用推拉门

11. 常用门的高度一般应大于(   )mm。

    A. 1 800   B. 1 500   C. 2 000   D. 2 400

已知一玻一纱的木窗立面如图 9-18 所示，试绘制节点①、②、③、④、⑤、⑥的详图。

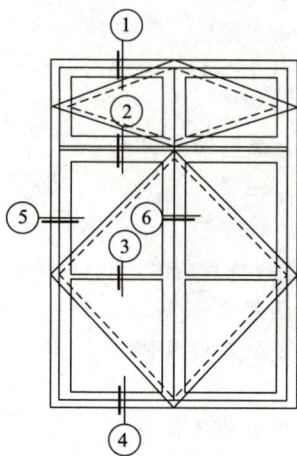

图 9-18　木窗立面

项目十　变形缝构造

>> 任务一　变形缝概述

📑 课前认知

变形缝是建筑物中为缓解结构变形而设的一种缝隙或连接部件。由于建筑物中的材料会因温度变化、湿度变化等因素而发生膨胀、收缩等变形，如果没有相应的缝隙或连接部件，建筑物可能会发生变形、开裂等损坏，因此需要设置变形缝进行分段处理，以保证建筑物的稳定性和安全性。课前请了解在实际建设工程中常见的变形缝。

📑 理论学习

一、变形缝的作用、类型

房屋受到外界各种因素的影响，会使房屋产生变形、开裂，导致破坏。这些因素包括温度变化的影响、房屋相邻部分承受不同荷载的影响、房屋相邻部分结构类型差异的影响、地基承载力差异的影响和地震的影响等。为了防止房屋破坏,常将房屋分成几个独立变形的部分,使各部分能独立变形、互不影响,这些预留的人工构造缝称为变形缝。变形缝包括伸缩缝、沉降缝和防震缝。

二、变形缝的设置原则

(一)伸缩缝的设置原则

房屋在受到温度变化的影响时,将发生热胀冷缩的变形,这种变形与房屋的长度有关,长度越大,变形越大。变形受到约束,就会在房屋的某些构件中产生应力,从而导致破坏。在房屋中设置伸缩缝,会使伸缩缝间房屋的长度不超过某一限值,其变形值较小,所产生的温度应力也较小,这样就不会产生破坏。因此,可沿建筑物长度方向每隔一定距离或在结构变化较大处预留伸缩缝,将建筑物基础以上部分断开。基础因为受到温度变化的影响较小,不需要断开。伸缩缝的最大间距应根据不同结构的材料而定。砌体结构房屋伸缩缝的最大间距见表10-1,钢筋混凝土结构伸缩缝的最大间距见表10-2。

表10-1　砌体结构房屋伸缩缝的最大间距

屋盖或楼盖层的类别		间距/m
整体式或装配整体式钢筋混凝土结构	有保温层或隔热层的屋盖、楼盖	50
	无保温层或隔热层的屋盖	40
整体式或装配整体式钢筋混凝土结构	有保温层或隔热层的屋盖、楼盖	60
	无保温层或隔热层的屋盖	50
装配式无檩体系钢筋混凝土结构	有保温层或隔热层的屋盖	75
	无保温层或隔热层的屋盖	60
瓦材屋盖、木屋盖或楼盖、轻钢屋盖		100

注:1. 层高大于5 m的烧结普通砖、烧结多孔砖、配筋砌块砌体结构单层房屋,其伸缩缝间距可按表中数值乘以1.3;

2. 温差较大且变化频繁地区和严寒地区不采暖的房屋及构筑物墙体的伸缩缝的最大间距,应按表中数值予以适当减小

表10-2　钢筋混凝土结构伸缩缝的最大间距

m

结构类别		室内或土中	露天
排架结构	装配式	100	70
框架结构	装配式	75	50
	现浇式	55	35
剪力墙结构	装配式	65	40
	现浇式	45	30

结构类别		室内或土中	露天
挡土墙、地下室墙壁等类结构	装配式	40	30
	现浇式	30	20

注：1. 如有充分依据或可靠措施，表中数值可予以增减；

2. 当屋面板上部无保温或隔热措施时；对框架、剪力墙结构的伸缩缝间距，可按表中露天栏的数值选用；对排架结构的伸缩缝间距，可按表中室内栏的数值适当减少；

3. 排架结构的柱高(从基础顶面算起)低于 8 m 时，宜适当减少伸缩缝间距；

4. 外墙装配内墙现浇的剪力墙结构，其伸缩缝最大间距宜按现浇式一栏的数值选用；滑模施工的剪力墙结构，宜适当减小伸缩缝间距；现浇墙体在施工中应采取措施减小混凝土收缩应力

(二)沉降缝的设置原则

房屋因不均匀沉降造成某些薄弱部位产生错动开裂。为了防止房屋无规则开裂，应设置沉降缝。沉降缝是在房屋适当位置设置的垂直缝隙，将房屋划分为若干个刚度较一致的单元，使相邻单元可以自由沉降，而不影响房屋整体。

沉降缝可兼伸缩缝的作用，而伸缩缝却不能代替沉降缝。沉降缝是从建筑物基础以上全部需要断开。

沉降缝的设置原则主要有以下几点：

(1)同一建筑物相邻部分的高差较大或荷载大小相差悬殊、结构类型不同时；

(2)建筑物相邻部分基础形式不同，宽度和埋深相差悬殊时；

(3)建筑物建造在地基承载力相差很大的地基土上时；

(4)建筑物体形比较复杂，连接部位又比较薄弱时；

(5)建筑物长度较大时；

(6)新建建筑物与原有建筑物毗连时。

房屋沉降缝的宽度与层数有关，见表 10-3。

表 10-3　房屋沉降缝的宽度　　　　　　　　　　mm

房屋层数	2～3 层	4～5 层	5 层以上
沉降缝宽度	50～80	80～100	≥120

(三)防震缝的设置原则

建造在地震区的房屋，地震时会遭到不同程度的破坏，为了避免破坏，应按抗震要求进行设计。抗震设防烈度为 6 度以下地区地震时，房屋受到的影响轻微可不设防；抗震设防烈度为 10 度地区地震时，房屋受到的破坏严重，建筑抗震设计应按有关专门规定执行。抗震设防烈度为 7～9 度地区，应按一般规定设防，包括在必要时设置防震缝。一般多层砌体建筑的缝宽取 50～100 mm。对多层和高层钢筋混凝土结构房屋，应尽量选用合理的建筑结构方案，不设防震缝。

(1)当必须设置防震缝时，其最小宽度应符合下列要求：

1)当高度不超过 15 m 时，可采用 70 mm；

2)当高度超过 15 m 时，按设防烈度为 6 度、7 度、8 度、9 度相应建筑物每增高5 m、4 m、3 m、2 m 时，缝宽增加 20 mm。

(2)在设防烈度为 8 度和 9 度地区，有下列情况之一时宜设置防震缝：

1）建筑物高差在 6 m 以上；

2）建筑物有错层且错层楼板高差较大；

3）建筑物相邻部分的结构刚度、质量截然不同。

防震缝是自建筑基础以上部分断开。防震缝应与伸缩缝、沉降缝统一设置，并满足防震缝的设计要求。

仿真实训

校园中各类建筑物的立面图片和变形缝局部（图 10-1），引导学生思考变形缝的功能、作用和相对位置关系。

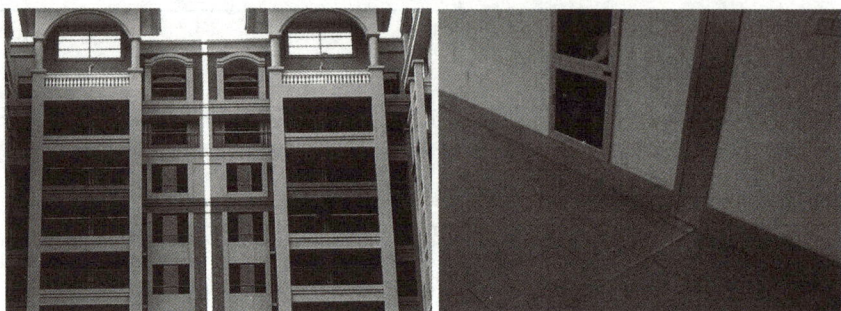

图 10-1　建筑物立面图和变形缝局部图

技能测试

一、填空题

1. 变形缝有_____种类型，分别是_____、_____、_____。

2. 变形缝能抵抗的建筑外界因素包括：_____影响、_____影响、_____影响、_____影响和_____影响等。

二、简答题

1. 伸缩缝在什么情况下设置？宽度一般为多少？

2. 沉降缝在什么情况下设置？沉降缝宽度如何确定？

3. 防震缝在什么情况下设置？依据什么确定防震缝的宽度？

任务工单

根据所学知识，完成以下任务工单。

1. 在生活学习中观察身边不同类型建筑物的变形缝有什么区别？

2. 新旧建筑物的变形缝的工况有什么变化？

任务二　变形缝的构造

课前认知

如图 10-2 所示，某建筑由于长度过长设置了变形缝（伸缩缝），变形缝在墙体、地面、屋面处的构造如何？

图 10-2　某建筑变形缝

📑 理论学习

一、伸缩缝

伸缩缝的宽度一般为 20～40 mm，以保证缝两侧的建筑构件能在水平方向自由伸缩。

（一）墙体伸缩缝

墙体在伸缩缝处断开，为了避免风、雨对室内的影响和避免缝隙过多传热，伸缩缝外墙一侧，缝口处应填以防水、防腐的弹性材料。伸缩缝可砌成平口缝、高低缝、企口缝等截面形式，如图 10-3 所示。砖墙伸缩缝构造如图 10-4 所示。

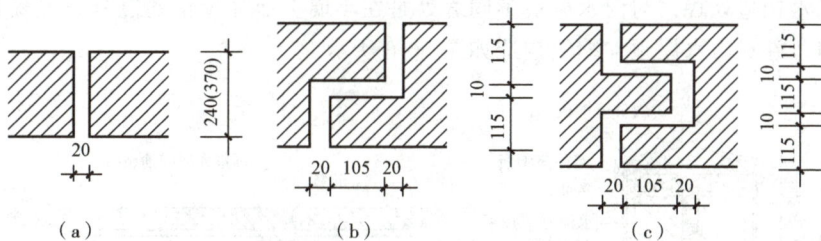

图 10-3　砖墙伸缩缝的截面形式
（a)平口缝；（b)高低缝；（c)企口缝

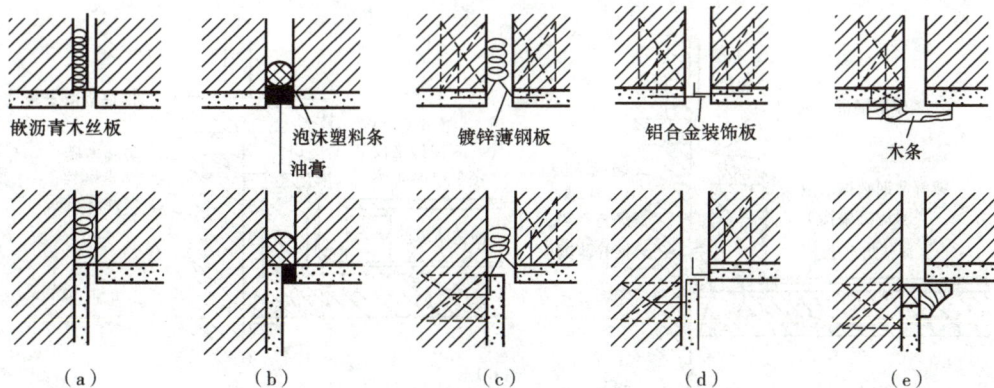

图 10-4　砖墙伸缩缝构造
（a)沥青纤维；（b)油膏；（c)外墙伸缩缝构造；（d)塑铝或铝合金装饰板；（e)木条内墙伸缩缝构造

（二）楼地层伸缩缝

楼地层伸缩缝的位置和缝宽尺寸，应与墙体、屋顶伸缩缝相对应，缝内也要用弹性材料做封缝处理。在构造上应保证地面面层和顶棚美观，又应使缝两侧的构造能自由伸缩，如图10-5所示。

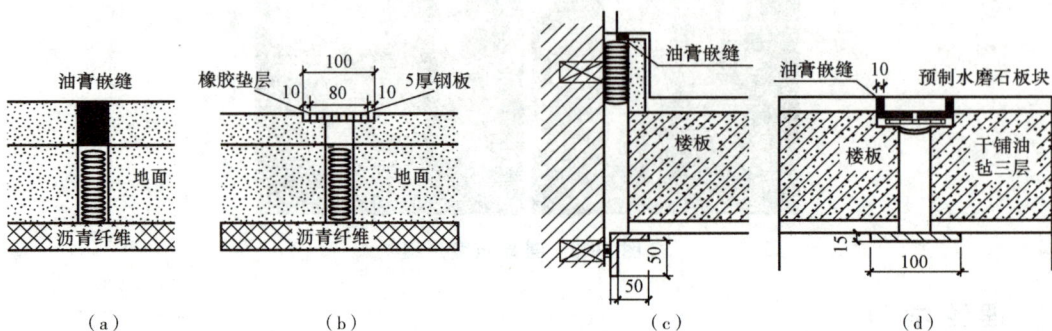

图 10-5　楼地层伸缩缝构造

（a）地面油膏嵌缝；（b）地面钢板盖缝；（c）、（d）楼板变形缝

（三）屋顶伸缩缝

屋顶伸缩缝的位置有两种情况：一种是伸缩缝两侧屋面的标高相同；另一种是缝两侧屋面的标高不同。缝两侧屋面的标高相同时，上人屋面和不上人屋面伸缩缝的做法也不相同。

1. 柔性防水屋顶伸缩缝

当屋顶伸缩缝两侧的屋面标高相同时，如为不上人屋面，一般在缝的两侧各砌半砖厚的小墙，按泛水构造处理。与泛水构造不同之处是在小墙上面加设钢筋混凝土盖板或镀锌薄钢板盖板盖缝。卷材防水屋顶伸缩缝构造如图10-6所示。

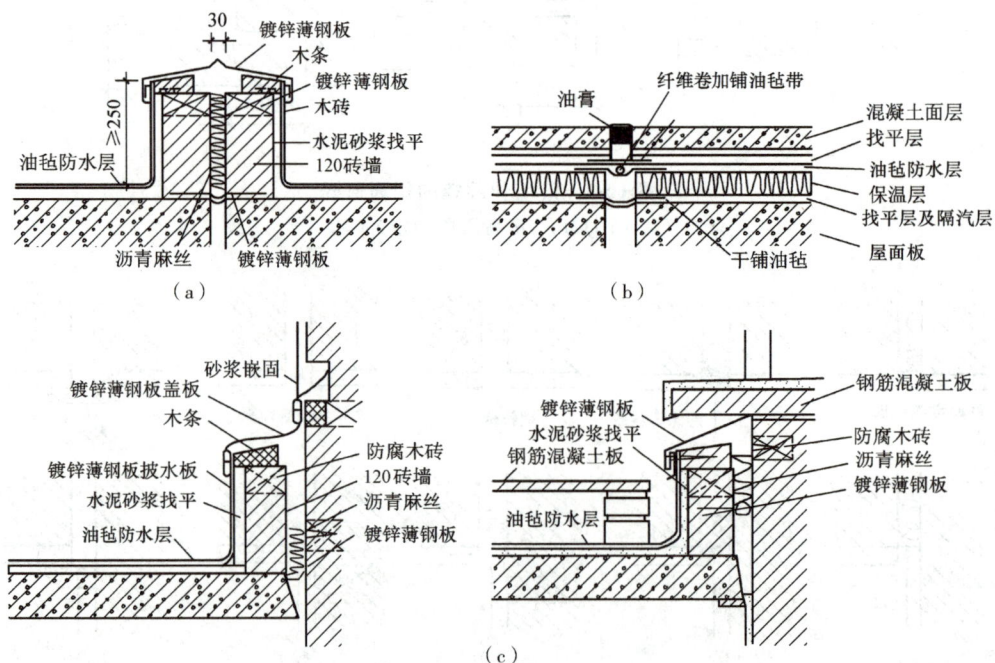

图 10-6　卷材防水屋顶伸缩缝构造

（a）不上人屋顶平接变形缝；（b）上人屋顶平接变形缝；（c）高低缝处屋顶变形缝

2．刚性防水屋顶伸缩缝

刚性防水屋顶伸缩缝的构造与柔性防水屋顶的做法基本相同，只是防水材料不同而已，如图 10-7 所示。

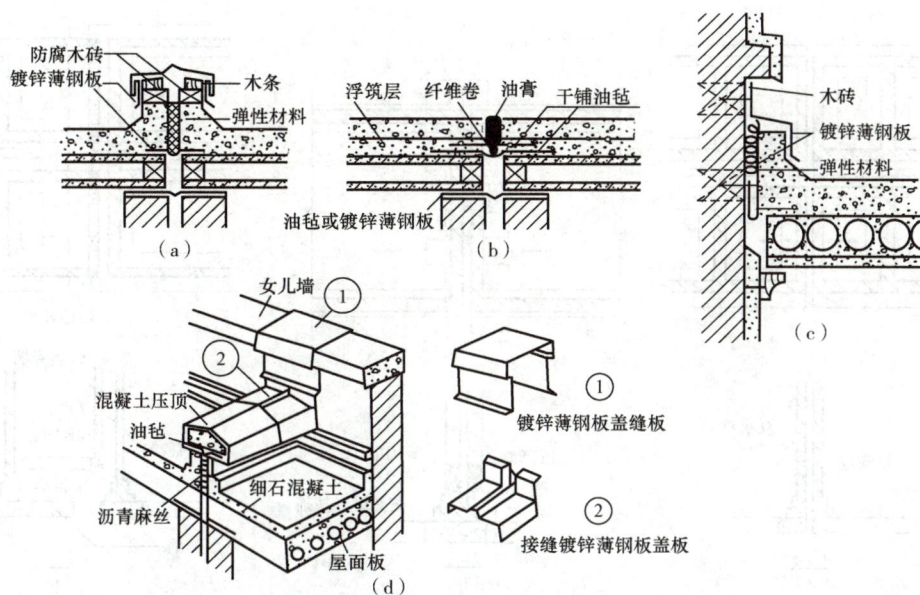

图 10-7　刚性防水屋顶伸缩缝构造
(a)不上人屋顶平接变形缝；(b)上人屋顶平接变形缝；(c)高低缝处屋顶变形缝；(d)变形缝立体图

二、沉降缝

(一)墙体沉降缝

墙体沉降缝一般兼起伸缩缝作用，其构造与伸缩缝基本相同。但由于沉降缝要保证缝两侧的墙体能自由沉降，所以盖缝的金属调节片必须保证在水平方向和垂直方向均能自由变形，如图 10-8 所示。屋顶沉降处的金属调节盖缝板或其他构件应考虑沉降变形与维修余地，如图 10-9 所示。

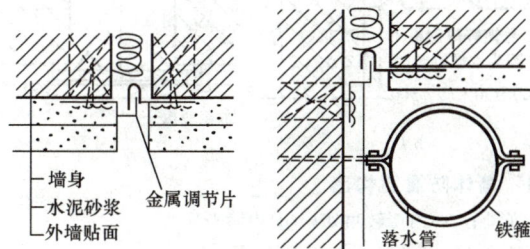

图 10-8　墙体沉降缝构造

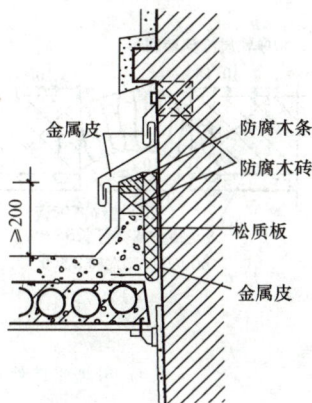

图 10-9　屋顶沉降缝构造

(二)基础沉降缝

基础也必须设置沉降缝，以保证缝两侧能自由沉降。常见的沉降缝处基础的处理方案有双墙偏心式、交叉式和悬挑式三种，如图 10-10 所示。

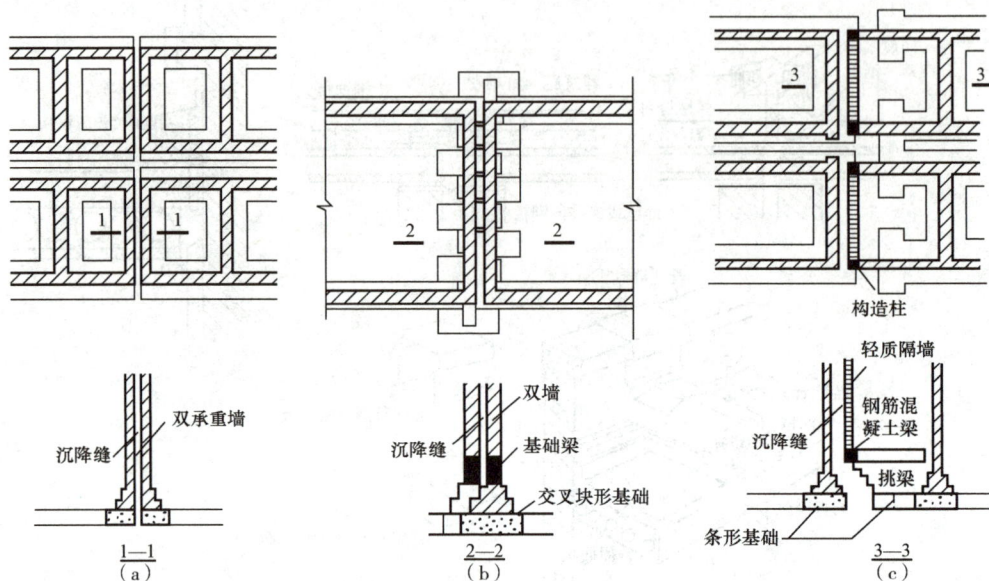

图 10-10　基础沉降缝处理示意
(a)双墙偏心式；(b)交叉式；(c)悬挑式

三、防震缝

防震缝应同伸缩缝、沉降缝协调布置，相邻上部结构完全断开，并留有足够的缝隙，以保证在水平方向地震波的影响下，房屋相邻部分不致因碰撞而造成破坏。墙体防震缝构造如图 10-11 所示。

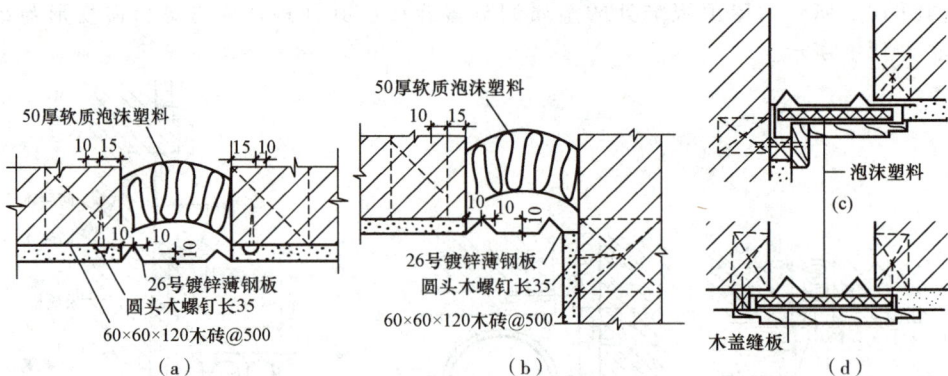

图 10-11　墙体防震缝构造
(a)外墙平缝处；(b)外墙转角处；(c)内墙转角处；(d)内墙平缝处

仿真实训

观察变形缝构造模型和施工过程中建筑物变形缝的图片（图 10-12），引导学生作出相应的对比。

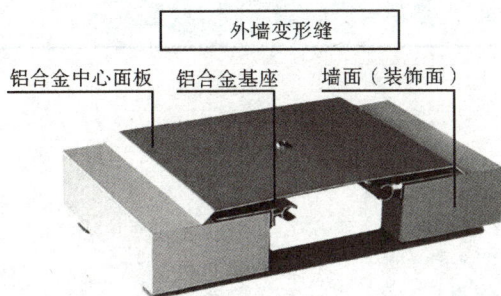

图 10-12　变形缝构造模型和施工过程中建筑物变形缝

技能测试

一、填空题

1. 伸缩缝的宽度一般为_____至_____ mm，以保证缝两侧的建筑构件能在水平方向自由伸缩。

2. 墙体防震缝构造布置在建筑的_____处、_____处、_____处、_____处。

二、简答题

1. 建筑墙体中变形缝的截面形式有哪几种？

2. 伸缩缝、沉降缝和防震缝分别有什么不同的构造特点？说出主要区别。

3. 伸缩缝、沉降缝和防震缝在何种情况下可以合并设置？请说明原因。

4. 基础沉降缝的构造方法有哪几种？每种构造做法是怎样实现其功能的？

任务工单

根据所学知识，完成以下任务工单。

1. 观察生活中建筑物屋顶变形缝的防水构造做法是否合理？防水效果如何？是否能提出更优建议和方案？

2. 了解变形缝构造做法，使用了哪些建筑材料？抄绘如图 10-13 所示的变形缝的构造详图。

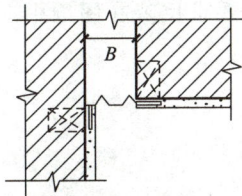

外墙防震缝节点详图 1∶10

（a）

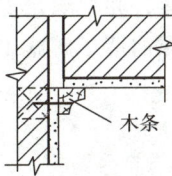

内墙沉降缝节点详图 1∶10

（b）

图 10-13　变形缝构造详图

项目十一　建筑工程施工图识读基础

任务一　施工图概述

课前认知

施工图是为施工服务，在初步设计的基础上，与建筑结构、设备等各工程进行相互配合、协调、校核和调整，并把满足工程施工的各项具体要求反映在图纸中。施工图在图纸的数量上要齐全无缺。课前请了解施工图常用符号。

理论学习

一、施工图的产生

一般建设项目应按两个阶段进行设计，即初步设计阶段和施工图设计阶段。对于技术要求复杂的项目，可在两个设计阶段之间增加技术设计阶段，用来深入解决各工种之间的协调等技术问题。

(一)初步设计阶段

设计人员接受任务书后，首先要根据业主的建造要求和有关政策性文件、地质条件等进行初步设计，画出比较简单的初步设计图，简称方案图纸。它包括简略的平面、立面、剖面等图样，文字说明及工程概算。有时还要向业主提供建筑效果图、建筑模型及计算机动画效果图，以便于直观地反映建筑的真实情况。方案图应报业主征求意见，并报规划、消防、卫生、交通、人防等部门审批。

(二)施工图设计阶段

施工图设计阶段的设计人员在已经批准的方案图纸的基础上，综合建筑、结构、设备等工种之间的相互配合、协调和调整，从施工要求的角度对设计方案予以具体化，为施工企业提供完整的、正确的施工图和必要的有关计算的技术资料。

二、施工图的分类

房屋施工图要能够准确地反映房屋的平面形状、功能布局、外貌特征、各项尺寸和构造做法等。按专业分工的不同，房屋施工图一般可分为建筑施工图，简称"建施"；结构施工图，简称"结施"；给水排水施工图，简称"水施"；采暖通风施工图，简称"暖施"；电气施工图，简称"电施"。也有的把水施、暖施、电施统称为"设施"(即设备施工图)。

一套完整的房屋施工图应按专业顺序编排。一般应为：图纸目录、建筑设计总说明、总平面图、建施、结施、水施、暖施、电施等。各专业的图纸，应该按图纸内容的主次关系、逻辑关系有序排列。

三、施工图常用符号

为使房屋施工图的图面统一、简洁，便于阅读，我国制定了《房屋建筑制图统一标准》(GB/T 50001—2017)，为常用的制图符号作出了明确的规定。在绘制施工图时，必须严格遵守这些规定。

(一)定位轴线

施工图上的定位轴线是施工定位、放线的重要依据。凡是承重墙、柱子、大梁或屋架等主要承重构件都要画上确定其位置的基准线，即定位轴线。对于非承重的隔墙、次要承重构件或建筑配件等的位置，有时用分轴线，有时也可通过注明它们与附近轴线的相关尺寸的方法来确定。

定位轴线用细点画线画出，并按国标要求编号。轴线的端部画细实线圆圈(直径为8~10 mm)，编号写在圈内。平面图上定位轴线的编号，宜标注在下方与左侧。横向(墙的短向)编号采用阿拉伯数字从左向右顺序编号；竖向(墙的长向)编号采用大写拉丁字母(其中I、O、Z不能用)，自下而上顺序编号，如图11-1所示。

(二)尺寸和标高

1. 尺寸

尺寸是施工图中的重要内容，标注必须全面、清晰。尺寸单位除标高及建筑总平面图以米(m)为单位外，其余一律以毫米(mm)为单位。

2. 标高的种类

根据在工程中应用场合的不同，标高共有以下四种，标高的数值单位为米(m)。

(1)绝对标高。绝对标高是指以山东青岛海洋观测站平均海平面定为零点起算的高度，其他各地标高均以其为基准。绝对标高数值应精确到小数点后两位。

(2)相对标高。相对标高在施工图上要标出很多部位的高度，如全用绝对标高，不但数字烦琐，而且不易得出所需要的高差，这是很不实用的。因此，除总平面图外，一般均采用相对标高，即把房屋建筑室内底层主要房间地面定为高度的起点所形成的标高。相对标高精确到小数点后三位，其起始处记作"±0.000"。比它高的称为正标高，但在数字前不写"＋"号；比它低的称为负标高，在标高数字前要写"－"号，如室外地面比室内底层主要房间地面低 0.75 m，则应记作"－0.750"，标高数字的单位省略不写。

在总平面图中要标明相对标高与绝对标高的关系，即相对标高的±0.000 相当于绝对标高的多少米，以利于用附近水准点来测定拟建工程的底层地面标高，从而确定竖向高度基准。

(3)建筑标高。建筑标高是指建筑物及其构配件在装修、抹灰以后表面的相对标高。如上述的"±0.000"即底层地面面层施工完成后的标高。

(4)结构标高。结构标高是指建筑物及其构配件在没有装修、抹灰以前表面的相对标高。由于它与结构件的支模或安装位置联系紧密，因此，通常标注其底面的结构标高，以利于施工操作，减少不必要的计算差错。结构标高通常标注在结施图上。

3. 标高符号及画法

标高符号为直角等腰三角形，用细实线绘制，如图 11-2(a)所示。标注位置不够时，也可按图 11-2(b)所示形式绘制，标高符号的具体画法如图 11-2(c)、(d)所示，其中，h、l 的长度根据需要而定。

总平面图室外地坪标高符号，宜用涂黑的三角形表示，如图 11-3(a)所示，具体画法如图 11-3(b)所示。标高符号的尖端应指至被注高度的位置，尖端一般应向下，也可向上。标高数字应注写在标高符号的左侧或右侧，如图 11-4 所示。

标高的数字应以 m 为单位，注写到小数点以后第三位。零点标高应注写成"±0.000"，正数标高不注"＋"，负数标高应注"－"，例如 3.000、－0.600 等。在图纸的同一位置需表示几个不同标高时，标高数字可按图 11-5 所示的形式注写。

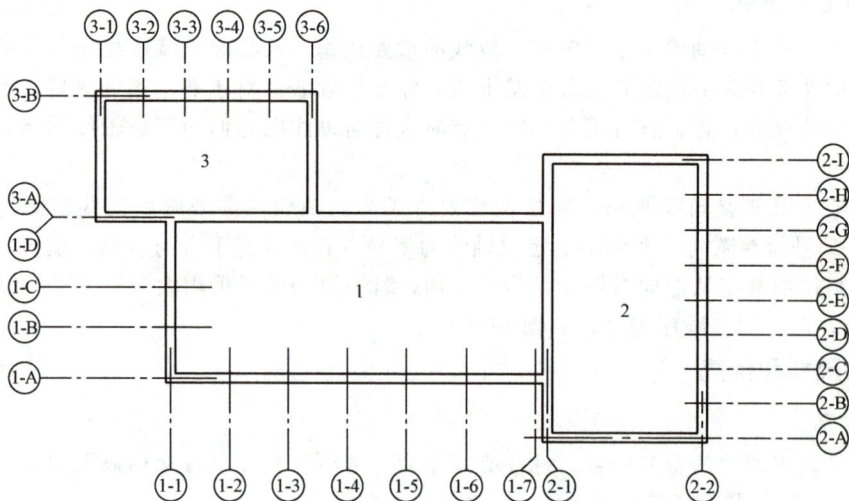

图 11-1　定位轴线的分区编号

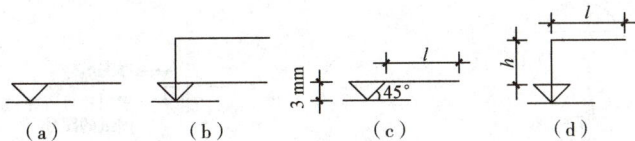

图 11-2　标高符号

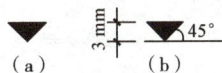

图 11-3　总平面图室外地坪标高符号

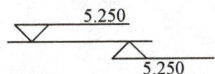

图 11-4　标高的指向

图 11-5　在同一位置注写多个标高数字

(三)索引符号与详图符号

1. 索引符号

图样中的某一局部或构件，如需另见详图时，则应以索引符号索引。索引符号的形式如图 11-6 所示。索引符号的圆及直径横线均以细实线画出，圆的直径为 10 mm，如图 11-6(a)所示。索引符号应遵守下列规定：

(1)如与被索引的图样位于同一张图纸内，应在索引符号上半圆中用阿拉伯数字注明详图的编号，并在下半圆中间画一段水平细实线，如图 11-6(b)所示。

(2)如与被索引的图样不在同一张图纸内，应在索引符号的下半圆中用阿拉伯数字注明该详图所在图纸的图号(即页码)，如图 11-6(c)所示。

(3)如采用标准图，应在索引符号水平直径的延长线上加注标准图册的代号，如图 11-6(d)所示。

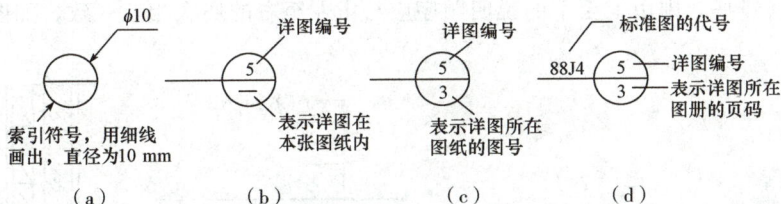

图 11-6　索引符号的形式

索引符号如用于索引剖面详图，应在被剖切的部位画出剖切位置线，长度以贯通所剖切内容为准，并以引出线引出索引符号，引出线所在的一侧应为剖视方向，如图 11-7 所示。

2. 详图符号

详图符号是与索引符号相对应的，用来标明索引出的详图所在的位置和编号，如图 11-8 所示。详图符号的圆应以直径为 14 mm 的粗实线绘制。详图符号的编号规定如下：

(1)详图与被索引的图样同在一张图纸内时，应在详图符号内用阿拉伯数字注明详图的编号，如图 11-8(a)所示。

(2)详图与被索引的图样不在同一张图纸内时，应用细实线在详图符号内画一条水平直径线，在上半圆中注明详图编号，在下半圆中注明被索引的图纸的编号，如图 11-8(b)所示。

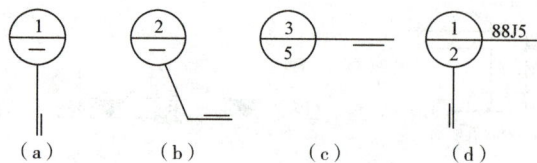

图 11-7　用于索引剖面图的索引符号

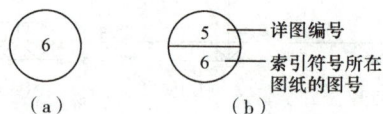

图 11-8　详图符号

（a）索引与详图在同一页的详图符号；
（b）索引与详图不在同一页的详图符号

（四）引出线

（1）引出线应以细实线绘制，宜采用水平方向的直线，或与水平方向成30°、45°、60°、90°角的直线，或经上述角度再折为水平线。文字说明宜注写在水平线的上方，如图11-9（a）所示，也可注写在水平线的端部，如图11-9（b）所示。索引详图的引出线，应与水平直径线连接，如图11-9（c）所示。

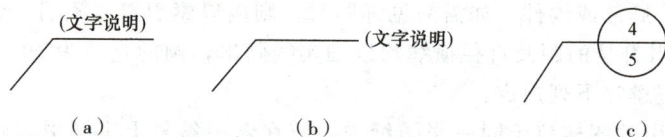

图 11-9　引出线

（2）同时引出几个相同部分的引出线，宜互相平行，如图11-10（a）所示，也可画成集中于一点的放射线，如图11-10（b）所示。

（3）多层构造或多层管道共用引出线，应通过被引出的各层。文字说明应注写在水平线的上方，或注写在水平线的端部，说明的顺序应由上至下，并应与被说明的层次相互一致；如层次为横向排序，则由上至下的说明顺序应与由左至右的层次相互一致，如图11-11所示。

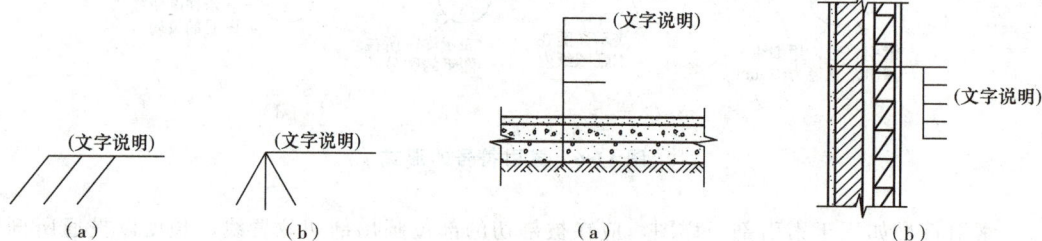

图 11-10　公用引出线

图 11-11　多层构造共用引出线

（五）其他符号

1. 对称符号

对称符号由对称线和两端的两对平行线组成。对称线用细点画线绘制；平行线用细实线绘制，其长度宜为6～10 mm，每对的间距宜为2～3 mm；对称线垂直平分于两对平行线，两端宜超出平行线2～3 mm，如图11-12所示。

2. 连接符号

应以折断线表示需连接的部位。当两个部位相距过远时，折断线两端靠图样一侧应标注大写拉丁字母表示连接编号。两个被连接的图样必须用相同的字母编号，如图 11-13 所示。

指北针是用于表示房屋朝向的符号。指北针的形状如图 11-14 所示，其圆的直径为 24 mm，用细实线绘制；指北针尾部的宽度宜为 3 mm，指北针头部注"北"或"N"字。

图 11-12 对称符号

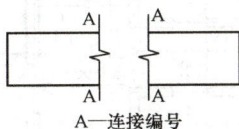

A—连接编号

图 11-13 连接符号

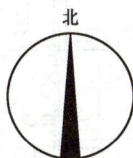

图 11-14 指北针

当需用较大直径绘制指北针时，指针尾部宽度宜为直径的 1/8。

仿真实训

读图 11-15 和图 11-16，列举出读到的内容。

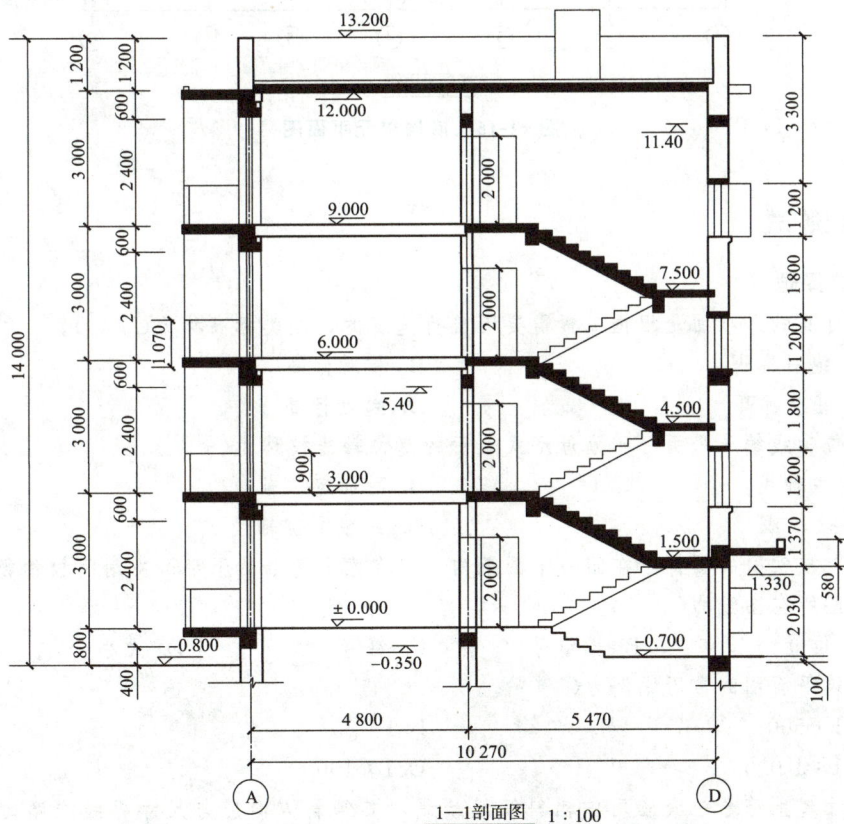

1—1剖面图 1：100

图 11-15 1—1 剖面图

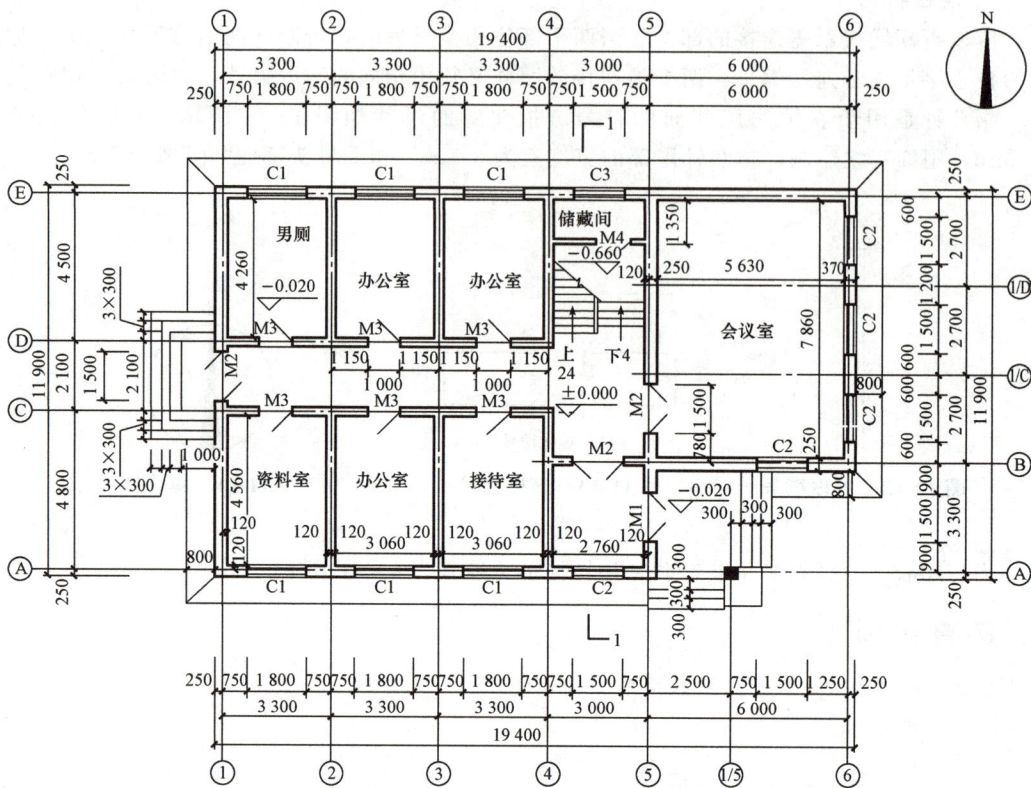

底层平面图 1:100

图 11-16 底层单元平面图

技能测试

一、选择题

1. 凡标高的基准面是根据工程需要而自行选定的，这类标高称为（　　）。

    A. 绝对标高   B. 相对标高

    C. 基准标高   D. 起点标高

2. 定位轴线编号采用分子分母形式表示的定位轴线被称为（　　）。

    A. 主轴线   B. 附加定位轴线

    C. 次轴线   D. 一般定位轴线

3. 如与被索引的图样不在同一张图纸内，应在索引符号的下半圆中用阿拉伯数字注明该详图所在图纸的（　　）。

    A. 位置   B. 图纸号   C. 符号   D. 大小

4. 建筑平面图的常用比例为（　　）。

    A.1：500   B. 1：20

    C. 1：1 000   D. 1：100

5. 尺寸起止符号一般应用中粗斜短线绘制，其倾斜方向应与尺寸界线成顺时针（　　）角，长度宜为 2～3 mm。

    A. 30°   B. 45°   C. 90°   D. 120°

二、填空题

1. 多层建筑平面图包括_____、_____、_____、_____。

2. 占地面积是指_____，使用面积是指_____。

3. 开间是指_____，进深是指_____。

4. _____图主要反映屋面上天窗、水箱、铁爬梯、通风道、女儿墙、变形缝等的位置以及采用标准图集的代号、屋面排水分区、排水方向、坡度、雨水口的位置、尺寸等内容。

5. 对建筑的细部构造难以表达清楚，为了满足施工要求，对建筑的细部构造用较大的比例详细地表达出来，这样的图称为_____。

任务工单

完成表 11-1 所示任务工单。

表 11-1 任务工单

序号	图纸绘制种类	图纸绘制步骤或说明	示例
1	平面图的绘制	(1)绘制图框、标题栏； (2)_____； (3)在墙体上确定门窗洞口的位置； (4)画楼梯散水等细部	 该图画的是第_____步
2	剖面图的绘制	(1)根据进深尺寸，画出墙身的定位轴线；根据标高尺寸定出室内外地坪线、各楼面、屋面及女儿墙的高度位置； (2)画出墙身、楼面、屋面轮廓； (3)定门窗和楼梯位置，画出梯段、台阶、阳台、雨篷、烟道等； (4)检查无误后，擦去多余作图线，按图线层次描深。画材料图例，注写标高、尺寸、图名、比例及文字说明	 该图画的是第_____步
3	立面图的绘制	(1)画室外地坪线、横向定位轴线、室内地坪线、楼面线、屋顶线和建筑物外轮廓线； (2)画各层门窗洞口线； (3)画墙面细部，如阳台、窗台、楣线、门窗细部分格、壁柱、室外台阶、花池等； (4)检查无误后，按立面图的线型要求进行图线加深； (5)标注标高、首尾轴线，书写墙面装修文字、图名、比例等，说明文字一般用5号字，图名用10～14号文字	 该图画的是第_____步

序号	图纸绘制种类	图纸绘制步骤或说明	示例
4	详图的绘制	建筑详图包括 _____、_____ 和_____	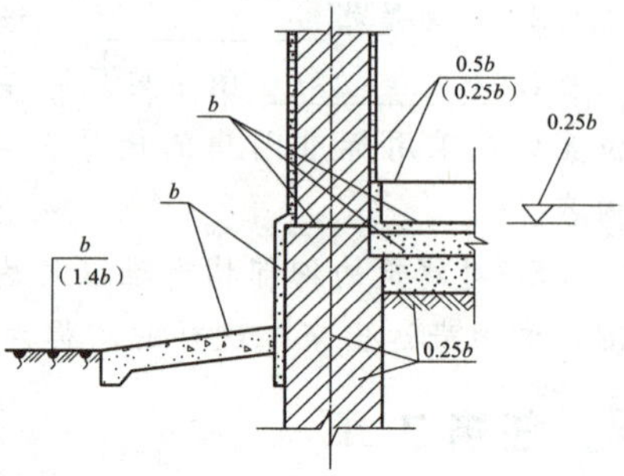 该图属于_____详图

任务二　建筑施工图识读

课前认知

建筑施工图是由目录、设计说明、总平面图、建筑平面图、建筑立面图、建筑剖面图以及建筑详图等内容组成的，是房屋工程施工图中具有全局性地位的图纸，其反映房屋的平面形状、功能布局、外观特征、各项尺寸和构造做法等，是房屋施工放线、砌筑、安装门窗、室内外装修和编制施工概算及施工组织计划的主要依据。课前了解总平面图、建筑平面图、建筑立面图、建筑剖面图、建筑详图。

理论学习

一、图纸目录与设计说明

(一)图纸目录

除图纸的封面外，图纸目录应安排在一套图纸的最前面，用来说明本工程的图纸类别、图号编排、图纸名称和备注等，以方便图纸的查阅和排序。

(二)设计说明

设计说明位于图纸目录之后，是对房屋建筑工程中不易用图样表达的内容采用文字加以说明，主要包括工程的设计概况、工程做法中所采用的标准图集代号，以及在施工图中不宜用图样而必须采用文字加以表达的内容，如材料的内容，饰面的颜色，环保要求，施工注意事项，采用新材料、新工艺的情况说明等。

另外，在建筑施工图中，还应包括防火专篇等一些有关部门要求明确说明的内容。设计说明一般放在一套施工图的首页。

二、总平面图

总平面图是描绘新建房屋所在的建设地段或建设小区的地理位置以及周围环境的水平投

影图，是新建房屋定位、布置施工总平面图的依据，也是室外水、暖、电等设备管线布置的依据。

(一)总平面图的用途

总平面图是将新建工程四周一定范围内的新建、拟建、原有和拆除的建筑物、构筑物连同其周围的地形、地物状况用正投影的方法和相应的图例所画出的 H 面投影图。其常用比例一般为 1：500、1：1 000、1：1 500 等。

总平面图主要表示新建房屋的位置、朝向，与原有建筑物的关系，以及周围道路、绿化和给水、排水、供电条件等方面的情况，以其作为新建房屋施工定位、土方施工、设备管网平面布置，安排施工时进入现场的材料和构配件堆放场地以及运输道路布置等的依据。

(二)总平面图的图示内容

(1)新建建筑的定位。新建建筑的定位有三种方式：第一种是利用新建建筑与原有建筑或道路中心线的距离确定新建建筑的位置；第二种是利用施工坐标确定新建建筑的位置；第三种是利用大地测量坐标确定新建建筑的位置。

(2)相邻建筑、拆除建筑的位置或范围。

(3)附近的地形、地物情况。

(4)道路的位置、走向以及与新建建筑的联系等。

(5)用指北针或风向频率玫瑰图指出建筑区域的朝向。

(6)绿化规划。

(7)补充图例。若图中采用了建筑制图规范中没有的图例，则应在总平面图下方详细补充图例，并予以说明。

(三)总平面图的阅读方法

图 11-17 为某学校拟建教师住宅楼的总平面图。图中用粗实线画出的图形表示新建住宅楼，用中实线画出的图形表示原有建筑物，用各个平面图形内的小黑点数表示房屋的层数。

(1)先查看总平面图的图名、比例及有关文字说明。由于总平面图包括的区域较大，所以，绘制时都用较小比例，常用的比例有 1：500、1：1 000、1：2 000 等。总平面图中的尺寸(如标高、距离、坐标等)宜以米(m)为单位，并应至少取至小数点后两位，不足时以"0"补齐。

(2)了解新建工程的性质和总体布局，如各种建筑物及构筑物的位置、道路和绿化的布置等。由于总平面图的比例较小，各种有关物体均不能按照投影关系如实反映出来，只能用图例的形式进行绘制。要读懂总平面图，必须熟悉总平面图中常用的各种图例。在总平面图中，为了说明房屋的用途，在房屋的图例内应标注出名称。当图样比例小或图面无足够位置时，也可编号列表编注在图内。在图形过小时，可标注在图形外侧附近。同时，还要在图形的右上角标注房屋的层数符号，一般以数字表示，如 14 表示该房屋为 14 层，当层数不多时，也可用小圆点数量来表示，如"∷"表示 4 层。

(3)看新建房屋的定位尺寸。新建房屋的定位方式基本有两种。一种是以周围其他建筑物或构筑物为参照物。在实际绘图时，标明新建房屋与其相邻的原有建筑物或道路中心线的相对位置尺寸。另一种是以坐标表示新建建筑物或构筑物的位置。当新建建筑区域所在地形较为复杂时，为了保证施工放线的准确，常用坐标定位。坐标定位分为测量坐标和施工坐标两种。

1)测量坐标。在地形图上用细实线画成交叉"十"字线的坐标网，南北方向的轴线为 X，东西方向的轴线为 Y，这样的坐标称为测量坐标。坐标网常采用 100 m×100 m 或

$50 \text{ m} \times 50 \text{ m}$ 的方格网。一般建筑物的定位宜注写其三个角的坐标，如建筑物与坐标轴平行，可注写其对角坐标，如图 11-18 所示。

2）建筑坐标。建筑坐标是指将建设地区的某一点定为"0"，采用 $100 \text{ m} \times 100 \text{ m}$ 或 $50 \text{ m} \times 50 \text{ m}$ 的方格网，沿建筑物主轴方向用细实线画成方格网通线，垂直方向为 A 轴，水平方向为 B 轴，其适用于房屋朝向与测量坐标方向不一致的情况。其标注形式如图 11-19 所示。

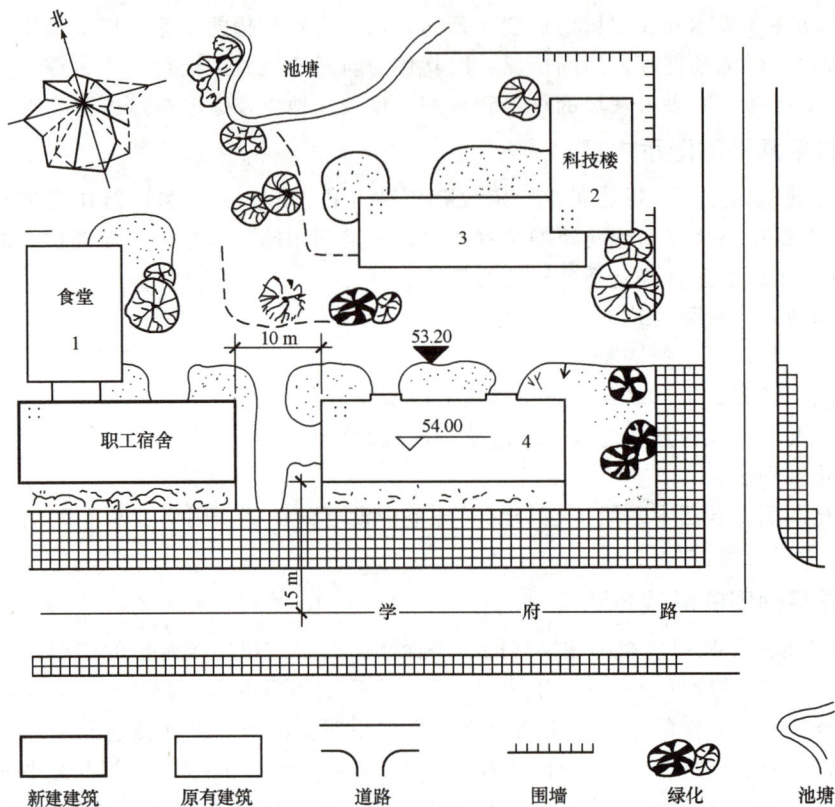

图 11-17　某学校拟建教师住宅楼的总平面图

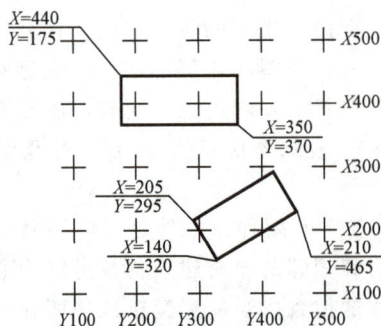

图 11-18　测量坐标定位示意

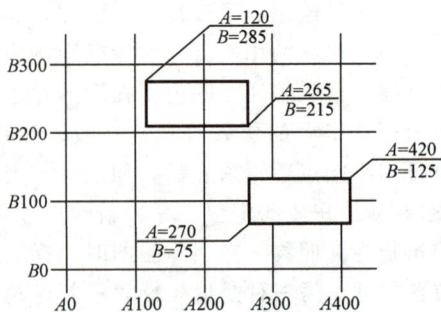

图 11-19　建筑坐标定位示意

（4）了解新建建筑附近的室外地面标高，明确室内外高差。总平面图中的标高均为绝对标高，如标注相对标高，则应注明相对标高与绝对标高的换算关系。建筑物室内地坪为标准建筑图中±0.000处的标高，对不同高度的地坪应分别标注其标高，如图11-20所示。

（5）看总平面图中的指北针，明确建筑物及构筑物的朝向；有时还要画上风向频率玫瑰图，来表示该地区的常年风向频率。风向频率玫瑰图的画法如图11-21所示。风向频率玫瑰图用于反映建筑场地范围内常年的主导风向和六、七、八三个月的主导风向（用虚线表示），共有16个方向。风向是指从外侧刮向中心。刮风次数多的风，在图上离中心远，称为主导风。明确风向有助于建筑构造的选用及材料的堆场，如有粉尘污染的材料应堆放在下风向等。

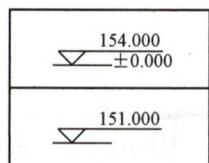

图 11-20　标高注写法　　　图 11-21　风向频率玫瑰图的画法

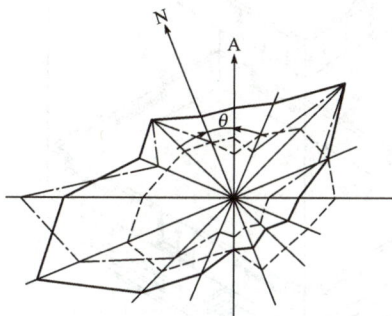

三、建筑平面图

（一）建筑平面图的形成与作用

用一个假想的水平剖切平面沿略高于窗台的位置剖切房屋后，移去上面部分，对剩下部分向 H 面作正投影，所得的水平剖面图，称为建筑平面图，简称平面图。平面图反映新建房屋的平面形状、房间的大小、功能布局、墙柱选用的材料、截面形状和尺寸、门窗的类型及位置等，作为施工时放线、砌墙、安装门窗、室内外装修及编制预算等的重要依据，是建筑施工中的重要图纸。

（二）建筑平面图的表示方法

建筑平面图实际上是房屋的水平剖面图（除屋顶平面图外），是假想用一个水平面去剖切房屋，剖切平面一般位于每层窗台上方的位置，以保证剖切的平面图中墙、门、窗等主要构件都能被剖切到，然后移去平面上方的部分，对剩下的房屋作正投影所得到的水平剖面图，习惯上称为正面图。

建筑平面图主要表示建筑物的平面形状、水平方向各部分（如出入口、走廊、楼梯、房间、阳台等）的布置和组合关系、门窗位置、墙和柱的布置以及其他建筑构配件的位置和大小等。建筑平面图是施工放线，砌墙、柱，安装门窗框、设备的依据，是编制和审查工程预算的主要依据。

一般来说，多层房屋就应画出各层平面图。沿底层门窗洞口切开后得到的平面图，称为底层平面图。沿二层门窗洞口切开后得到的平面图，称为二层平面图。依次可得到三层、四层平面图。当某些楼层平面相同时，可以只画出其中一个平面图，称其为标准层平面图（或中间层平面图）。图11-22为一栋单层房屋建筑的平面图。

为了表明屋面构造，一般还要画出屋顶平面图。它不是剖面图，为俯视屋顶时的水平投影图，主要表示屋面的形状及排水情况和突出屋面的构造位置。

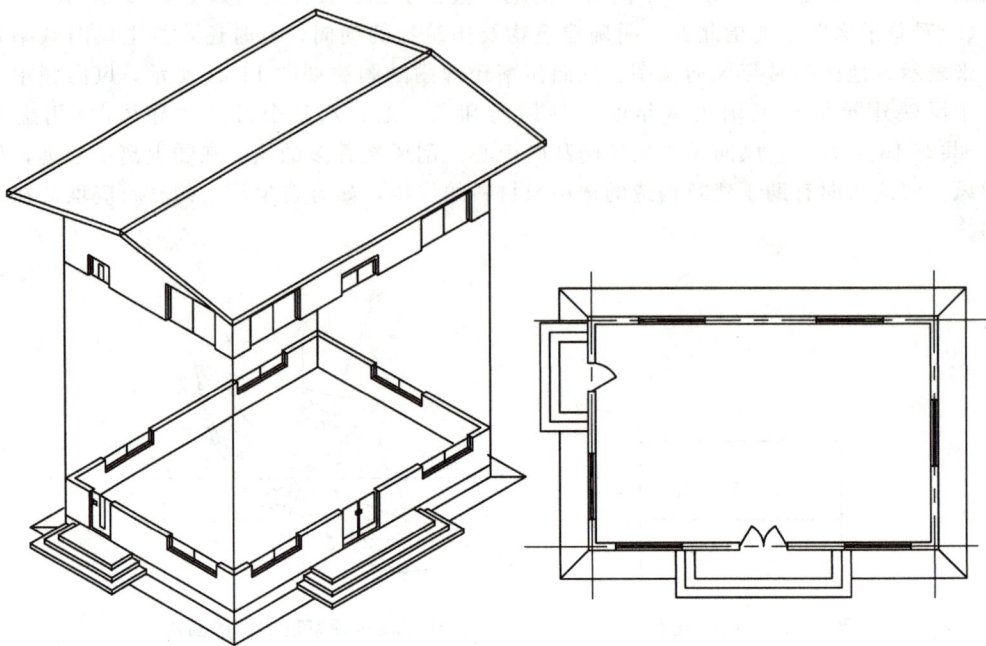

图 11-22 平面图

(三)建筑平面图的基本内容

(1)表明建筑物的平面形状，内部各房间包括走廊、楼梯、出入口的布置及朝向。

(2)表明建筑物及其各部分的平面尺寸。在建筑平面图中，必须详细标注尺寸。平面图中的尺寸可分为外部尺寸和内部尺寸。外部尺寸有三道，一般沿横向、竖向分别标注在图形的下方和左方。

1)第一道尺寸：表示建筑物外轮廓的总体尺寸，也称为外包尺寸。它是从建筑物一端外墙边到另一端外墙边的总长和总宽尺寸。

2)第二道尺寸：表示轴线之间的距离，也称为轴线尺寸。它标注在各轴线之间，说明房间的开间及进深的尺寸。

3)第三道尺寸：表示各细部的位置和大小的尺寸，也称为细部尺寸。它以轴线为基准，标注出门、窗的大小和位置，墙、柱的大小和位置。另外，台阶(或坡道)、散水等细部结构的尺寸可分别单独标注。

内部尺寸标注在图形内部，用以说明房间的净空大小、内门窗的宽度、内墙厚度以及固定设备的大小和位置。

(3)表明地面及各层楼面标高。

(4)表明各种门窗的位置、代号和编号以及门的开启方向。门的代号是 M，窗的代号是 C，编号数用阿拉伯数字。

(5)表示剖面图剖切符号、详图索引符号的位置及编号。

(6)综合反映其他各工种(工艺、水、暖、电)对土建的要求。各工程要求的坑、台、水池、地沟、电闸箱、消火栓、雨水管等及其在墙或楼板上的预留洞，应在图中表明其位置及尺寸。

(7)表明室内装修做法，包括室内地面、墙面及顶棚等处的材料及做法。一般简单的装修，在平面图内直接用文字说明；较复杂的工程则另列房间明细表和材料做法表，或另画建筑装修图。

(8)文字说明。平面图中不易表明的内容，如施工要求、砖以及灰浆的强度等级等需要文字说明。

(四)平面图的内容及阅读方法

(1)看图名、比例。首先，要从中了解平面图层次、图例及绘制建筑平面图所采用的比例，如1：50、1：100、1：200。

(2)看图中定位轴线编号及其间距。从中了解各承重构件的位置及房间的大小，以便于施工时定位放线和查阅图纸。定位轴线的标注应符合《房屋建筑制图统一标准》(GB/T 50001—2017)的规定。

(3)看房屋平面形状和内部墙的分隔情况。从平面图的形状与总长、总宽尺寸，可计算出房屋的用地面积；从图中墙的分隔情况和房间的名称，可了解到房屋内部各房间的分布、用途、数量及其相互间的联系情况。

(4)看平面图的各部分尺寸。在建筑平面图中，标注的尺寸有内部尺寸和外部尺寸两种，主要反映建筑物中房间的开间、进深的大小，门窗的平面位置及墙厚、柱的断面尺寸等。

1)外部尺寸。外部尺寸一般标注三道尺寸，最外一道尺寸为总尺寸，表示建筑物的总长、总宽，即从一端外墙皮到另一端外墙皮的尺寸；中间一道尺寸为定位尺寸，表示轴线尺寸，即房间的开间与进深尺寸；最里面一道为细部尺寸，表示各细部的位置及大小，如外墙门窗的大小以及与轴线的平面关系。

2)内部尺寸。内部尺寸用来标注内部门窗洞口和宽度及位置、墙身厚度以及固定设备的大小和位置等，一般用一道尺寸线表示。

(5)看楼地面标高。平面图中标注的楼地面标高为相对标高，而且是完成面的标高。一般在平面图中地面或楼面有高度变化的位置都应标注标高。

(6)看门窗的位置、编号和数量。图中门窗除用图例画出外，还应注写门窗代号和编号。门的代号通常用"门"的汉语拼音的首字母"M"，窗的代号通常用"窗"的汉语拼音首字母"C"，并分别在代号后面写上编号，用于区别门窗类型，统计门窗数量，如M-1、M-2和C-1、C-2等。对一些特殊用途的门窗也有相应的符号进行表示，如FM代表防火门，MM代表密闭防护门，CM代表窗连门。为了便于施工，一般情况下，在首页图上或在本平面图内，附有门窗表，列出门窗的编号、名称、尺寸、数量及其所选标准图集的编号等内容。

(7)看剖面的剖切符号及指北针。通过查看图纸中的剖切符号及指北针，可以在底层平面图中了解剖切部位，了解建筑物朝向。

四、建筑立面图

(一)建筑立面图的表达方法

房屋建筑的立面图是利用正投影法从一个建筑物的前后、左右、上下等不同方向(根据物体的复杂程度而定)分别向互相垂直的投影面上作投影，如图11-23所示。

立面图的命名有两种形式：有定位轴线的建筑物，宜根据两端的轴线来命名，如①~④立面图、④~⑤立面图；没有定位轴线时，可按建筑物的方向命名，如图11-24所示的四个立面图。

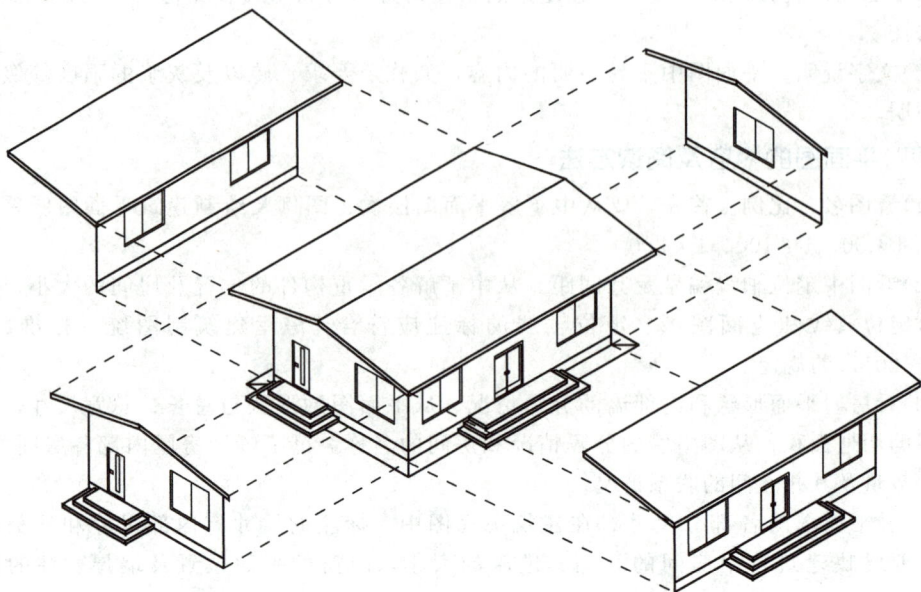

图 11-23 利用正投影作立面图

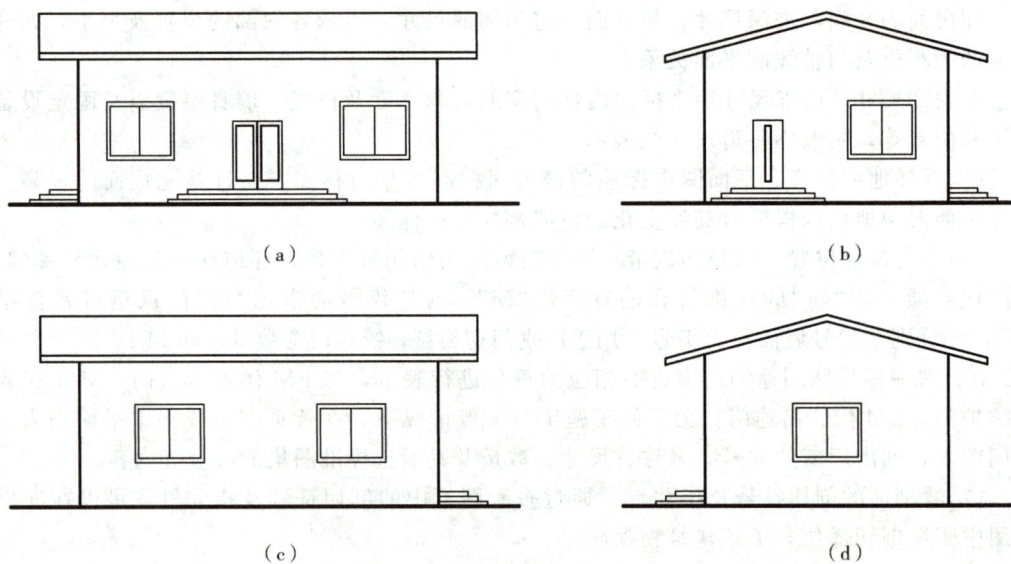

图 11-24 立面图

(a)南立面图；(b)西立面图；(c)北立面图；(d)东立面图

立面图主要反映房屋的体型，门窗形式，位置，长、宽、高尺寸和标高等，在该视图中，只画可见轮廓线，不画内部不可见的虚线。

(二)建筑立面图的基本内容

(1)画出室外地面线及房屋的勒脚、台阶、花池、门窗、雨篷、阳台、室外楼梯、墙柱、檐口、屋顶、落水管、墙面分格线等内容。

(2)标注外墙各主要部位的标高，如室外地面、台阶顶面、窗台、窗上口、阳台、雨篷、檐口、女儿墙顶、屋顶水箱间及楼梯间屋顶等的标高。

(3)标注建筑物两端的定位轴线及其编号。

(4)标注索引符号。

(5)用文字说明外墙面装修的材料及其做法。

(三)建筑立面图的阅读方法

(1)看图名和比例。了解是房屋哪一立面的投影,绘图比例是多少,以便与平面图对照阅读。

(2)看立面图中的标高尺寸,通常立面图中标注有室外地坪、出入口地面、勒脚、窗口、大门口及檐口等处的标高。

(3)看立面图两端的定位轴线及其编号。

(4)看房屋立面的外形,以及门窗、屋檐、台阶、阳台、烟囱、雨水管等的形状位置。

(5)看房屋外墙表面装修的做法和分格形式等,通常用指引线和文字来说明粉刷材料的类型、配合比和颜色等。

五、建筑剖面图

(一)建筑剖面图的表达方法

建筑剖面图是用一假想的竖直剖切平面,垂直于外墙将房屋剖开,移去剖切平面与观察者之间的部分作出剩下部分的正投影图,简称剖面图。因剖切位置不同,剖面图又分为横剖面图(如图 11-25 中的 2—2 剖面图)和纵剖面图(如图 11-25 中的 1—1 剖面图)。

剖面图的主要作用是表明建筑物内部在高度方面的情况,如屋顶的坡度、楼房的分层、房门和门窗各部分的高度、楼板的厚度等,同时,也可以表示出建筑物所采用的结构形式。

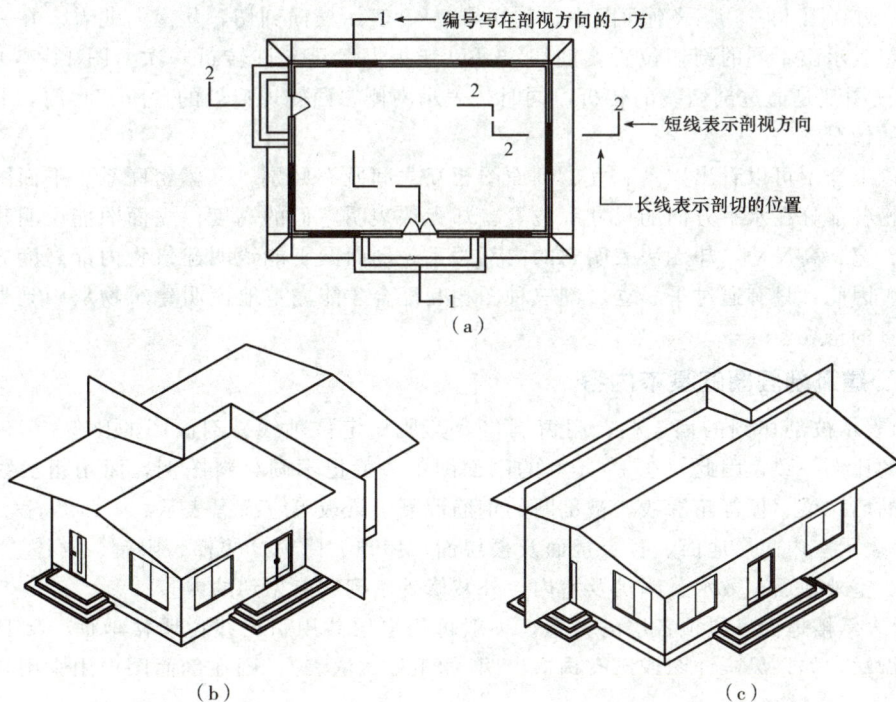

图 11-25 剖面图

(a)剖切位置示意;(b)沿 1—1 切开,由此得到 1—1 剖面图;

(c)沿 2—2 切开,由此得到 2—2 剖面图

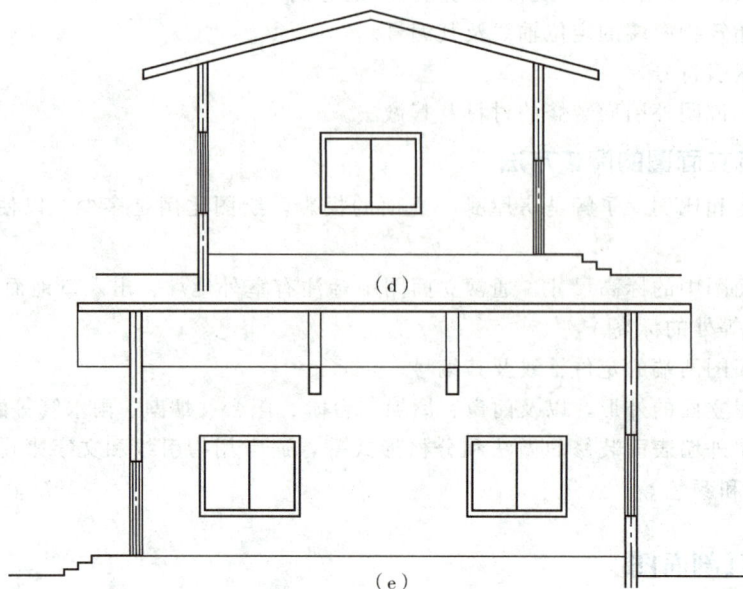

图 11-25　剖面图(续)

(d)1—1 剖面图；(e)2—2 剖面图

　　剖面图的位置一般选择建筑内部做法有代表性和空间变化比较复杂的部位。例如，图 11-25 中沿 2—2 切开得到 2—2 剖面图。2—2 剖面图有台阶、门和窗的部位。多层建筑一般选择在楼梯间。复杂的建筑则需要画出几个不同位置的剖面图。剖面的位置应在平面图上用剖切线标出。剖切线的长线表示剖切的位置，短线表示剖视方向，剖切位置的编号写在表示剖视方向的一方，图 11-25 所示剖面图中，剖切线 2—2 表示横向剖切，从南向北看。在一个剖面图中要想表示出不同的剖切位置，剖切线可以转折，但只允许转折一次。图 11-25 中 1—1、2—2 剖面图都是通过剖切线的转折，同时，表示南侧、西侧入口处的台阶、大门、北侧、东侧的窗的情况。

　　从以上介绍可以看出，平、立、剖面图相互之间既有区别，又紧密联系。平面图可以说明建筑物各部分在水平方向的尺寸和位置，却无法表明它们的高度。立面图能说明建筑物外形的长、宽、高尺寸，却无法表明它的内部关系。剖面图则能说明建筑物内部高度方向的布置情况。因此，只有通过平、立、剖三种图相互配合才能完整地说明建筑物从内到外、从水平到垂直的全貌。

(二)建筑剖面图的基本内容

　　(1)表示被剖切到的墙、柱、门窗洞口及其所属定位轴线。剖面图的比例应与平面图、立面图的比例一致，因此，在 1∶100 的剖面图中一般也不画材料图例，而用粗实线表示被剖切到的墙、梁、板等轮廓线，被剖断的钢筋混凝土梁板等应涂黑表示。

　　(2)表示室内底层地面、各层楼面及楼层面、屋顶、门窗、楼梯、阳台、雨篷、防潮层、踢脚板、室外地面、散水、明沟及室内、外装修等剖到或能见到的内容。

　　(3)表示楼地面、屋顶各层的构造。一般可用多层共用引出线说明楼地面、屋顶的构造层次和做法。如果另画详图或已有构造说明(如工程做法表)，则在剖面图中用索引符号引出说明。

(三)建筑剖面图的阅读方法

(1)看图名、轴线编号和绘图比例。与底层平面图对照,确定剖切平面的位置及投影方向,从中了解它所画出的是房屋哪一部分的投影。

(2)看房屋各部位的高度,如房屋总高、室外地坪、门窗顶、窗台、檐口等处标高,室内底层地面、各层楼面及楼梯平台面标高等。

(3)看房屋内部构造和结构形式,如各层梁板、楼梯、屋面的结构形式、位置及其与柱的相互关系等。

(4)看楼地面、屋面的构造。在剖面图中表示楼地面、屋面的构造时,通常用一引出线指着需说明的部位,并按其构造层次顺序地列出材料等说明。有时将这一内容放在墙身剖面详图中。

(5)看图中有关部位坡度的标注。如屋面、散水、排水沟与坡道等处,需要做成斜面时,都标有坡度符号,如"3%"等。

六、建筑详图

(一)建筑详图的表达方法

建筑平、立、剖面图是建筑施工图中最基本的图样,其反映了建筑物的全局,但由于其采用的比例比较小,因而某些建筑构配件(如门、窗、楼梯、阳台、各种装饰等)和某些建筑剖面节点(如檐口、窗台、明沟以及楼地面层和屋顶层等)的详细构造(包括式样、层次、做法、用料和详细尺寸等)都无法表达清楚。根据施工需要,必须另外绘制比例较大的图样平面图作为补充,这种图样称为建筑详图(包括建筑构配件详图和剖面节点详图)。大样图和平面图的比较如图 11-26 所示。

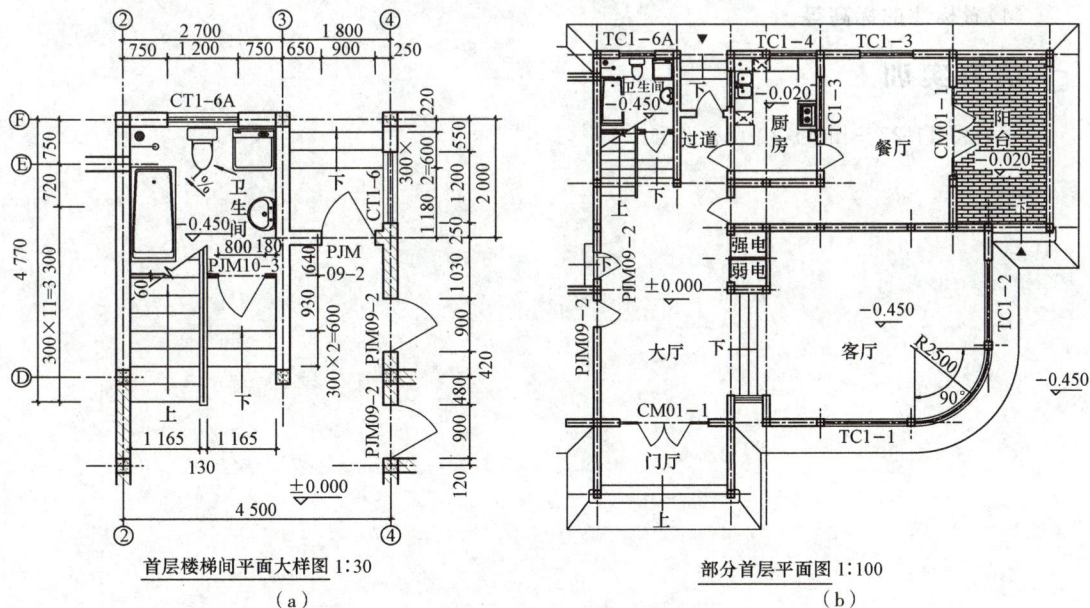

首层楼梯间平面大样图 1:30
(a)

部分首层平面图 1:100
(b)

图 11-26 大样图和平面图的比较
(a)大样图;(b)平面图

详图的数量及表示方法,应根据配构件的复杂程度而定,有时仅仅是平、立、剖中某个细部的放大，有时则需要画出其剖面或断面图，或需要多个视图或剖面（断面）图共同组成某一配构件的详图。详图必须注明详图符号、详图名称和比例，与被索引的图样上的索引符号对应，以方便对照阅读。

对于套用标准图或通用详图的建筑构配件和剖面节点，只要注明所套用图集的名称、编号或页次，就可不必再画详图。

(二)建筑详图的分类及特点

建筑详图分为局部构造详图和构配件详图。局部构造详图主要表示房屋某一局部构造的做法和材料的组成，如墙身详图、楼梯详图等。构配件详图主要表示构配件本身的构造，如门、窗、花格等的详图。

建筑详图具有以下特点：

(1)图形详：图形采用较大比例绘制，各部分结构应表达详细，层次清楚，但又要详细而不烦琐。

(2)数据详：各结构的尺寸要标注完整、齐全。

(3)文字详：无法用图形表达的内容采用文字说明，要详尽清楚。

详图的表达方法和数量，可根据房屋构造的复杂程度而定。有的只用一个剖面详图就能表达清楚（如墙身详图），而有的则需加平面详图（如楼梯间、卫生间详图），或用立面详图（如门、窗详图）表达。

(三)建筑详图的阅读方法

(1)看详图的名称、比例、定位轴线及其编号。

(2)看建筑构配件的形状及与其他构配件的详细构造、层次有关的详细尺寸和材料图例等。

(3)看各部位和各层次的用料、做法、颜色及施工要求等。

(4)看标注的标高等。

仿真实训

绘制图 11-27～图 11-30 所示图纸。

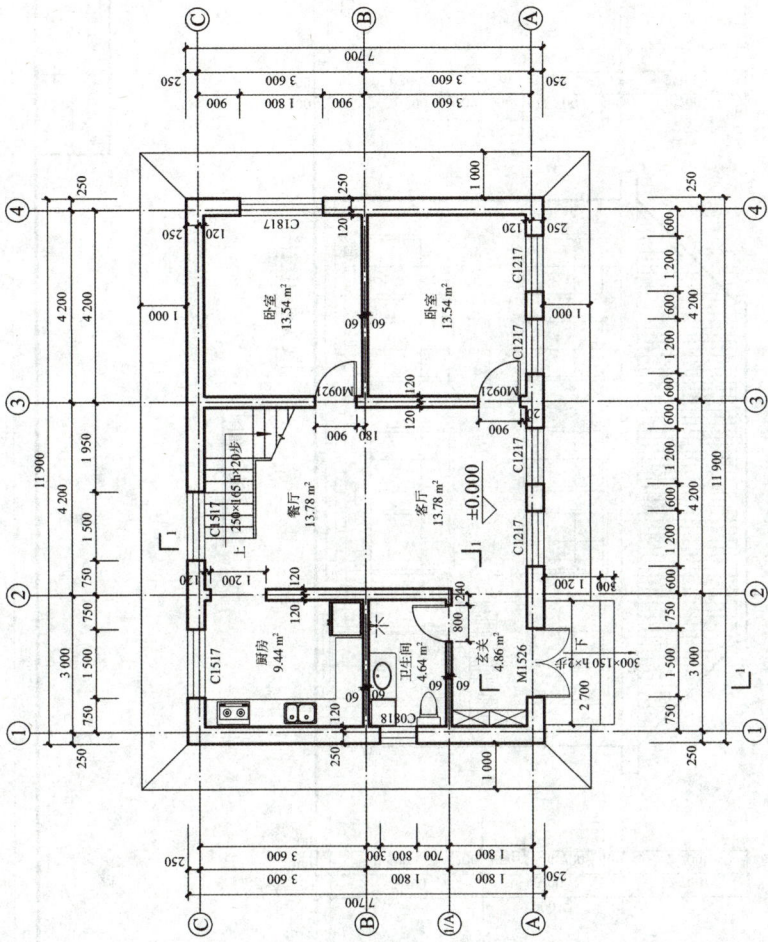

首层平面图 1:50

图 11-27 首层平面图

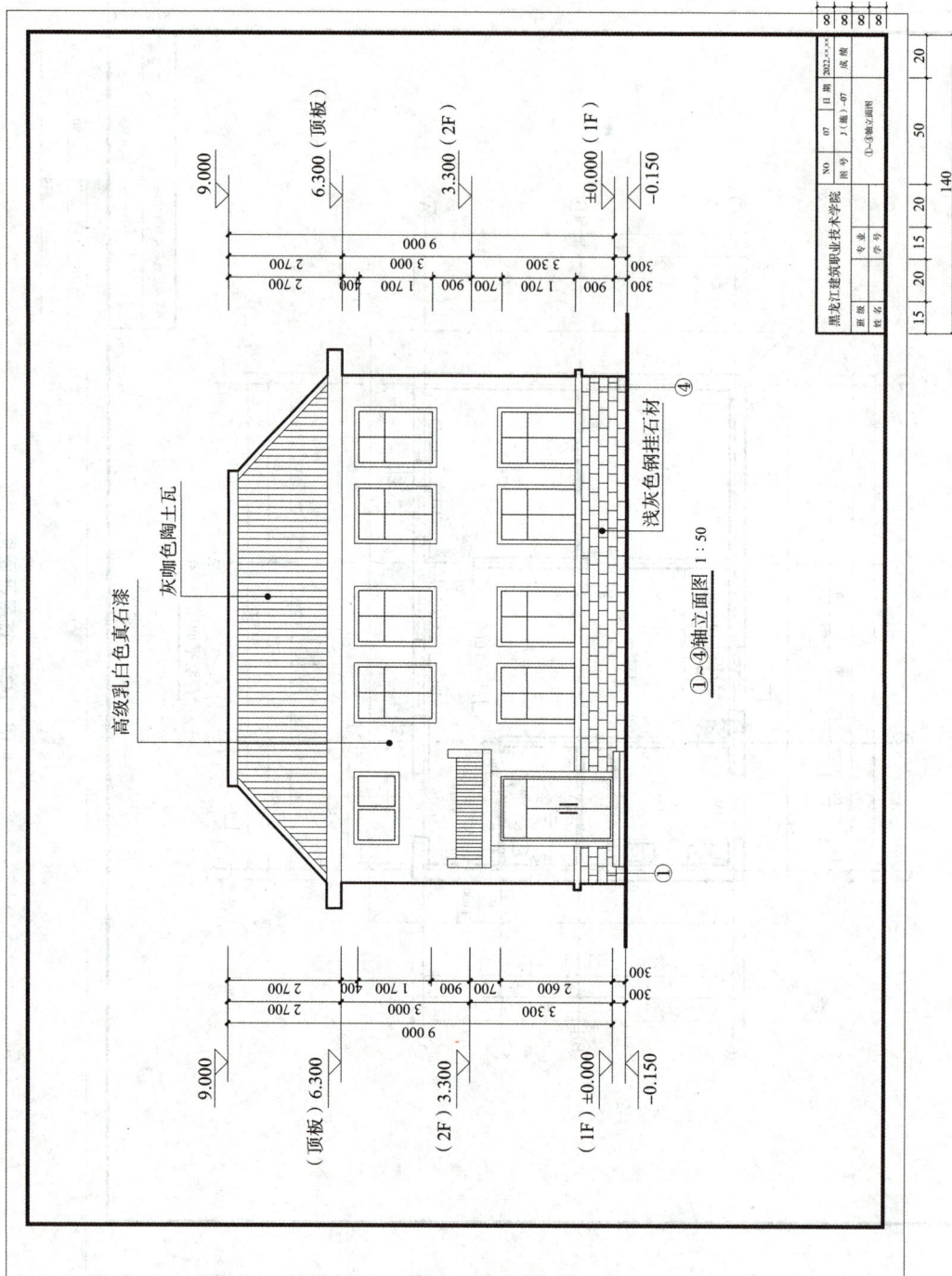

图 11-28 ①～④轴立面图

①～④轴立面图 1:50

高级乳白色真石漆

灰咖色陶土瓦

浅灰色钢挂石材

9.000

6.300（顶板）

3.300（2F）

±0.000（1F）

-0.150

黑龙江建筑职业技术学院

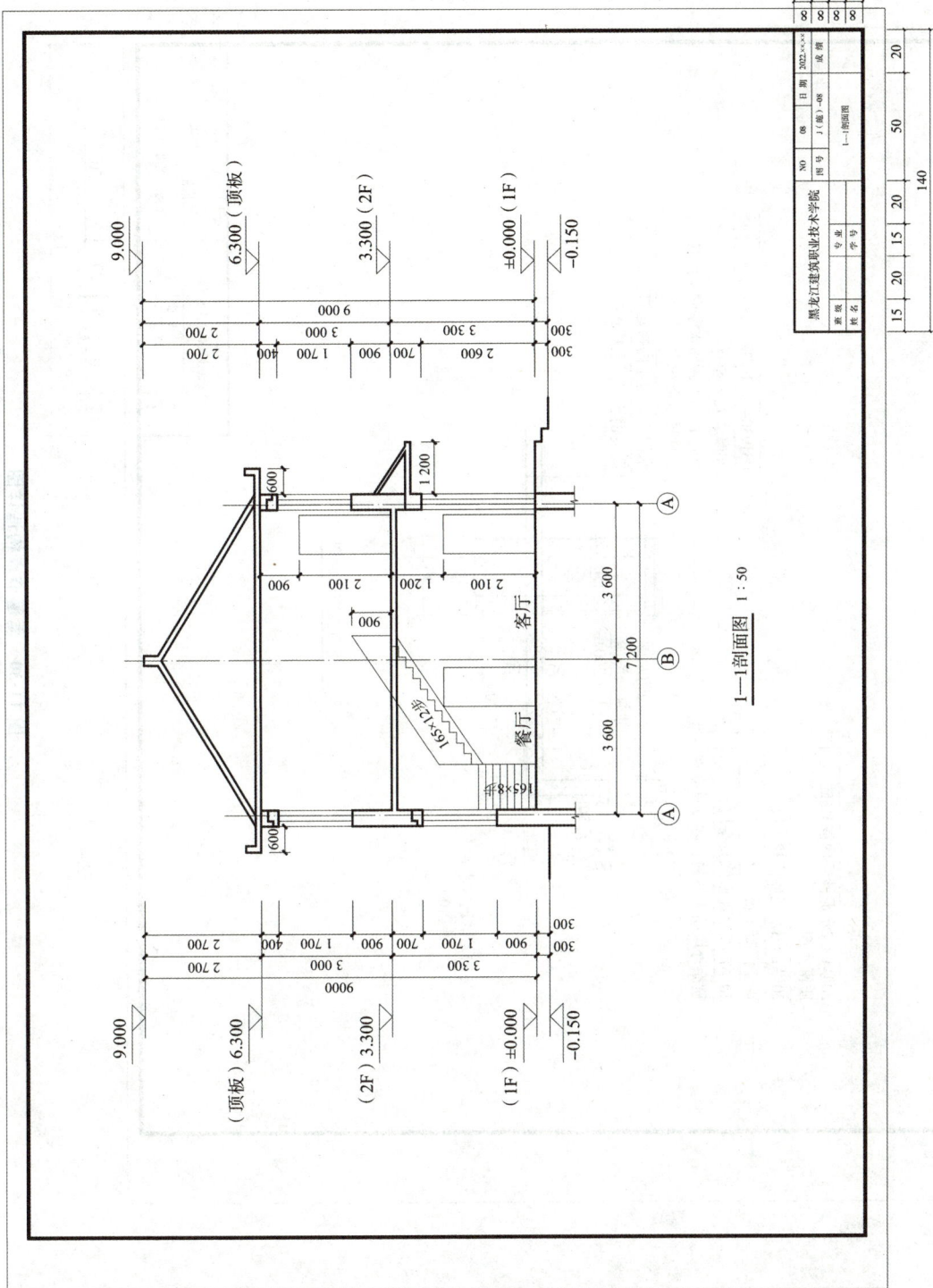

1—1剖面图 1:50

图 11-29 1—1 剖面图

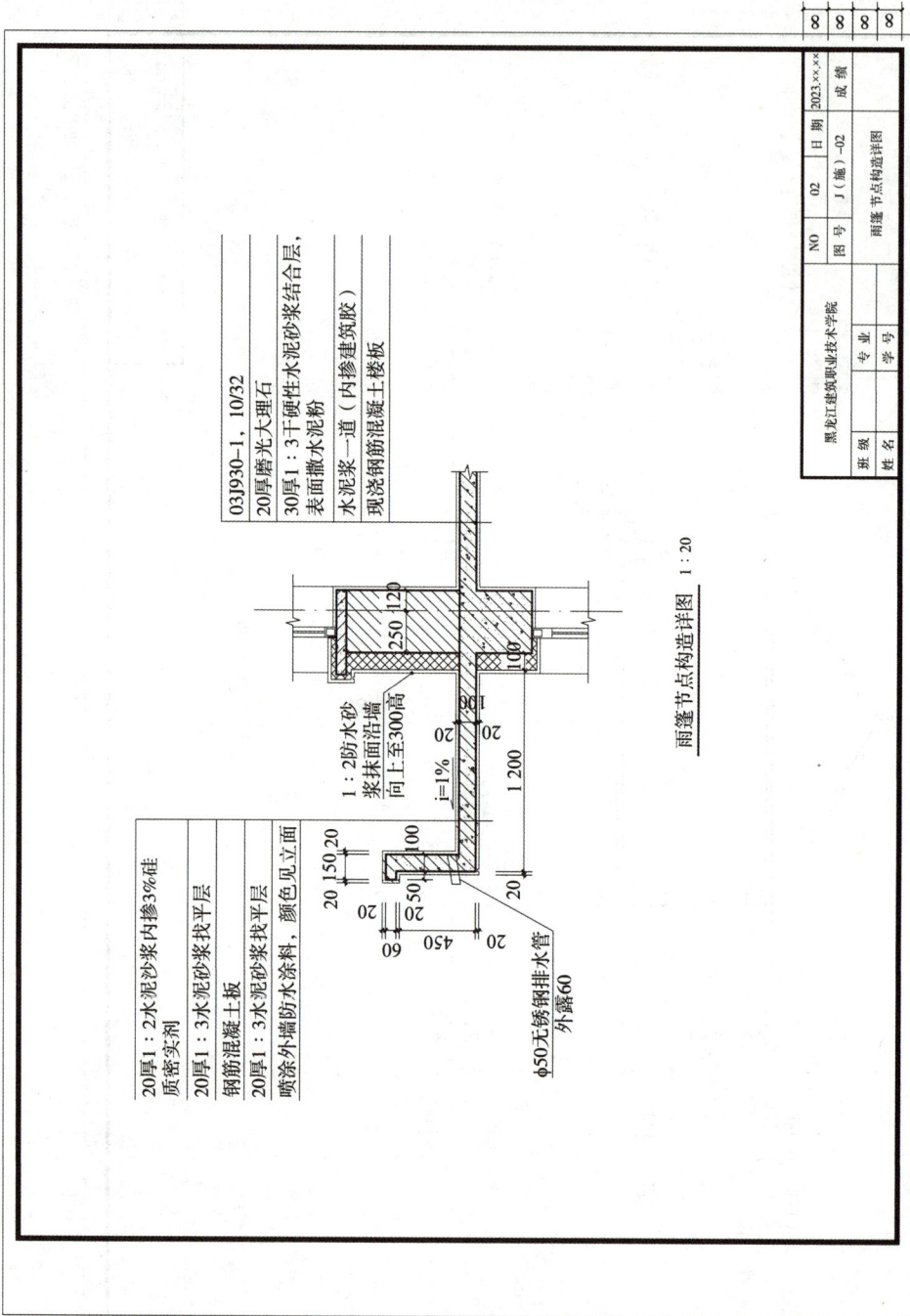

雨篷节点构造详图 1:20

20厚1:2水泥砂浆内掺3%硅质密实剂
20厚1:3水泥砂浆找平层
钢筋混凝土板
20厚1:3水泥砂浆找平层
喷涂外墙防水涂料，颜色见立面

Φ50无锈钢排水管外露60

1:2防水砂浆抹面沿墙向上至300高

03J930—1, 10/32
20厚磨光大理石
30厚1:3干硬性水泥砂浆结合层，表面撒水泥粉
水泥浆一道（内掺建筑胶）
现浇钢筋混凝土楼板

黑龙江建筑职业技术学院	NO	02	2023.xx.xx 成 绩
	图号	J（施）—02	日 期
专业	雨篷节点构造详图		
班级	学号		
姓名			

图 11-30 雨篷节点构造详图

技能测试

一、选择题

1. 下列关于轴线设置的说法不正确的是（　　）。

　　A. 拉丁字母的 I、O、Z 不得用作轴线编号

　　B. 当字母数量不够时可增用双子母加数字注脚

　　C. 1 号轴线之前的附加轴线的分母应以 01 表示

　　D. 通用详图中的定位轴线应注写轴线编号

2. 有一图纸量得某线段长度为 5.34 cm，当图纸比例为 1∶30 时，该线段实际长度是（　　）m。

　　A. 160.2　　　　　B. 17.8　　　　　C. 1.062　　　　　D. 16.02

3. 总平面图中用的风玫瑰图中所画的实线表示（　　）。

　　A. 常年所剖主导风风向　　　　　B. 夏季所剖主导风风向

　　C. 一年所剖主导风风向　　　　　D. 春季所剖主导风风向

4. 与建筑物长度方向一致的墙，叫作（　　）。

　　A. 纵墙　　　　　B. 横墙　　　　　C. 山墙　　　　　D. 内墙

5. 建筑物的层高是指（　　）。

　　A. 相邻上下两层楼面间高差

　　B. 相邻两层楼面高差减去楼板厚

　　C. 室内地坪减去室外地坪高差

　　D. 室外地坪到屋顶的高度

6. 若一栋建筑物水平方向定位轴线为①～⑪，竖直方向定位轴线为 Ⓐ～Ⓔ，朝向是坐北朝南，则立面图Ⓔ～Ⓐ轴应为（　　）。

　　A. 西立面图　　　B. 东立面图　　　C. 南立面图　　　D. 北立面图

7. 楼梯详图的图纸包括（　　）。

　　A. 平、剖面图、详图

　　B. 平、剖面图

　　C. 平、立面图、详图　　　D. 详图

8. 楼梯平面图中标明的"上"或"下"的长箭头（　　）为起点。

　　A. 都以室内首层地坪

　　B. 都以室外地坪

　　C. 都以该层楼地面

　　D. 都以该层休息平台

9. 施工图中标注的相对标高零点±0.000 是指（　　）。

　　A. 青岛附近黄海平均海平面

　　B. 建筑物室外地坪

　　C. 该建筑物室内首层地面

　　D. 建筑物室外平台

10. 计算室内使用面积的依据是（　　）。

　　A. 轴线到轴线间尺寸　　　　　B. 墙内皮到墙内皮

　　C. 墙外皮到墙外皮　　　　　D. 开间乘以进深

1. 识读图 11-31 所示宿舍平面图，回答下列问题。

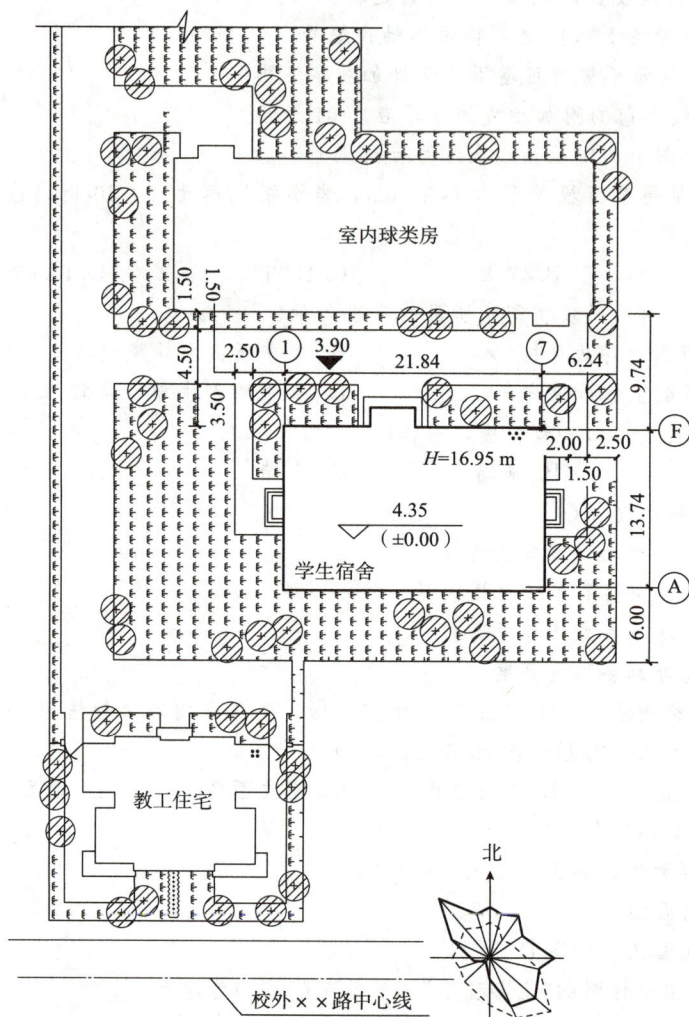

室内球类房

学生宿舍

教工住宅

北

校外××路中心线

总平面图　1∶500

图 11-31　宿舍平面图

(1)学生宿舍总平面图中，拟建建筑是＿＿＿＿＿＿＿，原有建筑是＿＿＿＿＿＿＿＿。

(2)学生宿舍总平面图的绘图比例为＿＿＿＿＿＿，该图是依据＿＿＿＿＿＿(GB/T 50103—2010)中规定的图例和图线绘制的。

(3)建筑总平面图中尺寸的单位为＿＿＿＿，学生宿舍为＿＿＿＿层，教工住宅为＿＿＿＿层，室内球类房位于学生宿舍的＿＿＿＿侧，教工住宅位于学生宿舍的＿＿＿＿侧。

(4)3.90表示＿＿＿＿(绝对、相对)标高。＿＿＿＿＿＿标高是以青岛附近的黄海平均海平面为基准的。

(5)学生宿舍室内外地坪的标高分别为＿＿＿＿＿ m 和＿＿＿＿＿ m，该建筑的总高＿＿＿ m，东侧道路宽度为＿＿＿＿ m，北侧道路宽度为＿＿＿＿ m，Ⓐ轴线距围墙＿＿＿＿ m。

(6)学生宿舍的总长为＿＿＿＿＿ m，总宽为＿＿＿＿＿ m，该地区全年最大风向为＿＿＿＿＿风。

(7)从学生宿舍总平面图中可以看出，建筑物四周的绿化树木为＿＿＿＿＿＿。

2. 识读某学校学生宿舍楼的底层平面图(图 11-32)，回答下列问题。

(1)假想用一个水平剖切平面沿＿＿＿＿＿＿＿位置剖开房屋，移去剖切平面及其上面部分，将剩余部分向水平面作正投影，所得到的投影图称为建筑平面图，简称＿＿＿＿＿＿＿。

(2)有些建筑的二层至顶层之间的楼层，其构造、布置情况基本相同，此时可只画一个平面图，这个平面图称为＿＿＿＿＿＿＿＿＿＿，多层建筑的平面图一般由＿＿＿＿＿＿平面图、＿＿＿＿＿＿平面图、＿＿＿＿＿＿平面图、＿＿＿＿＿＿平面图和＿＿＿＿＿平面图组成。

(3)底层平面图的总长为＿＿＿＿＿ m，总宽为＿＿＿＿＿ m；横向定位轴线有＿＿＿条，纵向定位轴线有＿＿＿＿条；底层共有＿＿＿＿间寝室，寝室开同为＿＿＿＿ m，进深为＿＿＿＿＿ m。

(4)底层平面图中共有＿＿＿＿根雨水管，共有＿＿＿＿种门，＿＿＿＿种窗，盥洗间比客厅地面低＿＿＿＿ m。

(5)底层平面图所示建筑的南、北墙处的散水宽度为＿＿＿＿＿ mm，东、西墙处的散水宽度为＿＿＿＿＿ mm。

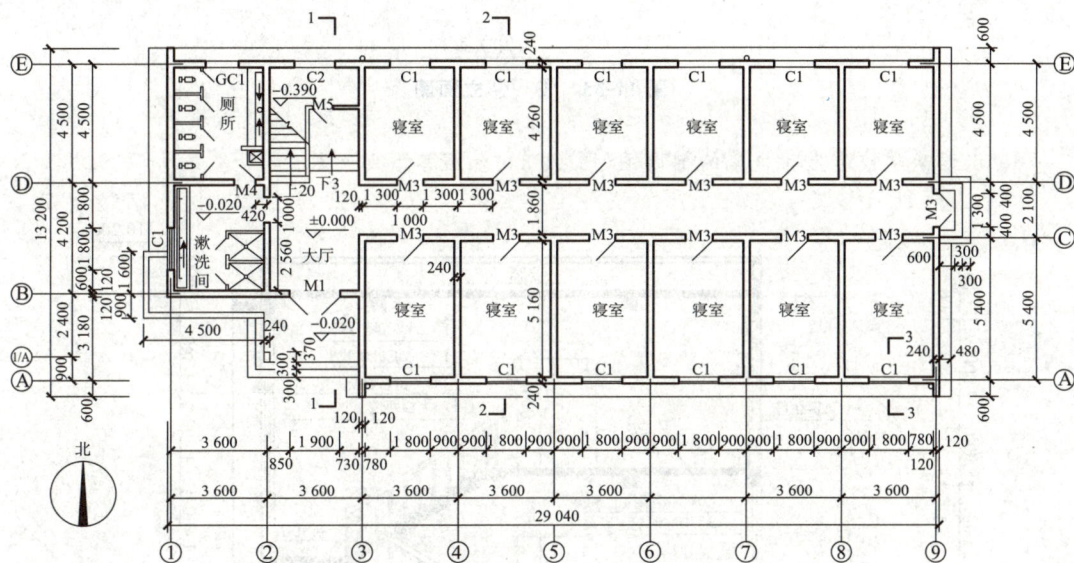

图 11-32　底层平面图

3. 识读某学校学生宿舍楼的立面图(图 11-33)，回答下列问题。

(1)对建筑各个立面所作的＿＿＿＿＿＿＿，称为建筑立面图，简称＿＿＿＿＿＿。

(2)＿＿＿＿＿＿＿图是建筑物外墙面造型、外墙面装修、工程预决算、备料等的主要依据。

(3)建筑立面图有 3 种命名方法，即根据＿＿＿＿＿＿＿命名、根据建筑＿＿＿＿＿＿＿命名、根据＿＿＿＿＿＿命名。

(4)对照学生宿舍楼的平面图可知，①～⑨立面图反映了这幢学生宿舍的＿＿＿(东、南、西、北)墙面的构造情况，轴线与东墙面的距离为＿＿＿＿＿ mm；该立面图中，门的宽度为

_____ mm，窗的宽度为 _____ mm。

（5）①~⑨立面图所表达的建筑墙面总长（两端外墙之间的距离）为 _____ mm，总高（室外地坪至女儿墙压顶的顶边之间的距离）为 _____ mm。底层平台距离底层地面 _____ m。

（6）立面图中反映了外墙的装修材料和颜色：墙面用 _____ 刷面，遮阳和窗台用 _____ 刷面，勒脚用 _____ 刷面，勒脚为 _____ 高。

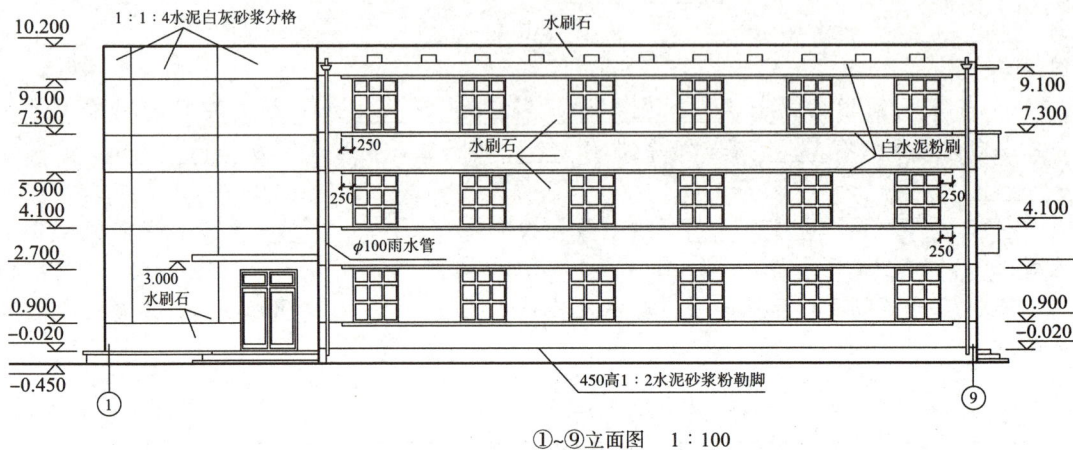

①~⑨立面图　1：100

图 11-33　①~⑨立面图

4．识读某学校学生宿舍楼的剖面图（图 11-34），回答下列问题。

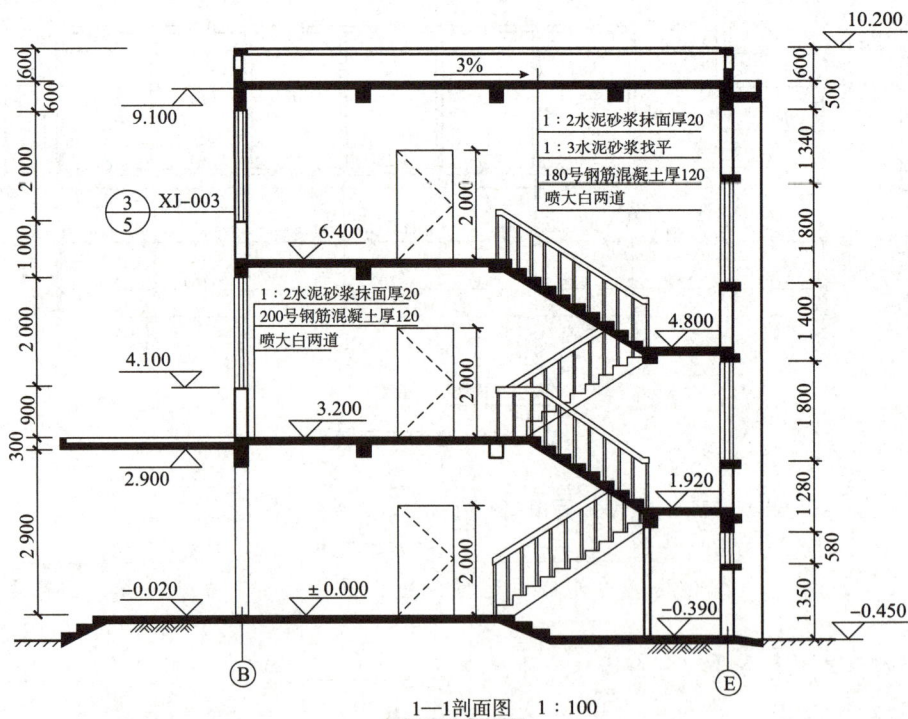

1—1剖面图　1：100

图 11-34　某学校学生宿舍楼剖面图

(1)_____图用以表示建筑内部垂直方向上楼层的分层情况、建筑内部的结构构造，以及各层楼地面、屋顶等的构造、相关尺寸、标高等内容。

(2)剖面图中的门、窗等构件一般采用《_____》（GB 50104—2010）中规定的图例来表示。

(3)被剖切到的墙、梁、楼面、屋面、楼梯等的轮廓线用_____线表示，被剖切到的钢筋混凝土梁和板一般需_____表示，没有剖切到的可见轮廓线用_____线表示；门窗分格线、雨水管、图例线等，均用_____线表示。

(4)该学生宿舍楼剖面图是采用过底层_____和_____的铅垂平面将建筑剖切后形成的，主要用于表达_____、_____、_____等垂直方向上的构造情况。

(5)该学生宿舍楼的层高_____m，女儿墙高度为_____m，该建筑为_____。以室外地坪面为基准，该建筑的总高为_____m。

5.参照底层楼梯平面图（图11-35），补画二层楼梯平面图，并回答下列问题。

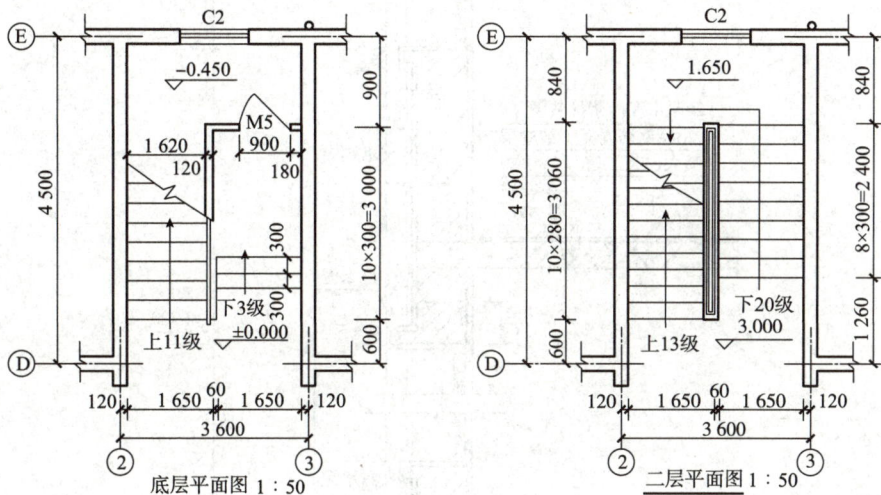

图11-35 某学校学生宿舍楼

(1)楼梯详图包括_____、_____和_____详图，各详图应尽可能画在同一张图样上。

(2)楼梯由楼梯段、休息平台、栏杆和扶手组成，_____由多个踏步组成，踏步又由_____面和_____面组成。踏步的平行面称为_____，垂直面称为_____。梯段的"级数"，一般指_____数，也就是一个段中的踢面总数，它也是楼梯平面图中一个梯段的投影中实际存在的平行线条的总数。

(3)判断补画的二层楼梯平面图中的楼梯踏步是否正确，并参照楼梯剖面图注写楼梯休息平台的标高。

6.识读某学校学生宿舍楼的外墙身剖面详图（图11-36），回答下列问题。

(1)外墙身详图也称_____，实际上是_____图中外墙身的局部放大图，主要表达外墙与_____、_____和_____的构造连接情况，以及檐口、门窗顶、窗台、勒脚、防潮层、散水、明沟的尺寸、材料、做法等。

(2)由该外墙身详图中可以看出，楼板层地面是在_____厚钢筋混凝土结构层上涂抹_____厚水泥砂浆抹灰层，钢筋混凝土楼板的底面（即下层楼的顶棚）构造作法为_____。

（3）该建筑外墙用_____饰面，窗台用_____饰面。

（4）该学生宿舍楼一层地面的作法为_____。

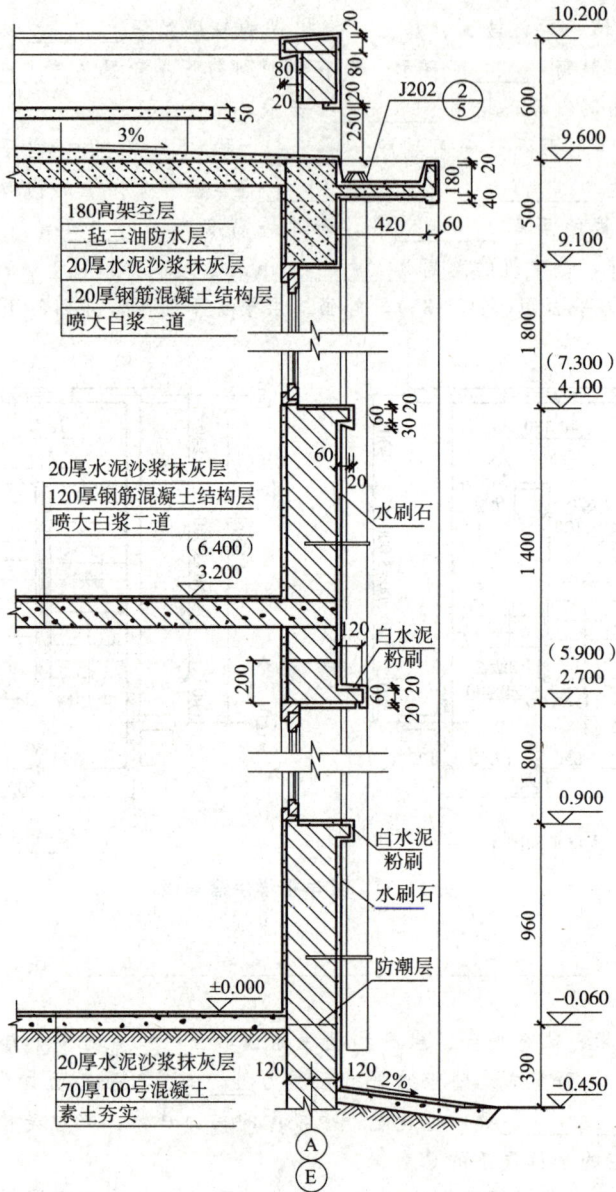

图 11-36 某学校学生宿舍楼外墙身剖面详图

课前认知

建筑物的设计除要满足使用功能、美观、防火等要求外，还应按照建筑各方面的要求进行力学与结构计算，用结构施工图来决定建筑承重构件(如基础、梁、板、柱等)的布置、形状、尺寸和详细设计的构造要求，并将其结果绘制成图样，用以指导施工。课前了解结构施工图的内容。

理论学习

一、结构施工图的内容

结构施工图的内容主要包括结构设计说明、结构布置平面图和构件详图三部分，现分述如下。

(一)结构设计说明

结构设计说明主要用于说明结构设计依据、对材料质量及构件的要求、有关地基的概况及施工要求等。

(二)结构布置平面图

结构布置平面图与建筑平面图相同，属于全局性的图纸，通常包括基础平面图、楼层结构平面布置图、屋顶结构平面布置图。

(三)构件详图

构件详图属于局部性的图纸，表示构件的形状、大小，所用材料的强度等级和制作安装等。其主要内容包括基础详图，梁、板、柱等构件详图，楼梯结构详图以及其他构件详图等。

二、结构施工图的比例

结构施工图的比例是根据图样的用途、被绘物体的复杂程度进行选取的，一般选用表11-2中的常用比例，特殊情况下也可选用可用比例。

表 11-2　常用比例

图名	常用比例	可用比例
结构平面图 基础平面图	1：50、1：100、1：150	1：60、1：200
圈梁平面图，总图中管沟、地下设施等	1：200、1：500	1：300
详图	1：10、1：20、1：50	1：5、1：30、1：25

三、钢筋混凝土结构图

钢筋混凝土在建筑工程中是一种应用极为广泛的建筑材料，它由力学性能完全不同的钢筋和混凝土两种材料组合而成。

(一)钢筋

1. 钢筋的作用及标注方法

配置在钢筋混凝土结构构件中的钢筋，其作用及标注方法如下：

(1)受力筋。受力筋是指承受构件内拉、压应力的钢筋。其配置根据受力情况通过计算确定，且应满足构造要求。在梁、柱中的受力筋也称为纵向受力筋，在标注时应说明其数量、品种和直径，如"4Φ20"，表示配置 4 根 HPB300 级钢筋，直径为 20 mm。

在板中的受力筋，标注时应说明其品种、直径和间距，如"Φ10@100"（@是相等中心距符号），表示配置 HPB300 级钢筋，直径为 10 mm，间距为 100 mm。

(2)架立筋。架立筋一般设置在梁的受压区，与纵向受力钢筋平行，用于固定梁内钢筋的位置，并与受力筋形成钢筋骨架。架立筋是按构造配置的，其标注方法同梁内受力筋。

(3)箍筋。箍筋用于承受梁、柱中的剪力、扭矩，固定纵向受力钢筋的位置等。标注箍筋时，应说明箍筋的级别、直径、间距，如 Φ10@100。

(4)分布筋。分布筋用于单向板、剪力墙中。

单向板中的分布筋与受力筋垂直。其作用是将承受的荷载均匀地传递给受力筋，并固定受力筋的位置以及抵抗热胀冷缩所引起的温度变形。其标注方法同板中受力筋。在剪力墙中布置的水平和竖向分布筋，除上述作用外，还可参与承受外荷载，其标注方法同板中受力筋。

(5)构造筋。构造筋是指因构造要求及施工安装需要而配置的钢筋，如腰筋、吊筋、拉结筋等。其标注方法同板中受力筋。

2. 钢筋的表示方法

了解钢筋混凝土构件中钢筋的配置非常重要。在结构图中通常用粗实线表示钢筋。一般钢筋的表示方法见表 11-3。钢筋在结构构件中的画法见表 11-4。

表 11-3　一般钢筋的表示方法

序号	名称	图例	说明	序号	名称	图例	说明
1	钢筋横断面			6	无弯钩的钢筋搭接		
2	无弯钩的钢筋端部		下图表示长、短钢筋投影重叠时，短钢筋的端部用 45° 斜画线表示	7	带半圆形弯钩的钢筋搭接		
3	带半圆形弯钩的钢筋端部			8	带直钩的钢筋搭接		
4	带直钩的钢筋端部			9	花篮螺栓钢筋接头		
5	带丝扣的钢筋端部			10	机械连接的钢筋接头		用文字说明机械连接的方式（冷挤压或锥螺纹等）

表 11-4 钢筋的画法

序号	说明	图例
1	在结构平面图中配置双层钢筋时，底层钢筋的弯钩应向上或向左，顶层钢筋的弯钩则向下或向右	 （底层）　　（顶层）
2	当钢筋混凝土墙体配双层钢筋时，在配筋立面图中，远面钢筋的弯钩应向上或向左，而近面钢筋的弯钩向下或向右(JM为近面；YM为远面)	
3	若在断面图中不能表达清楚钢筋的布置，应在断面图外增加钢筋大样图(钢筋混凝土墙、楼梯等)	
4	图中表示的箍筋、环筋等若布置复杂时，可加画钢筋大样图(如钢筋混凝土墙、楼梯等)	

3. 弯钩的表示方法

为了增强钢筋与混凝土的粘结力，表面光圆的钢筋两端需要做弯钩。弯钩的形式及表示方法如图 11-37 所示。

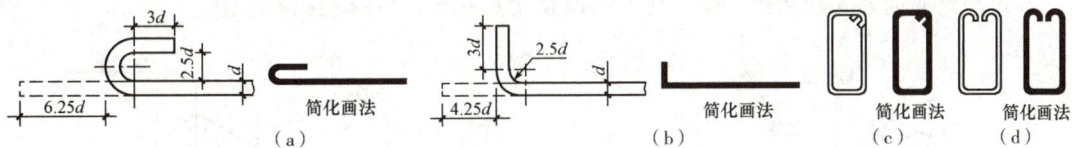

图 11-37　钢筋的弯钩
(a)半圆弯钩；(b)直角弯钩；(c)封闭式；(d)开口式

(二)钢筋混凝土构件

1. 构件的形成

用钢筋混凝土制成的梁、板、柱、基础等称为钢筋混凝土构件。混凝土是由水泥、砂子、石子和水按一定比例拌和而成的。凝固后的混凝土如同天然石材，具有较高的抗压强度，但抗拉强度却很低，容易因受拉而断裂。而钢筋的抗压、抗拉强度都很高，但价格昂贵且易腐蚀。为了解决混凝土受拉易断裂的矛盾，充分利用混凝土的受压能力，可在混凝土构件的受拉区域内加入一定数量的钢筋，使混凝土和钢筋结合成一个整体，共同发挥作用。

2. 常用构件的代号

房屋结构的基本构件很多，布置也很复杂，为使图面清晰，以及把不同的构件表示清楚，《建筑结构制图标准》(GB/T 50105—2010)规定构件的名称应用代号来表示。常用构件的代号见表 11-5。代号后应用阿拉伯数字标注该构件的型号或编号，也可标注构件的顺序号。构件的顺序号采用不带角标的阿拉伯数字连续编排，代号用构件名称的汉语拼音中的第一个字母表示。

表 11-5 常用构件代号

序号	名称	代号	序号	名称	代号	序号	名称	代号
1	板	B	15	吊车梁	DL	29	基础	J
2	屋面板	WB	16	圈梁	QL	30	设备基础	SJ
3	空心板	KB	17	过梁	GL	31	桩	ZH
4	槽形板	CB	18	连系梁	LL	32	柱间支撑	ZC
5	折板	ZB	19	基础梁	JL	33	水平支撑	SC
6	密肋板	MB	20	楼梯梁	TL	34	垂直支撑	CC
7	楼梯板	TB	21	檩条	LT	35	梯	T
8	盖板或沟盖板	GB	22	屋架	WJ	36	雨篷	YP
9	挡雨板或檐口板	YB	23	托架	TJ	37	阳台	YT
10	起重机安全走道板	DB	24	天窗架	CJ	38	梁垫	LD
11	墙板	QB	25	框架	KJ	39	预埋件	M
12	天沟板	TGB	26	钢架	GJ	40	天窗端壁	TD
13	梁	L	27	支架	ZJ	41	钢筋网	W
14	屋面梁	WL	28	柱	Z	42	钢筋骨架	G

注：预应力钢筋混凝土构件代号，应在构件代号前加注"Y—"，例如"Y—KB"表示预应力混凝土空心板。

3. 钢筋混凝土构件配筋

各种钢筋的形式和在梁、板、柱中的位置及其形状，如图 11-38 所示。

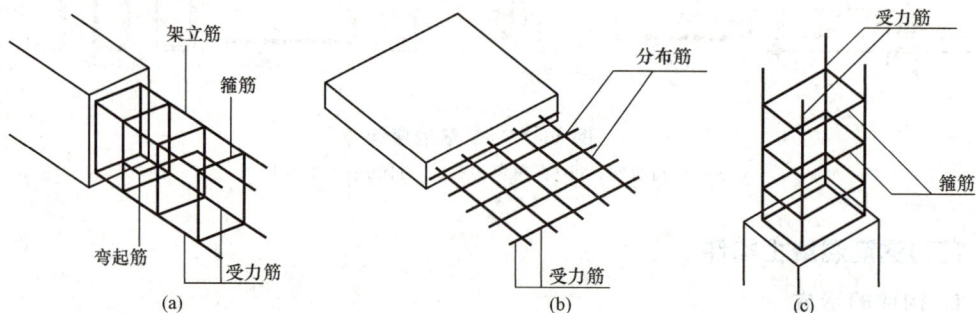

图 11-38 钢筋混凝土梁、板、柱配筋示意
(a)梁；(b)板；(c)柱

4. 钢筋混凝土构件图

钢筋混凝土构件图是加工制作钢筋、浇筑混凝土的依据，其内容包括模板图、配筋图和钢筋表等。

（1）模板图。模板图是为浇筑构件的混凝土绘制的，主要表达构件的外形尺寸、预埋件的位置、预留孔洞的大小和位置。对于外形简单的构件，一般不必单独绘制模板图，只需在配筋图中把构件的尺寸标注清楚即可。对于外形较复杂或预埋件较多的构件，一般要单独画出模板图。

模板图的图示方法就是按构件的外形绘制的视图，外形轮廓线用中粗实线绘制，如图 11-39 所示。

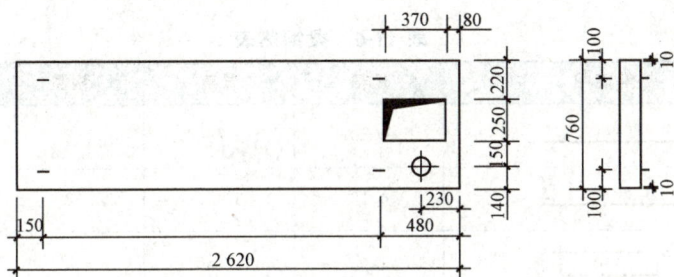

图 11-39 模板图

（2）配筋图。配筋图是指钢筋混凝土构件（结构）中的钢筋配置图，主要表示构件内部所配置钢筋的形状、大小、数量、级别和排放位置。配筋图又可分为立面图、断面图和钢筋详图。

1）立面图。立面图是假定构件为一透明体而画出的一个纵向正投影图，主要表示构件中钢筋的立面形状和上下排列位置。通常构件外形轮廓用细实线表示，钢筋用粗实线表示，如图 11-40（a）所示。当钢筋的类型、直径、间距均相同时，可只画出其中的一部分，其余可省略不画。

2）断面图。断面图是构件横向剖切投影图。它主要表示钢筋的上下和前后的排列、箍筋的形状等内容。凡构件的断面形状及钢筋的数量、位置有变化之处，均应画出其断面图。断面图的轮廓为细实线，钢筋横断面用黑点表示，如图 11-40（b）所示。

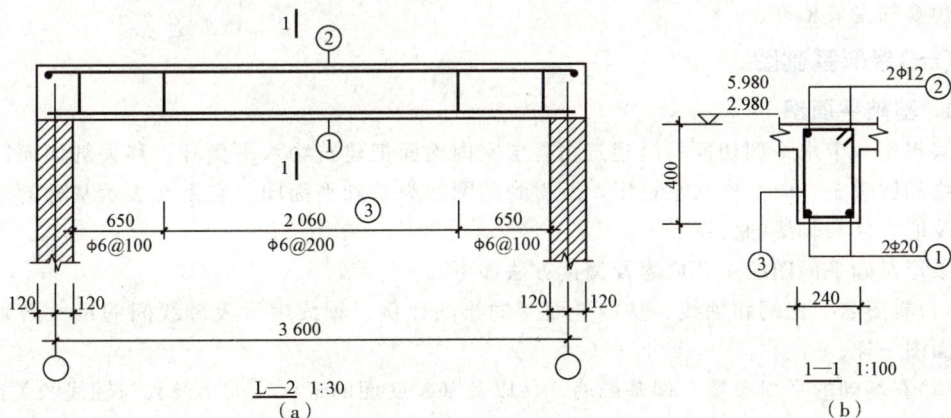

图 11-40 钢筋简支梁配筋图

263

3) 钢筋详图。钢筋详图是按规定的图例画出的一种示意图。它主要表示钢筋的形状，以便于钢筋下料和加工成型。同一编号的钢筋只画一根，并标注钢筋的编号、数量(或间距)、等级、直径及各段的长度和总尺寸。

为了区分钢筋的等级、形状、大小，应将钢筋予以编号。钢筋编号用阿拉伯数字注写在直径为 6 mm 的细实线圆圈内，并用引出线指到对应的钢筋部位。同时，在引出线的水平线段上注出钢筋标注内容。

(3)钢筋表。为便于编制施工预算和统计用料，在配筋图中还应列出钢筋表，表11-6 为某钢筋混凝土简支梁钢筋表。表内应注明构件代号、构件数量、钢筋编号、钢筋简图、直径、长度、数量、总数量、总长和质(重)量等。对于比较简单的构件，可不画钢筋详图，只列钢筋表。

表 11-6　梁钢筋表

编号	钢筋简图	规格	长度	根数	质(重)量
①	3 790	Φ20	3 790	2	
②	3 790	Φ12	3 950	2	
③	190　350	Φ6	1 180	23	
总质量					
注：此表应与图 11-39 所示钢筋混凝土简支梁配筋图结合阅读					

5. 钢筋的保护层

为了防止构件中的钢筋被锈蚀，加强钢筋与混凝土的粘结力，构件中的钢筋不允许外露，构件表面到钢筋外缘必须有一定厚度的混凝土，这层混凝土称为钢筋的保护层。保护层的厚度因构件不同而异，根据《混凝土结构设计标准(2024 年版)》(GB/T 50010—2010)的规定，一般情况下，梁和柱的保护层的厚度为 25 mm，板的保护层的厚度为 10~15 mm。

四、基础结构施工图识读

基础结构施工图通常包括基础平面图和基础详图，是用来表示房屋地面以下基础部分的平面布置和详细构造的图样。它是进行施工放线、基槽开挖和砌筑的主要依据，也是施工组织和预算的主要依据。

(一)条形基础图

1. 基础平面图

假想用一个水平剖切面，沿建筑物首层室内地面把建筑物水平剖开，移去剖切面以上的建筑物和回填土，向下作水平投影，所得到的图称为基础平面图。它主要表示基础的平面布置以及墙、柱与轴线的关系。

条形基础平面图的主要内容及阅读方法如下：

(1)看图名、比例和轴线。基础平面图的绘图比例、轴线编号及轴线间的尺寸必须同建筑平面图一样。

(2)看基础的平面布置，即基础墙、柱以及基础底面的形状、大小及其与轴线的关系。

(3)看基础梁的位置和代号。主要了解基础的哪些部位有梁，根据代号可以统计梁的种类、数量和查阅梁的详图。

(4)看地沟与孔洞。由于给水排水的要求，常常设置地沟或在地面以下的基础墙上预留孔洞。在基础平面图中用虚线表示地沟或孔洞的位置，并注明大小及洞底的标高。

(5)看基础平面图中的剖切符号及其编号。在不同的位置，基础的形状、尺寸、埋置深度及其与轴线的相对位置不同，需要分别画出它们的断面图（基础详图）。在基础平面图中要相应地画出剖切符号，并注明断面图的编号。

2. 基础详图

条形基础详图就是先假想用剖切平面垂直剖切基础，用较大比例画出的断面图，它用于表示基础的断面形状、尺寸、材料、构造及基础埋置深度等内容。其阅读方法和步骤如下：

(1)看图名、比例。基础详图的图名常用1—1、2—2断面或基础代号表示。基础详图比例常用1：20。读图时先用基础详图的名字（1—1、2—2等），对照基础平面图的位置，了解其是哪一条基础上的断面图。

(2)看基础断面的形状、大小、材料及配筋。断面图中（除配筋部分），要画上材料图例表示。

(3)看基础断面图的各部分详细尺寸和室内外地面、基础底面的标高。基础断面图中的详细尺寸包括基础底部的宽度及其与轴线的关系、基础的深度及大放脚的尺寸。

(二)独立基础图

1. 基础平面图

独立基础图是由基础平面图和基础详图两部分组成的。独立基础平面图不但要表示出基础的平面形状，而且要标明各独立基础的相对位置。对不同类型的单独基础要分别编号。

某厂房的钢筋混凝土杯形基础平面图如图11-41所示，图中的"□"表示独立基础的外轮廓线，框中的"I"是矩形钢筋混凝土柱的断面，基础沿定位轴线分布，其编号为J—1、J—2及J—1a，其中J—2有10个，布置在②~⑥轴线之间并分前后两排；J—1共4个，布置在①和⑦轴线上；J—1a也有4个，布置在车间四角。

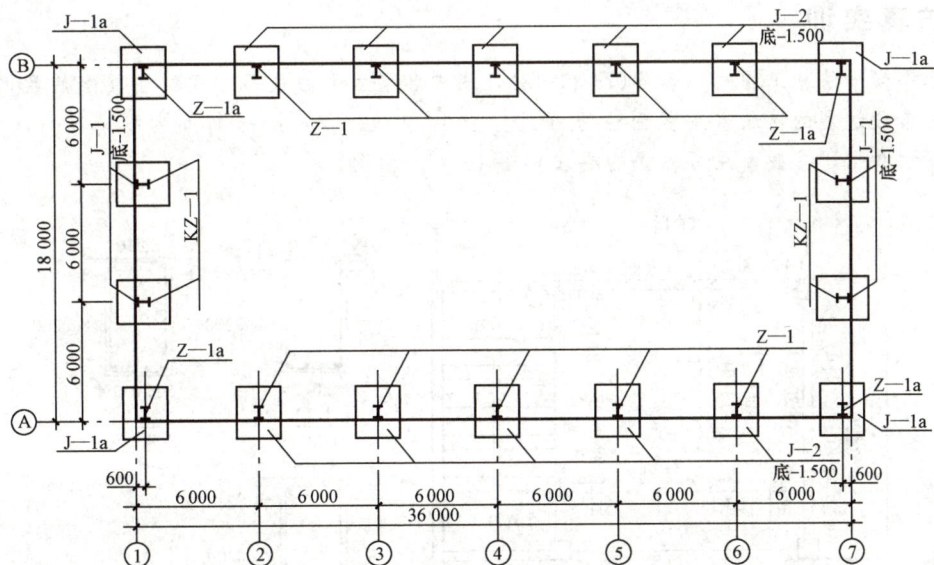

基础平面布置图 1:100

图 11-41　钢筋混凝土杯形基础平面图

2. 基础详图

钢筋混凝土独立基础详图一般应画出平面图和剖面图，用以表达每一基础的形状、尺寸和配筋情况。

五、楼层结构布置平面图

楼层结构布置平面图是假想用一水平剖切平面，沿每层楼板面将建筑物水平剖开，移去剖切平面上部建筑物后，向下作水平投影所得到的水平剖面图。它主要用来表示每层的梁、板、柱、墙等承重构件的平面布置，是安装梁、板等各种楼层构件的依据，也是计算构件数量、编制施工预算的依据。

楼层结构布置平面图的内容与阅读方法如下：

(1)看图名、轴线、比例。一般房屋有几层，就应画出几个楼层结构布置平面图。对于结构布置相同的楼层，可画一个通用的结构布置平面图。

(2)看预制楼板的平面布置及其标注。在平面图上，预制楼板应按实际布置情况用细实线表示，其表示方法为：在布板的区域内用细实线画一对角线并注写板的数量和代号。目前，各地标注构件代号的方法不同，应注意按选用图集中的规定代号注写。一般应包含数量、标志长度、板宽、荷载等级等内容。

(3)看现浇楼板的布置。现浇楼板在结构平面图中的表示方法主要有两种：一种是直接在现浇板的位置处绘出配筋图，并进行钢筋标注；另一种是在现浇板范围内画一条对角线，并注写板的编号，该板配筋另有详图。

(4)看楼板与墙体(或梁)的构造关系。在结构布置平面图中，配置在板下的圈梁、过梁、梁等钢筋混凝土构件的轮廓线可用中虚线表示，也可用单线(粗虚线)表示，并应在构件旁侧标注其编号和代号。为了清楚地表达楼板与墙体(或梁)的构造关系，通常要画出节点剖面放大图，以便于施工。

仿真实训

已知梁平法施工图的一部分(图11-42)，图中各梁由平面注写方式标注其配筋数据结构。对于梁布置过密的区域采用截面注写方式标注1—1、2—2、3—3断面的配情况。试根据平法标注的数据，按截面注写方式的要求画全4—4断面图。

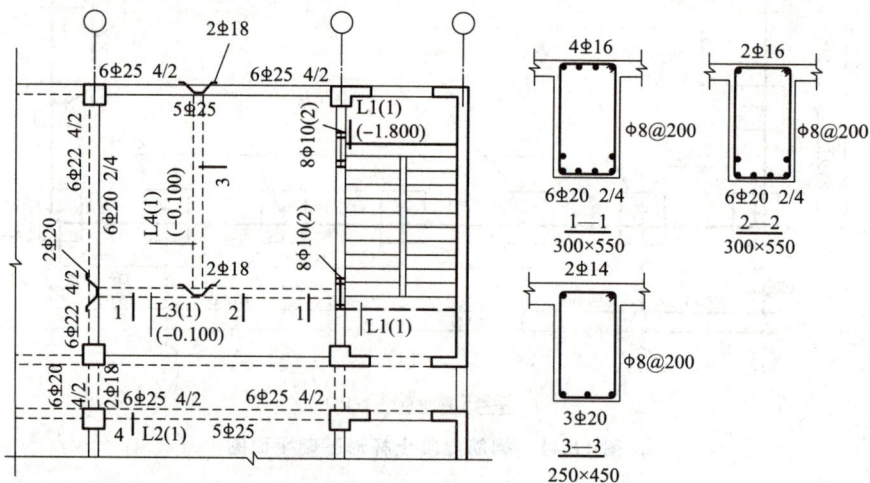

图 11-42 梁平法施工图(部分)

1. 钢筋混凝土构件中的钢筋的保护层是指( )。
   A. 钢筋的内皮至构件表面
   B. 钢筋的中心至构件表面
   C. 钢筋的内皮至构件内皮
   D. 钢筋的外皮至构件表面

2. 结施中@是钢筋的间距代号,其含义是( )。
   A. 钢筋相等中心距离
   B. 钢筋的内皮至内皮
   C. 钢筋的外皮至外皮
   D. 钢筋的外皮至内皮

3. 在结构平面图中板配置双层钢筋时,底层钢筋弯钩应是( )。
   A. 向下或向右   B. 向下或向右
   C. 向上或向左   D. 向上或向右

4. 在钢筋详图中,计算钢筋的设计长度是指( )。
   A. 内皮尺寸   B. 中-中
   C. 外皮尺寸   D. 构件尺寸

5. 有一梁长 3 840 mm,保护层为 25 mm,梁内受力筋为 2Φ14 的直筋,每根受力筋的下料长度应为( )mm。
   A. 3 790   B. 3 923
   C. 3 965   D. 3 840

6. 在结构平面图中 6YKB336-2 中"33"表示的是( )。
   A. 板宽   B. 板高
   C. 板跨   D. 荷载等级

7. 钢筋在构件中按其作用不同可分为( )种。
   A. 4   B. 5
   C. 6   D. 3

8. 预应力钢筋混凝土是指( )。
   A. 对钢筋预加压力   B. 对混凝土预加压力
   C. 对混凝土预加拉力   D. 对构件预加拉力

9. 在结构平面布置图中 KB30-092 表示板宽为( )。
   A. 90 mm   B. 900 mm
   C. 9 m   D. 900 cm

10. 符号"_ 4×40"中的"_"是指( )。
    A. 负号   B. 扁钢、钢板代号
    C. 减号   D. 数量

任务工单

1. 识读图 11-43 钢筋混凝土梁构件详图，并回答下列问题。

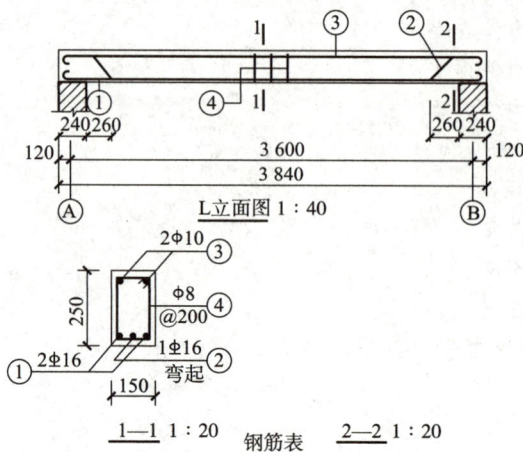

图 11-43　钢筋混凝土梁构件详图

(1)配置在钢筋混凝土构件中的钢筋，按其受力和作用不同，可分为_____、_____、_____箍筋、_____及其他箍筋构造钢筋。

(2)钢筋有 HPB300、HRB400、HRB500 级之分，共直径代号分别为_____、_____和_____。

(3)绘制结构施工图时，应遵守《_____》(GB/T 50105—2010)中的有关规定，结构构件可用代号标注，梁的代号为_____，板的直径代号为_____，柱的代号为_____、楼梯梁的代号为_____。

(4)钢筋混凝土梁的结构详图主要包括_____和_____。_____图主要表达梁的轮廓尺寸、钢筋位置、编号及配筋情况，_____图则主要表达梁的截面形状、尺寸、箍筋形式及钢筋的位置和数量。

(5)图 11-43 中共有_____种钢筋，其中，_____号钢筋为架立筋，_____号钢筋为箍筋，_____筋为受力筋。

(6)图 11-43 中，梁的长度为_____ mm，宽度为_____ mm，高度为_____ mm。该图的标注中 Φ8@200 表示两相邻箍筋的间距为_____ mm，箍筋的直径尺寸为_____ mm，该梁中共有_____根箍筋。

2. 识读某建筑基础平面图(图 11-44)，回答下列问题。

(1)假设用一水平剖切面，在建筑物底层地面下方进行剖切，将剖切面下方的构件向下作的水平投影图称为_____。其中，被剖切到的基础墙和柱的轮廓线用

_____线表示，投影所见到的基础底部轮廓线用_____线表示。

（2）图 11-44 中所示的基础墙宽分别为_____ mm，_____ mm 和_____ mm，基础基坑宽_____ mm，_____ mm 和_____ mm。

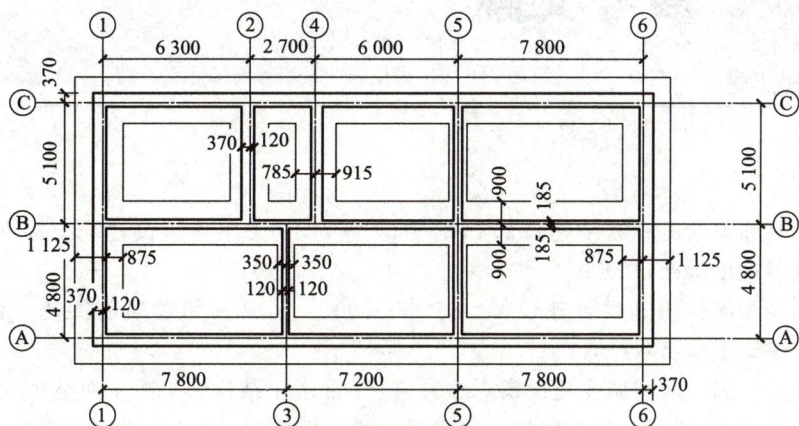

基础平面图　1∶100

图 11-44　某建筑基础平面图

参考文献

[1]中华人民共和国住房和城乡建设部.GB 50352—2019 民用建筑设计统一标准[S]. 北京：中国建筑工业出版社，2019.

[2]中华人民共和国住房和城乡建设部.GB/T 50001—2017 房屋建筑制图统一标准[S]. 北京：中国建筑工业出版社，2017.

[3]中华人民共和国住房和城乡建设部.22G101—1 混凝土结构施工图平面整体表示方法制图规则和构造详图(现浇混凝土框架、剪力墙、梁、板)[S]. 北京：中国计划出版社，2022.

[4]中华人民共和国住房和城乡建设部.22G101—2 混凝土结构施工图平面整体表示方法制图规则和构造详图(现浇混凝土板式楼梯)[S]. 北京：中国计划出版社，2022.

[5]尚久明. 建筑识图与房屋构造[M].2 版. 北京：电子工业出版社，2012.

[6]向欣. 建筑构造与识图[M]. 北京：北京邮电大学出版社，2013.

[7]张虎伟. 建筑识图与构造[M]. 北京：北京理工大学出版社，2017.

[8]郑贵超. 建筑识图与构造[M].2 版. 北京：北京大学出版社，2014.

[9]刘尊明. 建筑构造与识图[M]. 北京：哈尔滨工业大学出版社，2012.